HISTOIRE NATURELLE

DE LA

FRANCE

24e PARTIE

PALÉONTOLOGIE

(ANIMAUX FOSSILES)

Avec 27 planches hors texte et 600 dessins dans le texte

FORMANT UN TOTAL DE 869 FIGURES

PAR

P.-H. FRITEL

Attaché au Muséum d'Histoire naturelle de Paris.

PARIS, 7e

MAISON ÉMILE DEYROLLE

LES FILS D'ÉMILE DEYROLLE, ÉDITEURS

46, RUE DU BAC

1903

HISTOIRE NATURELLE DE LA FRANCE

24e PARTIE

PALÉONTOLOGIE

(ANIMAUX FOSSILES)

HISTOIRE NATURELLE

DE LA

FRANCE

24e PARTIE

PALÉONTOLOGIE

(ANIMAUX FOSSILES)

Avec 27 planches hors texte et 600 dessins dans le texte

FORMANT UN TOTAL DE 869 FIGURES

PAR

P.-H. FRITEL

Attaché au Muséum d'Histoire naturelle de Paris.

PARIS, 7[e]

MAISON ÉMILE DEYROLLE

LES FILS D'ÉMILE DEYROLLE, ÉDITEURS

46, RUE DU BAC

1903

PRÉFACE

Le but de cet ouvrage est de faciliter aux commençants la détermination des fossiles qu'ils peuvent rencontrer le plus fréquemment dans leurs promenades et dont les descriptions et quelques figures se trouvent dispersées dans des traités peu portatifs et souvent d'un prix très élevé.

Nous avons donc cru qu'il serait utile de réunir, dans un format réduit, les figures et les diagnoses succinctes des fossiles les plus communs ou les plus caractéristiques, c'est-à-dire ceux dont la connaissance est indispensable pour la distinction des différentes divisions (étages, sous-étages, etc.), entre lesquelles les géologues répartissent les nombreuses formations qui constituent le sol de la France.

Ce livre se divise en deux parties : Dans la première nous donnons d'abord, en quelques pages, des conseils sur la recherche et la récolte des fossiles, puis, dans la seconde, et en suivant l'ordre zoologique (en commençant par les groupes les plus simples comme organisation), nous énumérons succinctement les principaux caractères des espèces les plus fréquentes, en nous servant, autant que possible, de la diagnose donnée par l'auteur même de l'espèce citée.

Les espèces décrites dans notre volume sont au nombre de 650 ; elles sont représentées par 600 croquis intercalés dans le texte, chacune d'elles étant représentée par un ou plusieurs croquis, et par les 269 figures qui, ne pouvant trouver place dans le corps de l'ouvrage, ont été réunies dans les 27 planches qui y font suite, ce qui porte à 869 le nombre total des dessins qui accompagnent nos descriptions.

Nous pensons, par ce moyen, faciliter aux débutants la détermination des fossiles qu'ils auront pu recueillir.

En tête de chacun des chapitres correspondant aux grands groupes zoologiques (Polypiers, Echinodermes, Mollusques, etc.), nous avons cru bon d'indiquer la terminologie, avec figures à l'appui, des parties essentielles à distinguer pour la détermination de ces différents organismes, celles dont l'examen est indispensable pour la compréhension des diagnoses de genre ou d'espèce.

Pour chaque espèce citée nous indiquons l'étage auquel les couches qui la recèlent sont rapportées ainsi que les localités où cette espèce se rencontre le plus communément.

Les dessins des espèces représentées dans le présent livre sont, pour un certain nombre, la reproduction directe des figures lithographiées que nous exécutâmes jadis sous la direction de M. de Lapparent, membre de l'Institut, qui a bien voulu nous autoriser à les reproduire; qu'il nous soit permis de lui adresser ici l'expression de notre reconnaissance pour la bienveillance avec laquelle il nous a toujours accueilli.

En dehors des figures tirées de l'atlas de M. de Lapparent (1), nous avons dessiné spécialement pour la *Paléontologie de la France* un grand nombre de fossiles, soit d'après les échantillons de la collection du Muséum d'histoire naturelle de Paris, soit d'après les ouvrages les plus autorisés, qu'il nous a été possible de consulter à la bibliothèque du Laboratoire de Paléontologie de cet établissement, grâce à l'obligeance de MM. A. Gaudry, membre de l'Institut, et Boule, professeurs, et M. Thévenin auxquels nous adressons ici nos sincères remerciements.

P.-H. Fritel.

N. B. — Le présent ouvrage ne comporte que les animaux vertébrés et invertébrés fossiles. La paléobotanique, ou étude des plantes fossiles, fera l'objet d'un volume spécial (24e partie *bis*). — Note des Éditeurs.

(1) *Fossiles caractéristiques des terrains* (Savy éditeur). (Épuisé.)

PALÉONTOLOGIE DE LA FRANCE

PREMIÈRE PARTIE

RECHERCHE ET RÉCOLTE DES FOSSILES

De tous les objets d'histoire naturelle les fossiles sont ceux qui, pour leur conservation, demandent le moins de préparations et de soins aux personnes qui s'attachent à leur étude et veulent en recueillir une collection. Leur recherche est également fort simple et ne nécessite qu'un outillage relativement restreint.

Néanmoins nous croyons utile de donner ici, à l'adresse des débutants, quelques renseignements sur la manière dont doivent être dirigées leurs premières investigations, ce qui leur évitera les déboires du début et leur assurera, avec un peu de persévérance, d'abondantes récoltes qui les dédommageront amplement des quelques efforts qu'ils auront pu s'imposer dans le cours des excursions.

En général on peut dire que l'on rencontre des fossiles là où se montrent des formations sédimentaires, mais toutes n'ont pas la même richesse au point de vue paléontologique; quoi qu'il en soit, il ne faudra laisser échapper aucune occasion de scruter avec soin les couches de cette nature mises à nu, par suite des besoins industriels de l'homme, dans des exploitations. plus ou moins importantes, telles que tracés de routes, canaux, voies ferrées, fondations de constructions, carrières, etc.

Nous allons, dans les lignes suivantes, dire quelques mots de l'outillage que nécessite la recherche des fossiles.

Les instruments dont le paléontologiste aura besoin pour ses recherches peuvent être divisés en deux catégories : ceux qui serviront dans les excursions et ceux dont l'emploi ne se fera qu'au retour des courses, dans le laboratoire, pour parachever le dégagement des échantillons emprisonnés dans la gangue.

Les premiers devront nécessairement varier avec la nature des terrains que l'on aura à explorer et aussi avec les conditions dans lesquelles les excursions seront faites : ou bien les courses auront lieu dans des localités parcourues plus ou moins hâtivement, ou bien elles auront pour théâtre une région où l'on réside habituellement.

Dans le premier cas, il sera nécessaire, étant donné l'imprévu des circonstances dans lesquelles les courses s'effectueront, de se munir d'outils plus variés, surtout si l'on est dépourvu de renseignements sur les localités à visiter, partant sur la nature des roches, renseignements qui permettraient de déterminer à l'avance le choix des objets à emporter.

Dans le second cas, au contraire, rien ne sera plus

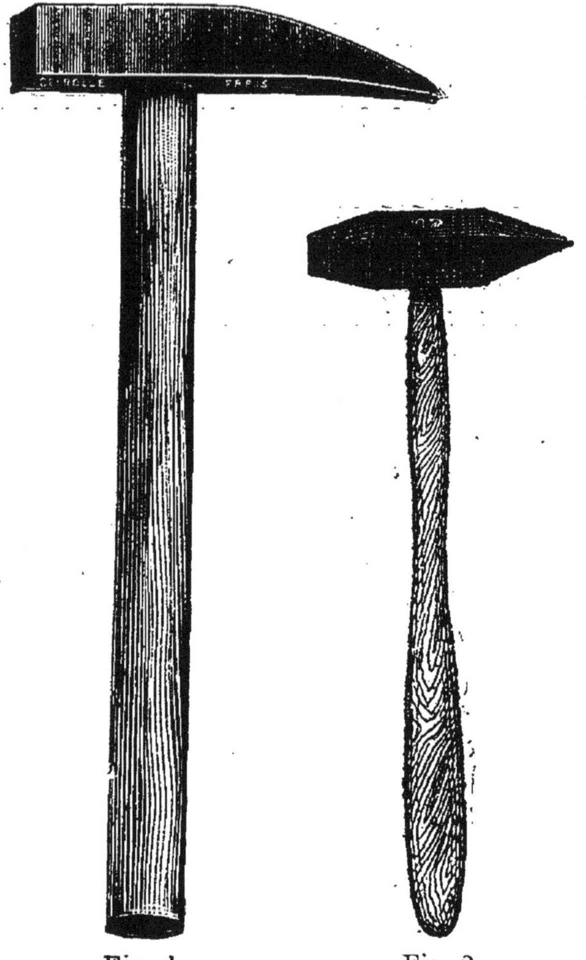

Fig. 1. Fig. 2.

facile que de prévoir les instruments qui seront nécessaires, pour peu que l'on ait eu soin de combiner les excursions à l'avance et de recueillir quelques renseignements sur la nature minéralogique des gisements pris pour but d'excursion; pour avoir ces renseignements, nous conseillerons la consultation des cartes géologiques régionales dressées par des spécialistes, et qui embrassent aujourd'hui la totalité du territoire français.

Quelles que soient les conditions dans lesquelles les courses s'effectueront, voici quelques indications sur le choix à faire des instruments nécessaires à la récolte des fossiles.

1° Si les recherches doivent avoir lieu dans des roches compactes et de consistance assez grande, tels que des grès, des calcaires, des gypses, etc., le paléontologiste devra se munir d'un marteau ou d'un fort piochon, très solidement fixé à un manche assez long et du type représenté par la figure 1, c'est-à-dire offrant une surface plane d'un côté, et, de l'autre, une forte pointe plus ou moins longue; c'est le modèle du Muséum de Paris.

Dans le cas où l'on aurait affaire à des roches schisteuses ou marneuses susceptibles de se débiter en lits minces, en plaquettes ou en feuillets, comme les gypses d'Aix, les marnes d'Armissan ou les schistes ardoisiers, par exemple, il sera préférable de se servir d'un marteau se composant d'une masse dont l'un des côtés est constitué par un tranchant soit vertical, soit horizontal (1).

On peut encore faire usage d'un marteau tel que celui représenté par la figure 2, qui simplifie l'outillage en réunissant les deux formes précédentes, c'est-à-dire en forme de pic d'un côté, et, de l'autre, présentant un

(1) Pour se faire une idée exacte de ces outils, nous conseillons de consulter le catalogue illustré de la maison « Les Fils D'Emile Deyrolle », naturalistes, rue du Bac. à Paris.

tranchant; nous conseillerons de préférence l'emploi de ce dernier modèle pour les courses dans lesquelles les terrains observés offriraient une grande variété dans leur nature minéralogique.

Si on se trouve en présence de terrains de peu de consistance, tels que des sables, des graviers, des faluns, il convient alors de se servir d'instruments un peu différents des précédents, et qui se rapprocheront plutôt des piochons de botanistes, dont il existe un grand nombre de modèles (fig. 3 et 4).

Ces instruments ont l'avantage de permettre les recherches en terrains meubles en même temps que l'emploi du marteau pour attaquer les roches solides qui se rencontrent quelquefois dans ces derniers, sous formes de rognons, de nodules, etc.

Pour les roches de très faible consistance, comme le sont la plupart des sables du bassin de Paris, ou les faluns de la Touraine, un piochon du modèle de la figure 4 nous semble tout indiqué; son emploi permettra une démolition du terrain plus rapide et moins fatigante qu'aucun des types précédents.

Il est entendu que la taille et le poids de ces différents instruments restent à la volonté et à la perspicacité de celui qui doit les utiliser, mais tout en recommandant de les prendre ni trop volumineux, ni trop lourds, nous conseillons de ne se munir que d'outils offrant toutes les garanties désirables de force et de solidité.

On pourra, dans certains cas, à l'usage des instruments précédents, ajouter celui de ciseaux à froid du modèle ci-joint (fig. 5) pour dégager, séance tenante, les fossiles qui seraient engagés dans une gangue par

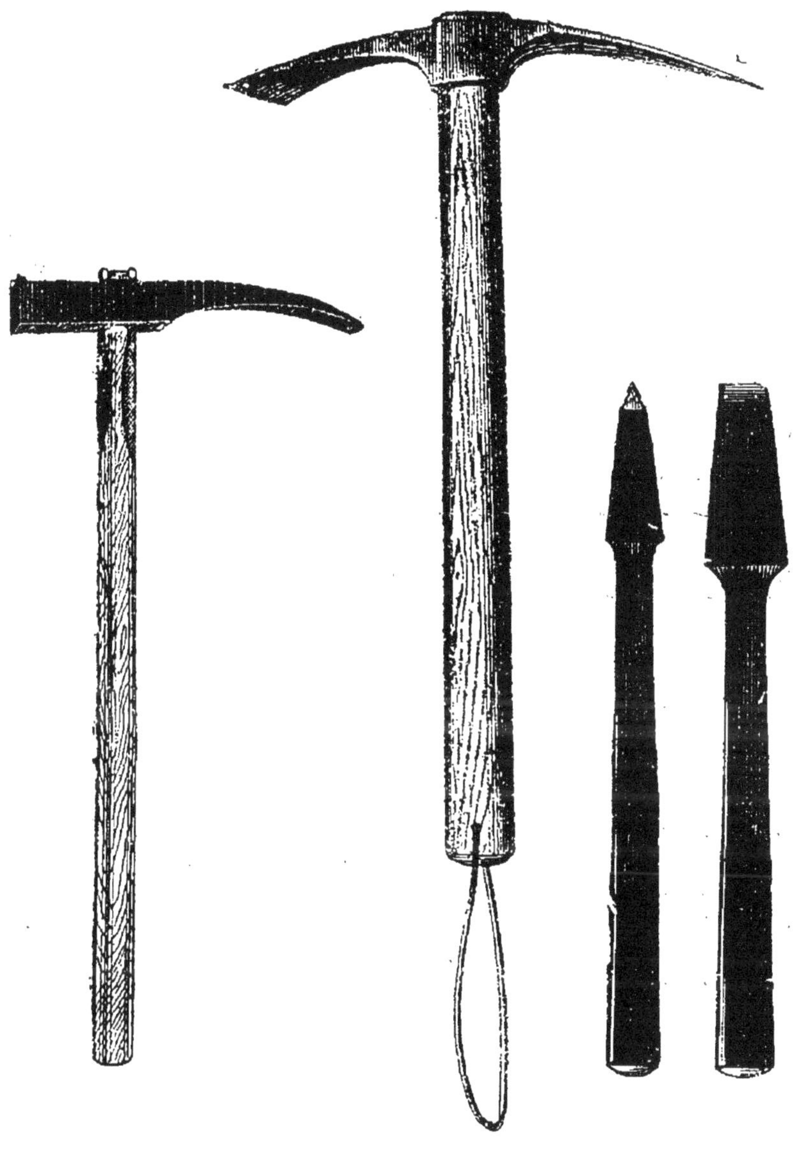

Fig. 3. Fig. 4. Fig. 5.

trop volumineuse; mais, à notre avis, il sera toujours

préférable de réserver ce travail pour les moments de loisir au retour de l'excursion.

Dans les terrains meubles où les fossiles sont de petite taille, en grande partie du moins, et ce qui va suivre s'applique surtout aux formations de la nature de celles qui se rencontrent si fréquemment aux environs de Paris, à Grignon, à Cuise-Lamotte, à Beau-

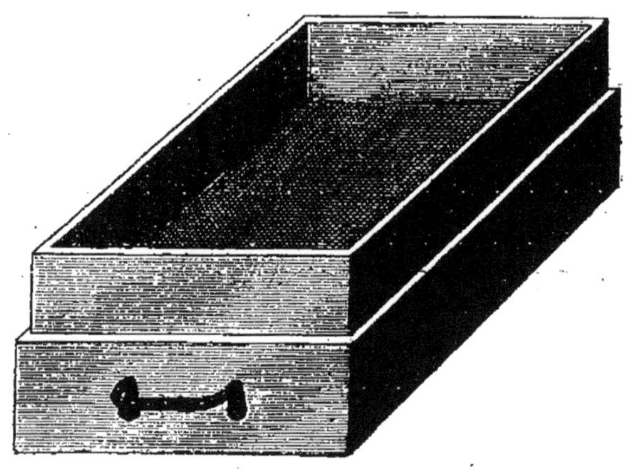

Fig. 6.

champs et Étampes, par exemple, ainsi qu'aux faluns du Centre et du Sud-Ouest, nous recommandons l'emploi d'un instrument très commode pour la récolte, en grand nombre, d'une quantité de mollusques qui, autrement, échapperaient aux recherches ou qui en demanderaient de beaucoup plus longues. Cet instrument est le tamis (fig. 6) qui, dans sa forme la plus simple, consiste en un morceau rectangulaire de toile métallique, maintenu par un cadre en bois; il sera bon d'avoir deux de ces instruments, s'emboîtant l'un dans l'autre, et munis d'une toile dont les mailles différeront de grandeur pour chacun d'eux. On trouvera d'ailleurs, à la Maison Deyrolle, un modèle très pratique de cet instrument, dont on doit se servir de la manière suivante : on fait tomber, à l'aide du piochon, une certaine quantité de sable fossilifère dans le tamis, de façon à le remplir environ à moitié, puis l'on imprime à l'instrument un mouvement de va et vient jusqu'à ce qu'il ne reste plus que des coquilles, et que le sable soit complètement tombé.

Il sera utile de faire cette opération au-dessus d'une serviette ou d'un assez grand papier déployé, afin de pouvoir conserver du sable en certaine quantité, car beaucoup de coquilles, de très petites dimensions, passant à travers les mailles de la toile métallique, ne pourront être recueillies qu'autant que cette précaution aura été prise, et devront être recherchées avec soin et à loisir.

Quant aux coquilles et menus débris qui restent dans le tamis, on peut, sur le terrain même, exécuter un premier triage et rejeter, séance tenante, les fragments qui semblent sans intérêt. On répétera la même opération jusqu'à ce qu'on ait obtenu la quantité de coquilles désirée.

Il reste bien entendu que, si dans un même gisement, il se montre plusieurs horizons fossilifères, il faudra emballer séparément le résultat du tamisage de chaque horizon, autrement il se produirait de regrettables confusions impossibles à réparer au moment du classement définitif des espèces dans la collection.

Dans certains de ces dépôts meubles, les fossiles

sont quelquefois d'une fragilité telle que la récolte d'échantillons en bon état serait rendue pour ainsi dire impossible, si l'on négligeait de recourir à une solidification de l'objet, exécutée sur place, au moment même de la récolte.

Cette solidification demande certaines précautions et peut se pratiquer de différentes manières, soit en employant une solution de gomme arabique, soit en se servant de vernis très légers et très siccatifs; nous conseillerons, de préférence, l'emploi d'une solution de silicate de potasse, ce dernier procédé nous ayant toujours parfaitement réussi; mais avant de pratiquer la solidification du fossile, laquelle se fait par immersion dans le liquide, il faut débarrasser soigneusement celui-ci, à l'aide d'une brosse douce ou d'un pinceau, du sable qui pourrait y adhérer, tout au moins extérieurement.

Pour rapporter les récoltes faites sur le terrain, on peut se servir, soit d'un filet, soit de gibecières plus ou moins perfectionnées qui seront portées en bandoulière; mais ce mode de transport peut devenir fatigant, surtout dans les longues courses en pays accidenté, par la pression que la courroie exerce sur la poitrine. Nous conseillerons donc, pour les courses faites dans des districts montagneux, l'usage du havresac porté sur les épaules, comme celui dont sont dotées les troupes d'infanterie (1). Ce sac, pouvant avoir des dimensions supérieures à celles de la simple gibecière, contiendra, par conséquent, un plus grand nombre d'ob-

(1) Voir catalogue Deyrolle.

jets, tels que boîtes en bois, tubes pour le transport des espèces délicates, etc.

Passons maintenant à l'examen des outils nécessaires pour le travail du laboratoire.

Quand des fossiles, emprisonnés dans une gangue trop volumineuse, devront être isolés ou tout au moins dégarnis d'une partie de cette gangue, il sera bon de ne leur faire subir cette opération qu'à loisir, chez soi;

Fig. 7.

Fig. 8.

il en sera de même pour les ossements que l'on peut rencontrer dans les couches calcaires ou gypseuses, leur grande fragilité commande généralement cette précaution.

Pour exécuter cette opération nous conseillerons l'emploi de ciseaux de petites dimensions et pour les objets plus délicats encore : empreintes de plantes ou de poissons, par exemple, celui de burins en acier du modèle donné (fig. 7), et sur lesquels on frappera avec une massette à échantillonner assez légère (fig. 8). Nous recommanderons d'avoir tout un jeu de ces burins, ainsi qu'un certain nombre de très fortes aiguilles emmanchées.

Il est certain fossiles dont le nettoyage se fait à l'aide de brosses métalliques constituées soit par des fils de laiton, soit par des fils d'acier.

Pour trier les récoltes obtenues à l'aide du tamis, il sera bon de se servir de pinces très flexibles, soit en baleine, soit du modèle de celles dont se servent les entomologistes et qui sont désignées sous le nom de pinces de la Brûlerie.

Aux personnes qui voudraient s'adonner aux recherches micrographiques sur les organismes fossiles, nous recommanderons l'emploi d'un tour à polir, pour la préparation des plaques minces.

Il est encore un grand nombre d'instruments dont on pourra se munir pour la préparation des fossiles, mais chacun trouvera, suivant ses besoins, lesquels de ces instruments lui sont le plus nécessaire; là, l'initiative personnelle est le meilleur guide.

Il peut arriver qu'on brise les fossiles en voulant les dégager de la gangue qui les entoure, il est alors nécessaire de remettre les fragments en place et de les maintenir dans leur position naturelle par l'emploi d'une colle. Celle qui nous semble la plus propre à cet usage est composée des ingrédients suivants :

Blanc de Meudon pulvérisé	275	gr.
Gomme arabique	400	—
Sucre ordinaire	130	—
— candi	130	—
Eau	65	—

On fait dissoudre ces substances au bain-marie; cette colle, dont la consistance doit être fortement pâteuse, donne les meilleurs résultats, et son emploi est bien préférable à celui de la colle forte ou de la gomme ordinaire.

Dans un assez grand nombre de dépôts les fossiles, et en particulier les mollusques, n'ont laissé que le moule interne de leur coquille, lequel est contenu dans une cavité qui reproduit plus ou moins fidèlement les ornements extérieurs qui agrémentaient le test du mollusque, c'est ce qui se produit dans les bancs solides du calcaire grossier parisien ou dans ceux du calcaire pisolithique de la même région.

Il faudra donc, dans ces cas, pour obtenir une empreinte déterminable, avoir recours au moulage; on aura soin de recueillir sur place des fragments de la roche où les empreintes en creux semblent les plus nombreuses et les plus nettes, puis, à l'aide d'une substance plastique, la cire à modeler, par exemple, on prendra les empreintes des différents organismes que l'on aura recueillis, ou bien, si ces empreintes sont trop compliquées, on pourra couler, à l'intérieur, du soufre fondu ou de la gutta; après complet refroidissement, on fera dissoudre la roche par immersion dans un acide approprié étendu d'eau et le moule restera intact, reproduisant dans tous ses détails, et avec une grande fidélité, l'organisme disparu.

Il arrive fréquemment que des corps ont été minéralisés par des infiltrations de pyrite, dans ce cas, le fossile est appelé à subir des transformations chimiques qui amènent sa complète destruction dans un laps de temps plus ou moins court; pour obvier à cet inconvénient, nous conseillerons l'immersion ou le badigeonnage de l'objet à l'aide d'une solution de paraffine dans l'huile de pétrole.

Le classement définitif des fossiles dans la collection peut se faire de différentes manières suivant le but que l'on se propose. Ou bien l'ordre choisi pour le classement sera purement géologique, se basant sur la division des terrains en périodes, systèmes, étages et sous-étages.

Ou bien envisageant les fossiles au point de vue zoologique, on les répartira dans la collection, en leur assignant la place qui leur revient dans la série animale, en classes, ordres, familles, genres et espèces.

Ou bien encore, et suivant nous, c'est la manière la plus rationnelle de constituer une collection : on rangera les fossiles en combinant les deux méthodes précédentes, c'est-à-dire que, dans une première division par terrain, on suivra l'ordre zoologique pour le classement des fossiles dans chaque terrain.

C'est d'ailleurs de cette façon que, dans les nouvelles galeries de Paléontologie du Muséum, les nombreux et incomparables matériaux qui y ont été réunis, sont disposés.

On peut encore, pour le rangement d'une collection suivre un ordre géographique, si l'on veut s'attacher à mettre en relief les rapports qui peuvent exister entre différentes régions ou localités.

Les méthodes que nous venons d'indiquer sont surtout applicables pour l'établissement de grandes collections comprenant l'ensemble des organismes fossiles; mais dans bien des cas, le collectionneur s'attache plus spécialement, soit à l'étude d'un terrain, d'un étage dans une région donnée, soit à celle d'un groupe particulier de fossiles, aux mollusques ou aux polypiers, par exemple et, dans ce cas, la constitution de la collection se trouve d'autant plus simplifiée que le groupe dans lequel on s'est spécialisé est plus restreint.

Nous devons faire remarquer, que, dans tous les cas, il est de la plus grande importance d'avoir les indications les plus exactes et les plus précises sur la localité d'où proviennent les échantillons recueillis. Un échantillon dont la provenance est douteuse, n'offre plus, selon nous, qu'un intérêt des plus médiocres sinon absolument nul.

Lorsque l'on s'attachera à l'étude d'une région bien déterminée, nous croyons utile de faire remarquer qu'il sera bon d'avoir, à l'appui de la collection de roches ou de fossiles, des coupes des différents lieux d'où proviennent ces fossiles ou ces roches. Ces coupes seront numérotées, et l'on répétera les numéros correspondants sur les étiquettes des échantillons. Cette précaution serait d'un grand secours pour l'établissement des listes de fossiles par couches, c'est-à-dire pour préciser des horizons paléontologiques.

Il serait bon aussi d'avoir une carte de la région (les feuilles de la carte de l'État-Major au 80/000 qui se trouvent dans le commerce, par exemple), carte sur laquelle on indiquerait avec soin le point précis où la coupe a été prise et les échantillons récoltés.

Ces renseignements pourraient se communiquer mutuellement entre collectionneurs de régions différentes, ce qui éviterait, dans le cas d'une exploration locale, bien des fatigues et du temps perdu quelquefois en vaines recherches sur des points devenus inaccessibles.

Quant au rangement définitif des échantillons il peut se faire avec beaucoup de commodité dans des meubles à tiroirs nombreux, comme ceux construits par la maison Deyrolle, à l'aide de cuvettes en carton d'un format approprié à la grandeur du fossile. Une précaution que nous ne saurions trop recommander est l'emploi de cuvettes dont les bords soient assez élevés pour éviter le passage, de l'une à l'autre, des espèces qui y sont disposées, accident qui entraîne les plus regrettables confusions. Cet inconvénient peut d'ailleurs être rendu absolument impossible par l'emploi des cuvettes vitrées.

Les espèces fragiles ou de dimensions très faibles devront toujours être enfermées dans des tubes de verre d'un diamètre approprié à leur taille.

DEUXIÈME PARTIE

DESCRIPTION DES FOSSILES CARACTÉRISTIQUES DES TERRAINS

ANIMAUX INVERTÉBRÉS

CHAPITRE PREMIER

PROTOZOAIRES (Foraminifères).

Les restes laissés par ces organismes consistent en une coquille calcaire, le plus souvent multiloculaire, microscopique, sauf dans quelques genres (Orbitolines, Nummulites, etc.). L'accumulation de ces coquilles, à différents niveaux de la série stratigraphique est telle qu'elle constitue de puissantes formations, les dépôts nummulitiques et les calcaires à Millioles de l'Éocène en sont des exemples très remarquables.

Parmi les genres et les espèces innombrables de ce groupe nous citerons les suivants qui se rencontrent à profusion dans différentes couches de notre sol.

1. **Orbitolites complanata**, Lmk. (fig. 9). — Les plus grands individus peuvent atteindre le diamètre d'une pièce de cinquante centimes; test discoïde légèrement aminci au centre; couche externe très mince, à surface ornée de très légères stries concentriques; au-dessous on distingue les cellules régulièrement disposées en quinconce. Bord externe (en *a*) portant plusieurs rangées d'ouvertures superposées.

Fig. 9. — *Orbitolites complanata*, Lmk. — *a*. Vue du bord externe.

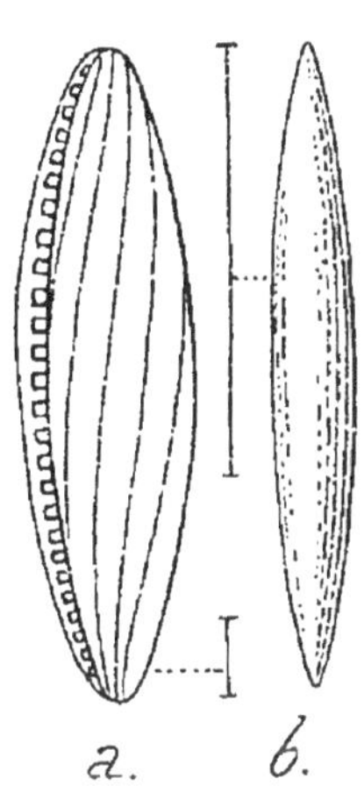

Fig. 10. — *a Alveolina Bosci*, d'Orb. — *b. elongata*, d'Orb.

Très répandu dans le calcaire grossier moyen des environs de Paris.

2. **O. submedia**, d'Archiac. — Espèce beaucoup plus petite que la précédente et avec un léger renflement au centre. Abondant dans les marnes éocènes des Basses-Alpes, à Allons, et dans le bassin de l'Adour.

3. **Alveolina Bosci**, d'Orb. (fig. 10 *a*). — Coquille fusiforme, de la grosseur d'un grain d'orge, à dernier tour de spire seul visible; surface externe portant quelques stries longitudinales peu marquées, espacées les unes

des autres. Ouverture formée de nombreux pores rangés parallèlement au bord.

Commun dans les calcaires à millioles de Fresville en Cotentin, de Hauteville et de Gourbesville (Manche).

4. **A. elongata**, d'Orb. (fig. 10 *b*). — Coquille fusiforme, beaucoup plus grande et plus allongée que

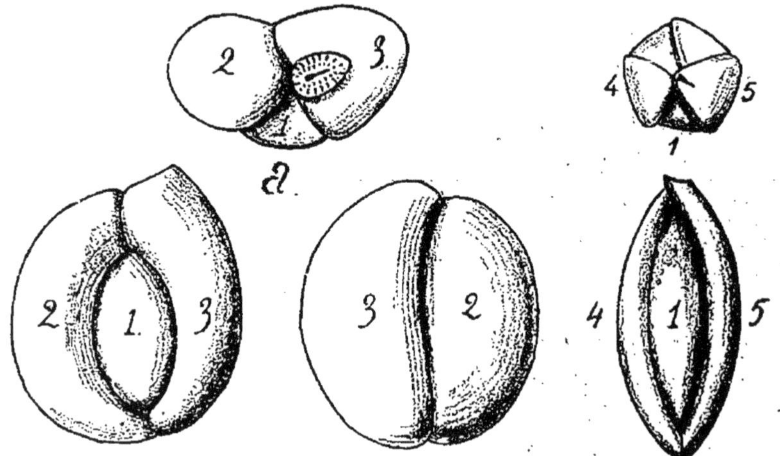

Fig. 11. — *Triloculina inflata*, Desh. *a*. Vue du dessus.

Fig. 12. — *Quinqueloculina saxorum*, d'Orb., de côté et du dessus.

l'espèce précédente, atteignant jusqu'à 30 millimètres de longueur.

Se trouve dans les mêmes formations et aux mêmes lieux que A. Bosci.

5. **Miliola**, Schultze (Milliolites de Lamarck). — Dans ce genre l'aspect extérieur de la coquille varie considérablement suivant l'arrangement des loges autour de l'axe, d'où création de nombreux sous-genres : Bi-Tri-Quinque loculina, etc.

6. **Triloculina inflata**. Desh. (fig. 11). — Coquille

subovoïde à loges s'enroulant autour de l'axe suivant 3 plans différents et se recouvrant de telle sorte que l'on ne voit que les trois dernières (1,2,3). Bouche en crible (en *a*).

7. **Quinqueloculina saxorum**, d'Orb. (fig. 12). — Coquille fusiforme, pentagonale, à loges externes se développant plus d'un côté que de l'autre, de façon à cacher inégalement les loges internes. Les deux dernières loges (5 et 4) laissent voir entre elles d'un côté deux loges internes (2 et 3) et de l'autre une seule de ces loges (1). Ouverture en fente, munie d'une dent.

Ces deux espèces sont des plus répandues dans le calcaire grossier moyen des environs de Paris où elles constituent, avec beaucoup d'autres, les bancs puissants connus sous le nom classique de calcaires à Milioles (Brongniart). Toutes deux sont microscopiques.

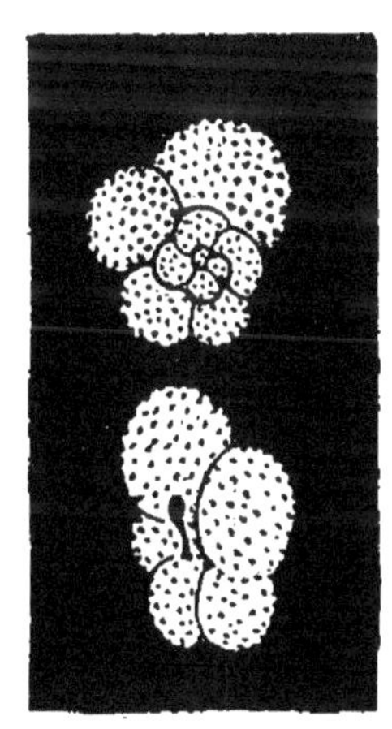

Fig. 13. — *Globigerina cretacea*, d'Orb. (Vue du dessus et du dessous.)

8. **Globigerina cretacea**, d'Orb. (fig. 13). — Coquille microscopique, spiralée, composée de dix loges globuleuses inégales qui vont en augmentant de volume du centre à la périphérie; ces loges ne communiquent pas entre elles directement, mais elles ont chacune une ouverture propre qui vient aboutir dans une fente ombilicale commune. Surface rugueuse et perforée.

C'est une des espèces constitutives de la craie blanche sénonienne : Meudon, Marly, etc.

9. **Rotalia Michelini**, d'Orb. (fig. 14). — Coquille spirale, aplatie à la face inférieure (*c*), en cône régulier à la face supérieure (*a*) qui montre tous les tours de spire. Surface lisse. Bouche en fente située au bord interne de la dernière loge.

Fréquente dans la craie blanche de Meudon, Saint-Germain, Sens, etc.

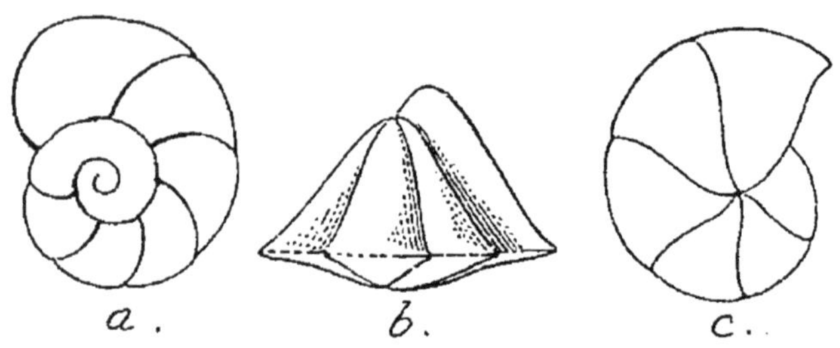

Fig. 14. — *Rotalia Michelini*, d'Orb. — *a*. Dessus. — *b*. Profil. *c*. Dessous.

10. **Orbitolina conoidea**, A. Gras. (fig. 15 *b*). — Coquille discoïde, en cône très surbaissé, concave à la partie inférieure. Tours de spire circulaires cachés par un revêtement compact. Quand ce revêtement est enlevé, on voit apparaître une autre couche formée de petits hexagones réguliers.

11. **O. lenticulata**, Lm. — A peu près de la même taille que l'espèce précédente, mais la couche externe semble manquer et c'est la couche maillée qui est la plus apparente.

Forme, ainsi que l'espèce précédente, des bancs entiers de l'étage Aptien : Sainte-Suzanne (Basses-Pyrénées); la Clape, Perte du Rhône (Ain); Saint-Paul-de-Fenouillet (Aude), etc.

12. **O. concava**, Lm. (fig. 15 *a*). — De taille un peu

plus forte que les deux précédentes; nous donnons une coupe de cette espèce, faisant voir la disposition des mailles à l'intérieur du cône.

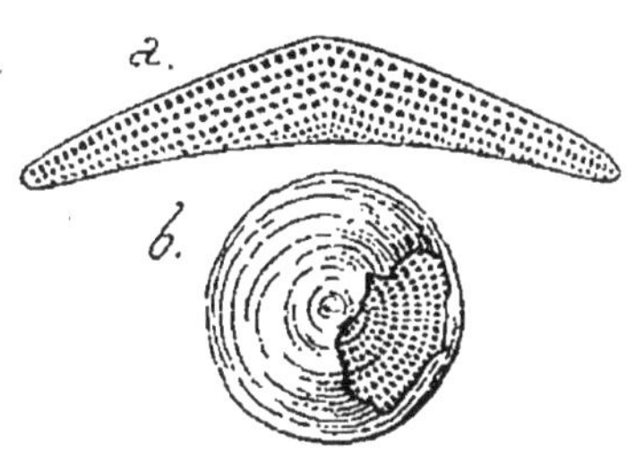

Fig. 15. — *a Orbitolina concava*, Lmk. Coupe en travers. — *b. O. conoidea*, A. Gras. (Vue du dessus.)

Forme des couches puissantes dans l'étage Cénomanien : Ballon, Saint-Paulet, Fouras, etc.

13. **Operculina ammonea**, Leymerie (fig. 16). — Petite coquille, nautiliforme, à tours de spire peu nombreux se recouvrant à peine et tous visibles extérieurement. Cloisons nombreuses, un peu recourbées en arrière et communiquant toutes entre elles. Le cordon

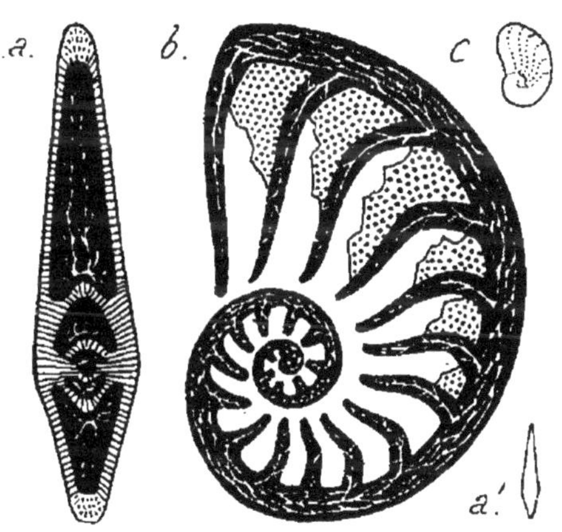

Fig. 16. — *Operculina ammonea*, Leym. — *a*. Coupe transversale. *b*. Coupe médiane. — *c*. et *a'*. Grand. nat.

dorsal en noir sur la figure 16 est formé d'un tissu homogène traversé par des canaux s'anastomosant et disposés parallèlement au bord; ces canaux envoient des prolongements dans chacune des cloisons des loges. Ce genre, par son organisation, est voisin des Nummulites dont il se distingue par l'absence du prolongement latéral des loges et surtout par l'aspect extérieur.

Il est très répandu dans les marnes à operculines d'Allons (Basses-Alpes) et commun dans différentes localités du bassin de l'Adour.

Nummulites, Lm. — Coquille tantôt discoïde très aplatie ou lenticulaire, tantôt presque sphérique; à diamètre pouvant varier entre celui d'une petite lentille (*N. variolaria*) et celui d'une pièce de 5 francs (*N. complanata*).

La surface peut être lisse ou ornée soit de papilles, soit de lignes flexueuses.

Tours de spire très nombreux, serrés, se recouvrant entièrement par suite d'un très grand prolongement latéral des loges dont ils sont constitués, ces loges sont séparées les unes des autres par des cloisons minces et plus ou moins recourbées en arrière.

Le parcours des prolongements latéraux des loges forme des dessins superficiels auxquels on a donné le nom de filets cloisonnaires et qui fournissent des caractères très utilisés dans la systématique de ce genre qui a été divisé en deux sections : *Assilina* et *Nummulina*.

Fig. 17. — *Assilina exponens*, Sow.

14. **Nummulites (Assilina exponens**, Sow. (fig. 17). — Coquille discoïde très aplatie, à tours de spire peu ou point recouverts, tous visibles

extérieurement. Surface ornée de lignes rayonnantes à petits points saillants. Cloisons presque perpendiculaires au plan d'enroulement.

Couches éocènes du sud-ouest et de la région pyrénéenne. Lahosse, Bos d'Arros, Bastennes, Mauguerre (Landes), Gensac, entre Biarritz et Bidart, etc.

15. **N. (Nummulina) Complanata**, Defr. (fig. 18). —

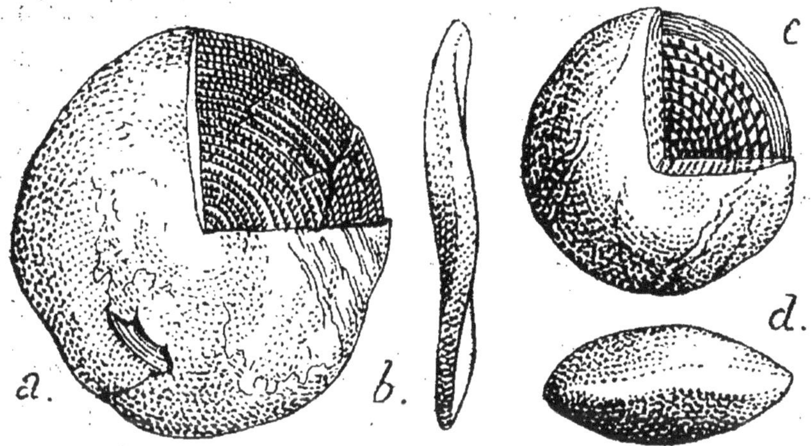

Fig. 18. — *Nummulina complanata*, Defr.

Fig. 19. — *Nummulina perforata*, d'Orb.

Coquille de très grande taille, très aplatie, à bords un peu contournés; à surface lisse, prolongements latéraux des loges simples et formant des méandres compliqués sur la surface. Tours de spire très nombreux et très rapprochés, loges étroites, à cloisons modérément inclinées. Terrain nummulitique du sud-ouest et des Pyrénées. Bastennes, Biarritz, Gamarde, Saint-Sever, Saint-Paul du Var, Saint-Vallier (Var).

16. **N. Nummulina perforata**, d'Orb. (fig. 19). — Coquille de grande taille, très épaisse, à contour, un

peu ondulé; filets cloisonnaires disposés comme dans l'espèce précédente. Tours de spire assez espacés, loges allant en s'élargissant du centre à la circonférence, à cloisons assez fortement inclinées. Surface lisse.

Nummulitique alpin, se rencontre aussi avec abondance dans le sud-ouest (bassin de l'Adour).

17. N. **Nummulina lævigata**, Lm. (fig. 20). — Coquille de taille moyenne, assez épaisse au centre, amincie vers les bords, qui sont irrégulièrement ondulés; les filets cloisonnaires s'anastomosent entre eux formant ainsi un réseau irrégulier. Tours de spire nombreux, loges étroites, surface ornée de nombreuses papilles ou granulations. Forme des bancs puissants dans l'Éocène du bassin de Paris.

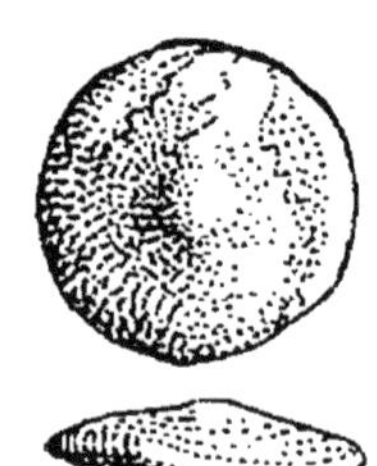

Fig. 20. *Nummulina lævigata*, Lmk.

Extrêmement commune dans le département de l'Aisne.

18. **N. (Nummulina) planulata**, d'Orb. — Coquille de taille médiocre, mince, sans renflement central; filets cloisonnaires simples, un peu arqués; surface présentant des stries rayonnantes ondulées.

19. Var. **elegans**, Sow. — De plus petite taille que le type, lenticulaire, un peu renflée au milieu.

Caractéristique des sables glauconieux inférieurs de Cuise-Lamotte, se recueille en grande abondance dans toute la vallée de l'Aisne.

20. **N. (Nummulina) variolaria**, Sow. — Coquille de très petite taille, filets cloisonnaires présentant la

même disposition que dans l'espèce précédente, surface ornée de stries rayonnantes.

Commune au niveau inférieur des sables bartoniens du bassin de Paris, Auvers Cuvergnon, Ormoy-Villiers, etc.

CHAPITRE II

CŒLENTÉRÉS

§ 1. — Spongiaires.

Les éponges fossiles sont très abondantes dans certains dépôts (Coralrag de Normandie; Marnes à spongiaires du Jura; Crétacé supérieur de Touraine et de Normandie). La fossilisation a le plus souvent fait subir à ces corps une transformation telle que leur étude est rendue très délicate, aussi nous bornerons-nous à citer quelques-uns des genres les plus communs. Les figures 21 et 24 montrent quelques-unes des parties, tant internes qu'externes, les plus utiles à observer pour la détermination de ces organismes.

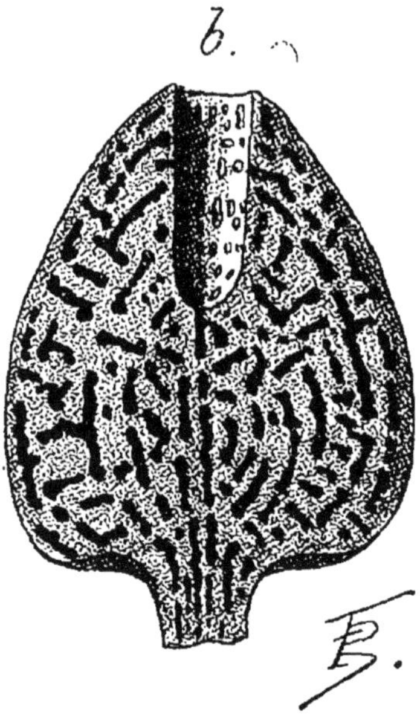

Fig. 21. — Coupe de *Siphonia* montrant les canaux internes.

La figure 21 représentant une coupe longitudinale d'un individu du genre Siphonia, montre les deux systèmes de canaux qui parcourent la masse de l'éponge;

les uns, verticaux ou parallèles à la surface externe viennent déboucher, par des ouvertures arrondies, dans la cavité centrale du sommet (*b*) : ce sont les canaux principaux; les autres (canaux radiaires), coupant les premiers à angle droit, sont, par conséquent, rayonnants et viennent aboutir à la surface externe où ils forment de nombreuses petites perforations appelées osties. Dans la figure 24 les canaux principaux du sommet de l'éponge deviennent visibles extérieurement.

Lithistidæ

21. **Cnemidiastrum stellatum**, Goldf. sp. (fig. 22). — Eponge offrant la forme d'une grosse figue renversée et dépourvue de tige. Cavité centrale profonde. La masse de l'éponge est composée de fibres denses; creusée de canaux horizontaux divergents du centre à la circonférence. Surface externe présentant de nombreux sillons verticaux ondulés et tubuleux.

Excessivement abondante à différents niveaux du Jurassique supérieur, nous citerons entre autres gisements les marnes à Spongiaires du Cher et de la Côte-d'Or.

22. **Chenendopora (Cupulospongia) fungiformis** Lmrx (fig. 23). — De forme assez variable, en coupe ou en entonnoir et ordinairement à tige épaisse. Surface interne criblée de petites perforations (oscules) d'où partent à l'intérieur des canaux droits ou sinueux. Vers la base ces canaux se relèvent et deviennent verticaux dans la tige. Surface externe irrégulière, ridée, finement poreuse.

On ramasse en grand nombre des individus silicifiés de cette espèce, en Normandie et en Touraine : Sens, Rouen, Tours, etc., etc.

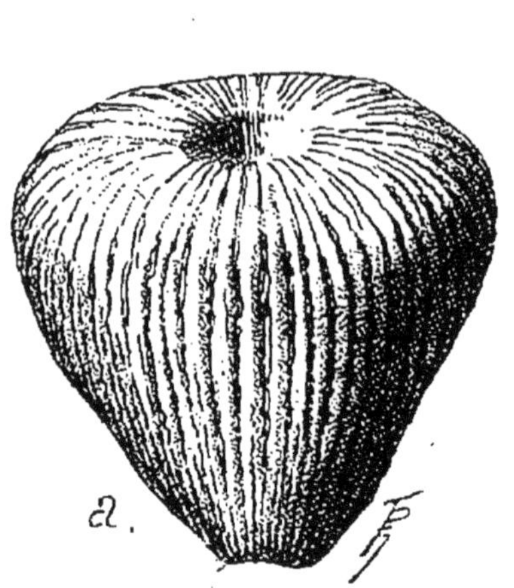

Fig. 22. — *Cnemidiastrum stellatum*, Goldf.

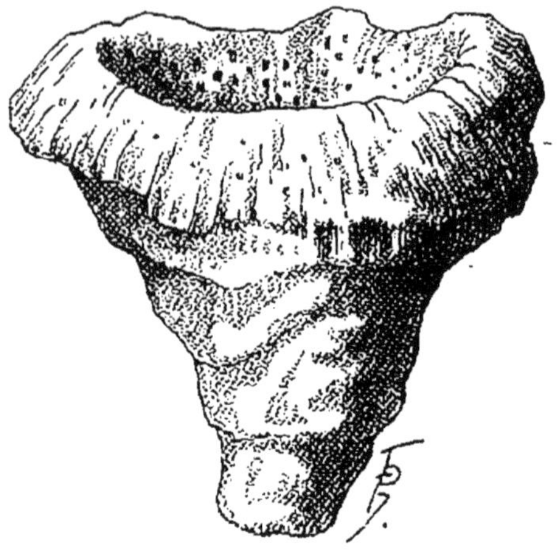

Fig. 23. — *Cupulospongia fungiformis*, Lmx.

23. **Jerea pyriformis**, Lmrx (fig. 24). — En forme de poire, à tige assez longue, à sommet tronqué, portant des trous arrondis correspondant à des canaux verticaux qui se poursuivent jusqu'au fond de l'éponge, soit en ligne droite, soit en suivant le contour général. Quelques-uns de ces canaux sont rendus visibles extérieurement, vers le sommet. Surface externe criblée de perforations irrégulières (osties) dispersées sans ordre et donnant naissance à des canaux qui plongent vers le centre de l'éponge; ces perforations manquent sur la tige. Très commune, à l'état siliceux, dans la craie supérieure à Châtellerault, Tours, Beyne, le Havre, Périgueux, Saintes, Nogent-le-Rotrou, etc.

24. **Hallirhoa costata**, Lamrx (fig. 25). — Éponge

simple, pédicellée, offrant l'aspect d'une tomate, c'est-à-dire sphéroïdale, comprimée verticalement, avec des côtes latérales proéminentes, épaisses, arrondies, un peu resserrées à la base. L'ouverture

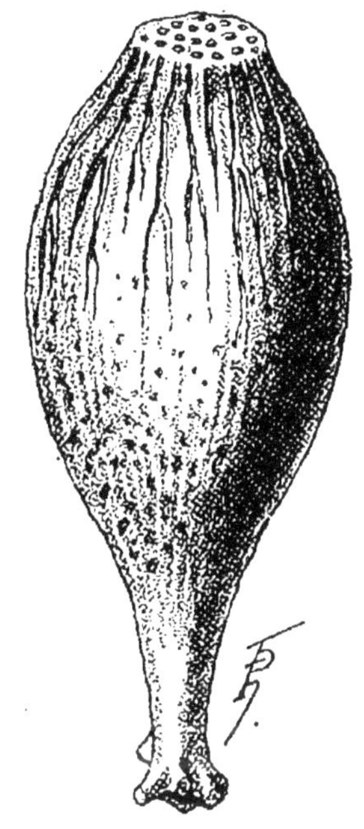

Fig. 24. — *Jerea pyriformis*, Lmrx.

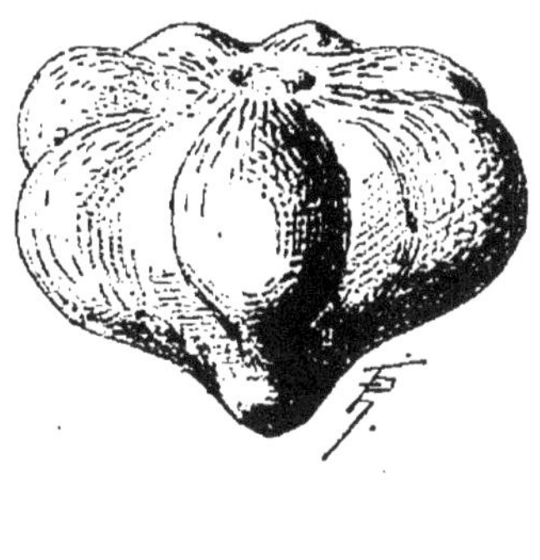

Fig. 25. — *Hallirhoa costata*, de la craie turonienne.

terminale arrondie très profonde (généralement comblée par la roche), à bordure un peu fissurée, se trouve communément en Touraine et en Normandie, soit en place, dans le Crétacé supérieur, soit à l'état remanié, en compagnie d'un genre voisin très polymorphe : Siphonia, Parkinson (fig. 21).

Calcispongiæ

25. **Eudea lagenaria**, Lamrx (fig. 26). — Éponge de taille médiocre, cylindrique, légèrement en massue, à

cavité centrale tubulaire prolongée jusqu'à la base. Les parois de la cavité centrale ainsi que la surface externe sont constituées par une couche lisse criblée de petites perforations placées au fond de légères dépressions. L'oscule est ouvert au sommet de l'éponge.

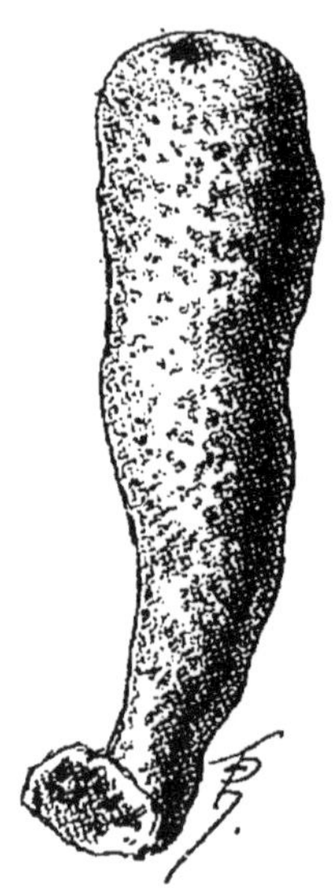

Fig. 26. — *Eudea lagenaria*, Lmrx. Bathonien de Normandie.

Fig. 27. — *Lymnorea denudata*, Lmrx. Bathonien de Normandie.

Ce genre est assez abondamment répandu dans l'Oolithe inférieure de Normandie, à Ranville, à Luc, etc.

26. **Lymnorea denudata,** d'Orb. (fig. 27). — Éponge composée d'individus cylindriques soudés entre eux et réunis à leur base par une couche épidermiques légèrement ridée. Le sommet arrondi de chaque individu porte un oscule peu profond. Canaux radiaires fins. Également représenté par de nombreux individus dans l'Oolithe, au même niveau et dans les mêmes lieux que le genre précédent. Luc, Ranville, etc.

§ 2. — Anthozoaires ou Coralliaires.

Les polypiers ont une grande importance en Paléontologie par ce fait qu'ils édifièrent à différentes époques, et surtout pendant la période oolithique, de puissantes assises que l'on peut identifier avec les formations coralligènes actuelles.

La fossilisation, altérant le plus souvent ces organismes, rend l'étude de leurs restes assez difficile.

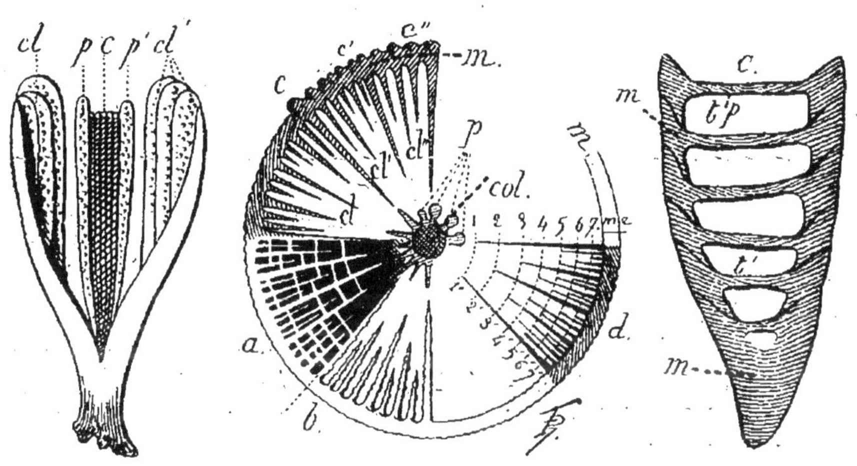

Fig. 28.

A. Coupe longitudinale d'un calice de Rugueux; *cl*, *cl'*, cloisons ou rayons; *p*, *p'*, palis; *c*, columelle.

B. Coupe transverse d'un calice du même groupe; *col.* columelle; *p*, palis; *cl*, *cl'*, *cl''*, cloisons; *m''*; muraille avec ses côtes externes; *c*, *c'*, *c''*, en *a* portion montrant des cloisons réunies entre elles par des synapticules; en *b* cloisons granuleuses; en *d*, disposition des cloisons suivant un certain nombre de cycles (1 à 7).

C. Coupe longitudinale d'un calice de Tabulé; *m*, muraille; *c*, calice; *ttp'*, tables successives ou planchers.

Dans la figure ci-dessus (fig. 28) nous indiquons les parties les plus importantes à examiner pour la détermination de ces fossiles.

Tubuleux

27. **Aulopora cucullina,** Michelin (Pl. II, fig. 10). — Polypier rameux, composé d'individus ayant l'aspect d'un petit cornet et appliqués sur d'autres corps marins. Les calices ne présentent ni tables, ni cloisons. Se rencontre dans les couches dévoniennes à Ferques; ainsi qu'en Normandie, dans la Sarthe et la Manche.

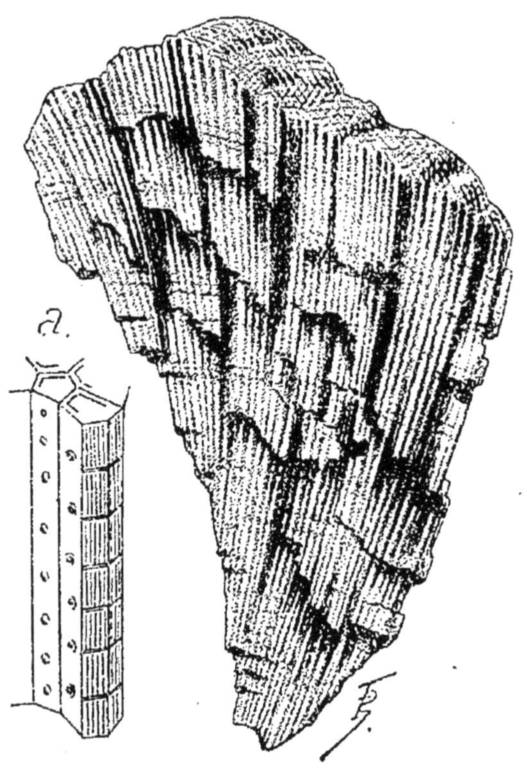

Fig. 29. — *Favosites punctata.* — *a.* Polypiérites grossies.

Tabulés

28. **Favosites punctata,** Bouillier (fig. 29). — Polypier massif, formé de polypiérites allongées, polygonales;

pores muraux (voir en *a*) assez espacés, constants; cloisons réduites à des stries longitudinales; planchers équidistants. Forme des masses plus ou moins volumineuses dans le dévonien, fréquent en Normandie, à la Baconnière (Mayenne), par exemple.

Rugueux ou Tétracoralliaires.

29. **Amplexus coralloides**, Sow. (fig. 30). — Polypier simple, subcylindrique, pourvu d'une couche externe. Cloisons (voir en *a*) peu épaisses, courtes, presque toutes de même longueur, n'atteignant jamais le centre; planchers horizontaux (voir en *b*) bien développés et fermant le fond du calice qui est peu profond. Étage anthracifère : fréquent dans le calcaire de Solesmes (Sarthe).

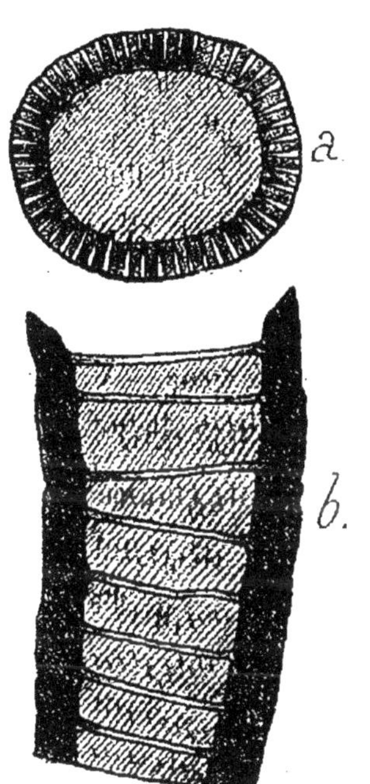

Fig. 30. — *Amplexus coralloides*, Sow. — *a*. Coupe transversale. — *b*. Coupe longitudinale.

30. **Cyathophyllum hexagonum**, Goldf. (Pl. I, fig. 1). — Polypier astréen, massif, composé d'individus polygonaux irréguliers, assez grands et juxtaposés sans ordre. Planchers limités à la partie centrale de la cavité. Cloisons nombreuses, rayonnantes. Forme des masses plus ou moins volumineuses dans le Dévonien du Bas Boulonnais et de la Normandie.

31. **Calceola sandalina**, Lamk. (fig. 31 *a* et *b*). — Ce polypier, par sa conformation toute spéciale fut longtemps regardé comme un Brachiopode. Il se compose de deux valves : l'une, inférieure, en forme de cornet aplatie d'un côté, à ouverture semilunaire, et pointue à la base, ce qui lui donne l'aspect d'une pantoufle; la supérieure est operculiforme. Calice profond, cloisons réduites à des plis longitudinaux, cloison principale

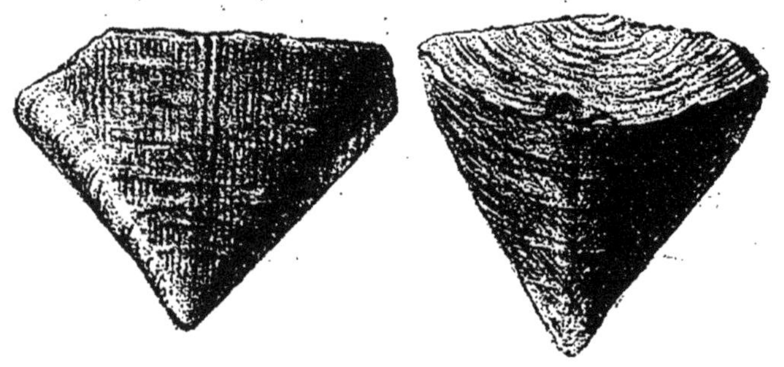

Fig. 31. — *Calceola sandalina*, Lmk.

située au milieu de la face convexe, l'opposée au milieu de la face plane, les latérales dans les angles. La cloison principale se reconnaît extérieurement par la disposition, en barbes de plumes, des lignes septales. Opercule épais, subconique, avec une forte cloison médiane interne.

Très caractéristique du Dévonien : se rencontre à Néhou (Manche).

32. **Michelinia favosa**, Goldf. (fig. 32). — Polypier de taille variable, offrant l'aspect d'un nid de guêpe, à couche externe forte donnant naissance à des prolongements en forme de racines. Les cloisons sont remplacées par des plis longitudinaux.

Très caractéristique du calcaire carbonifère où il est assez fréquent.

33. **Pleurodyctium problematicum**, Goldf. (fig. 33). — Toujours à l'état de moule interne. Contour circulaire ou ovalaire, légèrement en entonnoir; le centre occupé

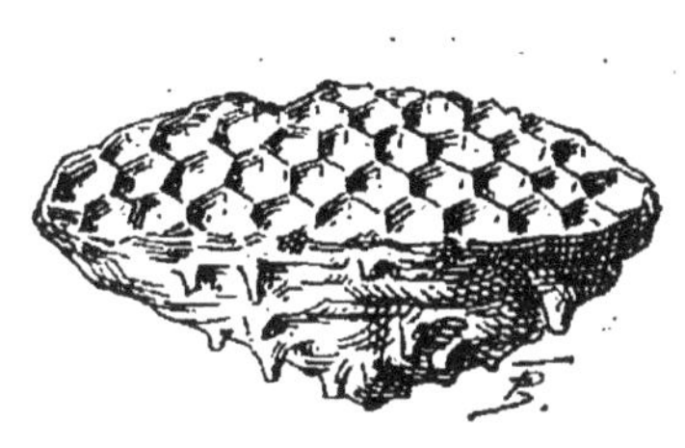

Fig. 32. — *Michelinia favosc.*

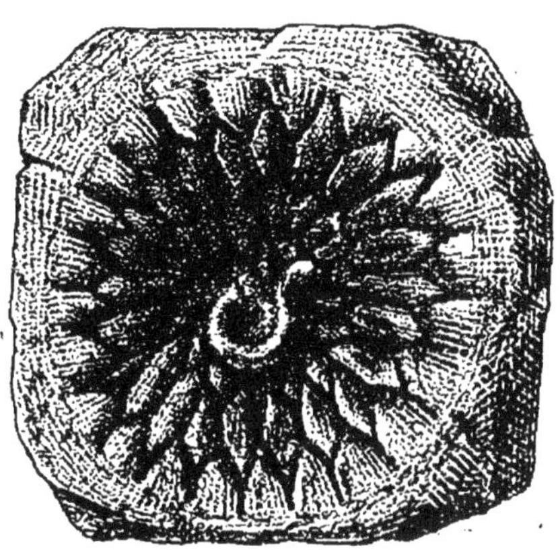

Fig. 33. — *Pleurodyctium problematicum*, Goldf. (Vue du dessus.)

par un appendice serpuliforme sur lequel le polype devait être fixé; les calices sont polygonaux et rayonnants, les murailles simples, perforées de pores espacés.

Recueilli dans le Dévonien de Néhou (Manche).

Perforés.

34. **Madrepora Solanderi**, M. E. et H. (Pl. II, fig. 7). — Polypier branchu, surface externe vermiculée, quand les échantillons ne sont pas roulés, usés; calices inégaux, nombreux, irrégulièrement distribués autour des rameaux. Cloisons ne dépassant pas le calice.

Horizon inférieur des sables bartoniens des environs de Paris. Auvers, Acy-en-Multien, Mary, etc.

35. **Eupsammia trochiformis**, M. E. et H. (Pl. II, fig. 1). — Polypier libre, conique, elliptique de 20^{mm} de hauteur. Cloisons nombreuses, épaisses, arrondies supérieurement, couvertes de papilles et disposées en 5 cycles. Les plus courtes sont plus épaisses que les autres. Surface externe couverte de côtes bien nettes.

Commun dans le calcaire grossier inférieur à Chaumont-en-Vexin, le Vivray, Grignon, etc., etc.

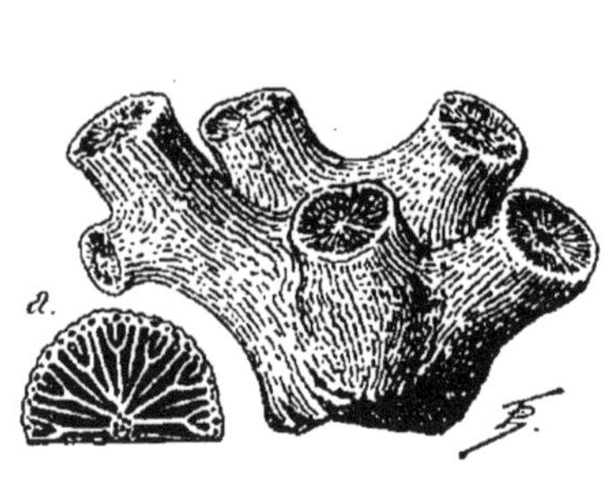

Fig. 34. — *Dendrophyllia amica*, Éd. et H. — *a.* Coupe d'un calice.

Fig. 35. — *Cyclolites elliptica*, Lmk. (Dessous et dessus.)

36. **Dendrophyllia amica**, M. E. et H. (fig. 34). — Polypier rameux. Extrémité des rameaux présentant un calice arrondi irrégulièrement, à cloisons déprimées, s'anastomosant et disposées en 4 cycles. Columelle spongieuse. Faluns miocènes de la Touraine et du Sud-Ouest : Manthelan, Bordeaux, Dax, etc.

37. **Lobopsammia cariosa**, M. E. et H. (Pl. II, fig. 5). — Polypier en rameaux courts, cloison offrant une disposition analogue à celle du genre précédent. Surface

externe sculptée de nombreuses vermiculures allongées, fréquemment interrompues par de petits ponts.

Très commun au niveau inférieur des sables bartoniens du bassin de Paris, Auvers, Valmondois Mary, etc., etc.

38. **Cyclolites elliptica**, Lmk. (fig. 35). — Polypier libre, simple, elliptique, dont le diamètre peut atteindre celui d'une pièce de 5 francs; aplati à la face inférieure qui est marquée de lignes circulaires concentriques; convexe en dessus, à cloisons rayonnantes, minces, très nombreuses, atteignant toutes le centre qui est occupé par un sillon allongé.

Fréquent dans les couches turoniennes : Périgueux, le Beausset, Martigues, Bains de Rennes, etc., etc.

39. **Anabacia orbulites**, Lamrx. (fig. 36). — Petit polypier libre discoïde, voisin de l'espèce précédente par la disposition de ses lamelles et de sa cavité centrale, mais en différant par sa forme circulaire et par son diamètre qui ne dépasse pas celui d'une pièce de cinquante centimes. Commun dans le Bathonien de Raucourt (Ardennes), Marquise (P. de C.), Ranville (Calvados).

Fig. 36. — *Anabacia orbulites*, Lamrx.

40. **Trochoseris distorta**, Michel. sp. (Pl. II, fig. 4). — Polypier généralement simple ou composé de deux ou trois individus accolés; en forme de coupe, fixé par une large base; surface externe finement côtelée (sur les échantillons non roulés). Cloisons du calice serrées sur 5 cycles, les plus longues étant les plus fortes, leur surface couverte de granulations. Le centre du

calice est occupé par une columelle couverte de papilles.

Commun dans le niveau inférieur des sables bartoniens du bassin de Paris, Auvers, Mary.

41. **Cyathoseris infundibuliformis**, M. E. et H. (Pl. II, fig. 11). — Polypier en forme de coupe ou d'entonnoir à bords ondulés; fixé par une base assez large. Calices nombreux, à cloisons épaisses les reliant entre eux, ces cloisons sont légèrement granuleuses sur le côté. Surface externe lisse.

Assez commun avec le précédent.

Apores

42. **Montlivaultia Guettardi**, Blainv. (fig. 37). — Polypier de petite taille en forme de coupe très surbaissée, à bords réfléchis. Surface inférieure recouverte d'une épithèque épaisse; calice largement ouvert à cloisons très épaisses et assez régulièrement dentées.

Etage Hettangien. Bourgogne; environ de Lyon.

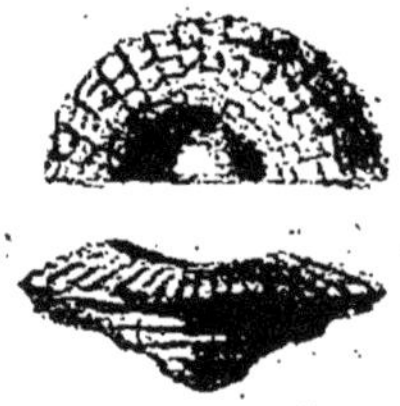

Fig. 37. — *Montlivaultia Guettardi*, Blainv.

43. **Montlivaultia minor**, de From. (fig. 38). — Polypier libre, en forme de cône assez régulier; couche externe épaisse, souvent excoriée, surtout vers les bords du calice; celui-ci peu profond, à cloisons très épaisses, arrondies, dentelées, très inégales de longueur. Seules les plus fortes arrivent presque jusqu'au centre.

Commun dans le Corallien de Champlitte (Haute-Saône).

44. **Rhabdophyllia solitaria**, de From. (Pl. I, fig. 6 et 6 *a*). — Polypier rameux, à branches très développées en longueur, assez régulièrement annelées et présentant entre chaque anneau une partie renflée, couverte de côtes granuleuses. Calices ouverts au sommet des rameaux et présentant des cloisons peu

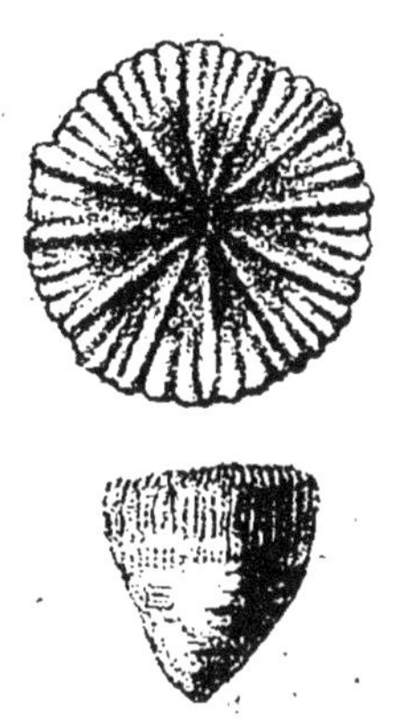

Fig. 38. — *Montlivaultia minor*, de From.

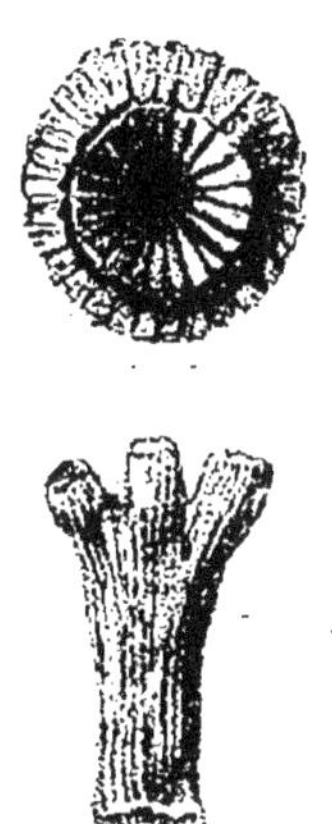

Fig. 39. — *Rabdophyllia trichotoma*, de From.

nombreuses, épaisses et de longueurs très inégales.

Même gisement que le précédent.

45. **Rhabdophyllia trichotoma**, de From. (fig. 39). — De petite taille, à rameaux courts, subcylindriques, finement côtelés; calice en entonnoir, au sommet des rameaux.

Même gisement, et mêmes localités que l'espèce précédente.

46. **Thecosmilia trichotoma**, M. E. et H. (Pl. I, fig. 5). — Polypier rameux, à épithèque forte, mais souvent disparue.

Rameaux robustes, inégalement développés et

coupés de traverses nombreuses. Calices semi-circulaires, irréguliers, à cloisons nombreuses, fortes et dentelées.

Comme les précédents, dans le Corallien de Champlitte (Haute-Saône).

47. **Heliastræa Ellisiana**, Defr. (Pl. II, fig. 8). — Se rencontre en masses plus ou moins volumineuses à la surface desquelles s'ouvrent de nombreux calices circulaires, peu saillants; de ces calices débordent des cloisons qui forment ainsi sur toute la surface un élégant réseau, tandis que vers le centre des calices, occupé par une columelle spongieuse, elles sont un peu dentelées.

Faluns miocènes de la Touraine (Manthelan) et du Sud-Ouest (Bordeaux, Dax, etc.).

48. **Latimæandra magnifica** de From. (Pl. I, fig. 2). — Polypier massif, à surface présentant de nombreux calices polygonaux, à cloisons confluentes; séparés en groupes inégaux par de forts plis saillants, arrondis, flexueux.

Dans les couches à facies corallien de l'oolithe de Franche-Comté.

49. **Parasmilia centralis**, Mant. (Pl. II, fig. 3). — Polypier fixé par la base, ayant la forme d'une corne d'abondance. Muraille présentant à l'extérieur de nombreuses côtes simples et des stries d'accroissement. Cloisons dépassant les bords du calice, à surface papilleuse; columelle spongieuse.

N'est pas rare dans la craie blanche supérieure des environs de Paris, de Normandie et de Champagne.

50. **Haplosmilia distans**, de From. (Pl. I, fig. 4 et 4 *a*). —

Polypier robuste, rameux, branches à extrémités trichotomes offrant un calice elliptique, à cloisons peu nombreuses, épaisses. Surface externe des rameaux couverte de côtes crêtées.

Fréquent dans le corallien de Franche-Comté.

51. **Stylina lævicostata**, de From. (Pl. I, fig. 3). — Polypier massif, convexe, à surface présentant de nombreux calices arrondis, saillants, de taille médiocre; cloisons débordantes et formant ainsi sur toute la surface un réseau très élégant; au centre de chacun des calices on voit la columelle styliforme qui fait saillie.

C'est l'une des espèces les plus communes dans le massif coralligène de Valfin.

52. **Trochocyathus conulus**, M. E. et H. (Pl. II, fig. 2). — Polypier libre en forme de petite corne d'abondance, à surface externe côtelée. Calice rond avec cloisons épaisses, dépassant les bords, granuleuses sur les côtés, « palis » entre ces lamelles et la columelle qui est formée de bâtonnets disposés en faisceau.

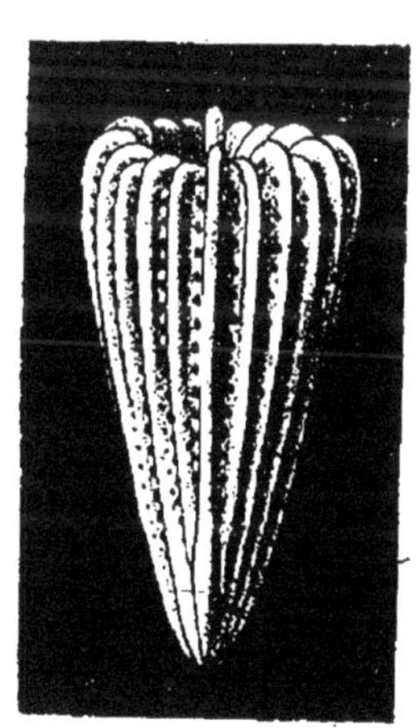

Fig. 40. — *Turbinolia dispar*, Defr. (Très grossi.)

Très commun dans l'Albien de la Haute-Marne.

53. **Turbinolia dispar**, Defr. (fig. 40). — Petit polypier en cône élevé, renversé, à calice arrondi, occupé par de nombreuses cloisons en feuillets arrondis supérieurement et couverts de papilles; extérieurement ces cloisons donnent lieu à des côtes très saillantes séparées par

des rangées de fossettes. Columelle en baguette.

Commun dans le calcaire grossier inférieur à Chaumont, le Vivray, Grignon, Vanves, etc.

54. **Sphenotrochus crispus** (Pl. II, fig. 6). — Petit polypier, dont les plus grands individus n'atteignent pas un centimètre de haut; libre, en cône droit. Muraille présentant à l'extérieur des côtes frisées. Calice elliptique, lamelles peu nombreuses, arrondies au sommet fortement granuleuses. Columelle en lame.

Très commun dans le calcaire grossier inférieur à Grignon et au Vivray, par exemple.

55. **Diplohelia raristella**, M. E. et H. (Pl. II, fig. 9). — Polypier rameux, à rameaux cylindriques, à calices disposés alternativement et latéralement. Cloisons espacées, disposées en 6 cycles. Surface externe lisse.

Commun dans la couche glauconieuse à dents de squales et dans le calcaire grossier inférieur de Fontenay-Saint-Père, Vanves, le Vivray, etc., etc.

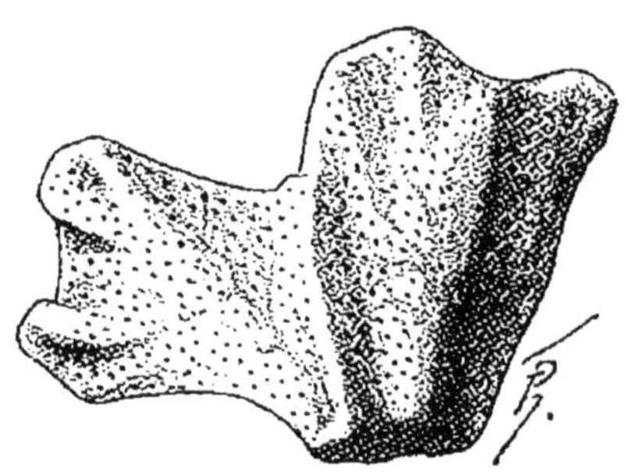

Fig. 41. — *Millepora deformis*, d'Orb. (Grandeur naturelle.)

§ 3. — Hydrozoaires.

Milleporidæ.

56. **Millepora deformis**, d'Orb. (fig. 41). — Hydraire à squelette calcaire encroûtant, disposé en rameaux

courts et aplatis. Surface inégale percée de nombreux petits pores tubuleux. A l'aspect général d'un polypier. Répandu dans les sables bartoniens (niveau inférieur) du bassin de Paris, à Auvers, Mary, etc., etc.

Graptolithidæ.

Groupe aujourd'hui complètement éteint, abondant dans le Silurien, et dont les formes les plus répandues en France sont :

57. **Monograptus priodon**, Bronn. sp. (fig. 42). — En baguette simple, rectiligne, à cellules (*c*) un peu recou-

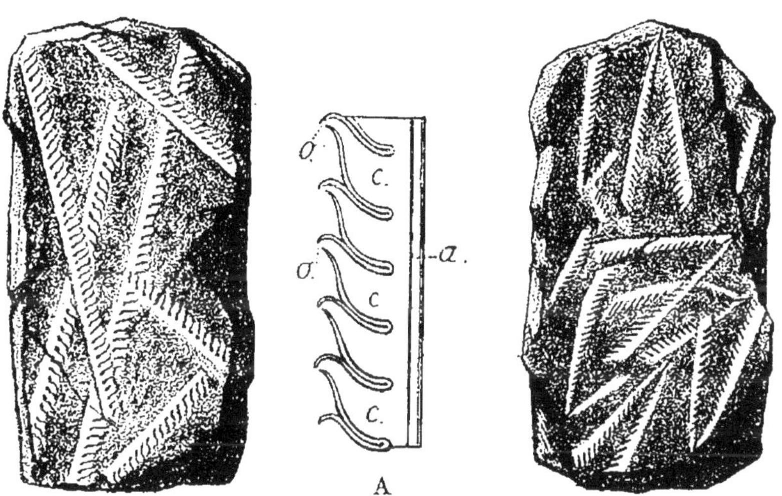

Fig. 42. — *Monograptus priodon*, Bronn. — *a*. Partie très grossie.

Fig. 43. *Didymograptus Murchisoni*, Beck, sp.

vrantes, recourbées légèrement à leur extrémité antérieure. Vue à un fort grossissement, la coupe longitudinale de ces baguettes montre les parties suivantes (fig. 42 A) en (*a*) l'axe muni d'un canal, en (*c*) les cellules, avec l'ouverture externe en (*o*).

(Commun dans les Ampélites et dans le Calcaire silurien de Feuguerolles (Calvados).

558. **Didymograptus Murchisoni**, Beck, sp. (fig. 43). — Composé de deux tiges simples, en forme de palmes, sans tige nue. Pointe axiale tournée en haut.

Fréquent dans les schistes siluriens dits schistes à Callymenes du Neufbourg (Manche).

CHAPITRE III

ÉCHINODERMES

§ 1. — **Crinoïdes** (Lis de mer).

Les Crinoïdes sont répandus à profusion dans certaines formations des terrains secondaires, les calcaires à entroques par exemple; mais le plus souvent on ne rencontre, comme restes fossiles, que des parties détachées et plus ou moins incomplètes soit des bras (*br*), soit du calice (*c*), soit enfin de la tige (*t*); ce sont d'ailleurs les fragments de cette dernière partie qui se rencontrent le plus communément; les animaux complets (fig. 50) pouvant être regardés comme des raretés.

Les figures 44, 45, mettent en relief les parties plus importantes à considérer pour la détermination des Crinoïdes. Nous nous contenterons ici de citer quelques-unes des espèces les plus remarquables et les plus fréquentes.

Crinoïdes tesselés.

59. **Marsupites ornatus**, Sow. (fig. 46 *a*). — Calice non pédonculé, en forme de vase, constitué par des plaques minces disposées suivant le mode dicyclique. Bras (*br*) rarement en place, bifurqués, à une seule rangée

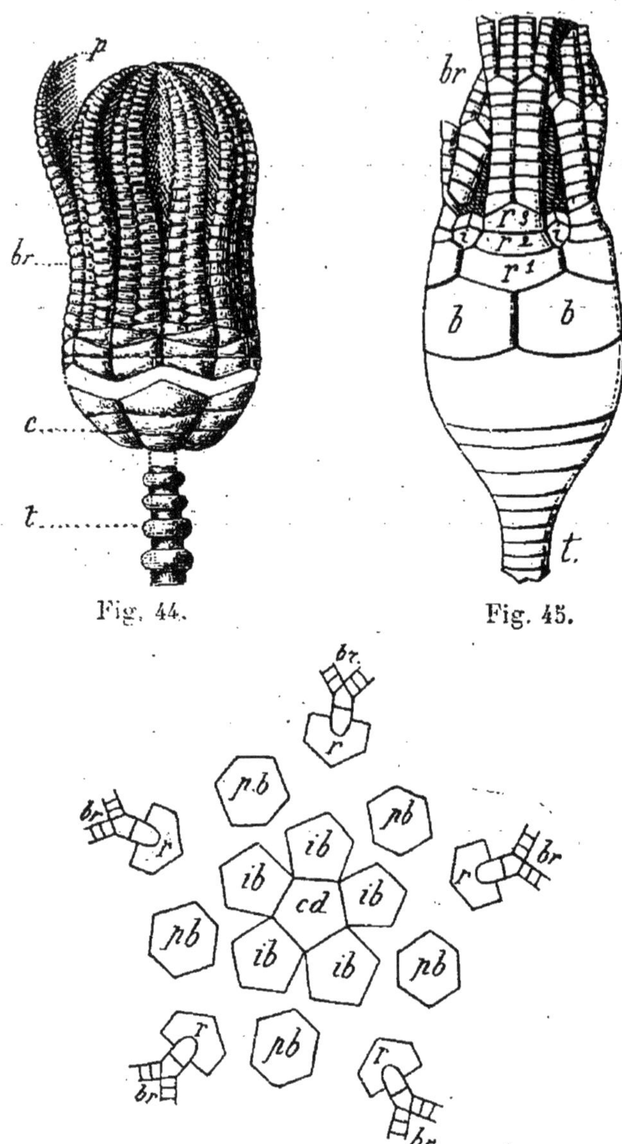

Fig. 46.

Fig. 44. — *Encrinus liliiformis*, Lmk. *t*, tige ; *c*, calice ; *br*, bras ; *p*, pinnules.

Fig. 45. — *Apiocrinus Roissyanus*, d'Orb. Type de calice monocyclique ; *t*, tige ; *b*, plaques basales ; r^1, r^2, r^3, plaques radiales ; *i*, interradiales ; *br*, bras.

Fig. 46. — Schéma d'un calice dicyclique (Marsupites) ; *cd*, plaque centrodorsale ou discale ; *ib*, infrabasales ; *pb*, suprabasales ; *r*, radiales ; *br*, bras.

de plaquettes. Plaques du calice ornées de sillons irréguliers et rayonnants.

Caractéristique du niveau le plus élevé de la Craie santonienne : bassin de Paris, Normandie, etc.

60. **Thylacocrinus Vannioti**, Œlh. (fig. 47). — Calice grand, en forme de gobelet, formé par la réunion de

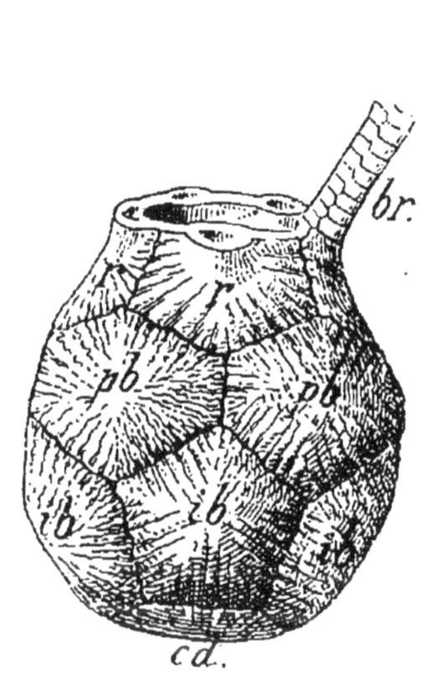

Fig. 46 *a*. — *Marsupites ornatus*. Type de calice dicyclique.

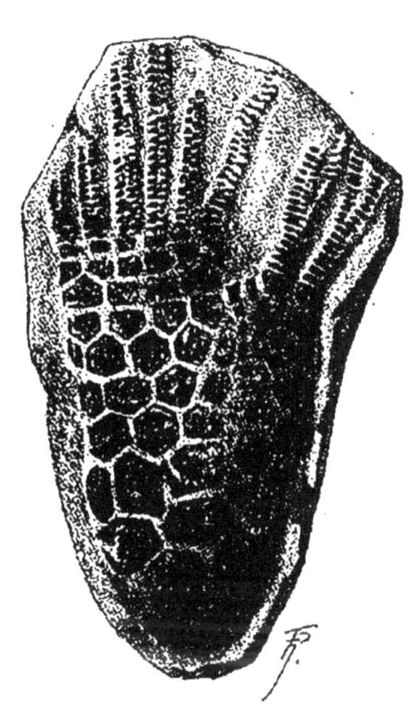

Fig. 47. — *Thylacocrinus Vannioti*, Œlh.

nombreuses plaques. Bras au nombre de 24, simples. Il a été rencontré des individus de ce genre, en assez grand nombre, dans le dévonien de la Baconnière (Mayenne).

Crinoïdes articulés.

Apiocrinus, Miller. — Calice monocyclique, en massue (fig. 45) ou sphérique (fig. 48), se confondant le plus souvent insensiblement avec la tige qui est très développée, arrondie et partant d'une souche irrégulière noueuse (fig. 48 *c*). Il convient de citer les espèces suivantes :

61. **A. Roissyanus**, d'Orb. (fig. 45) du Séquanien des Charentes.

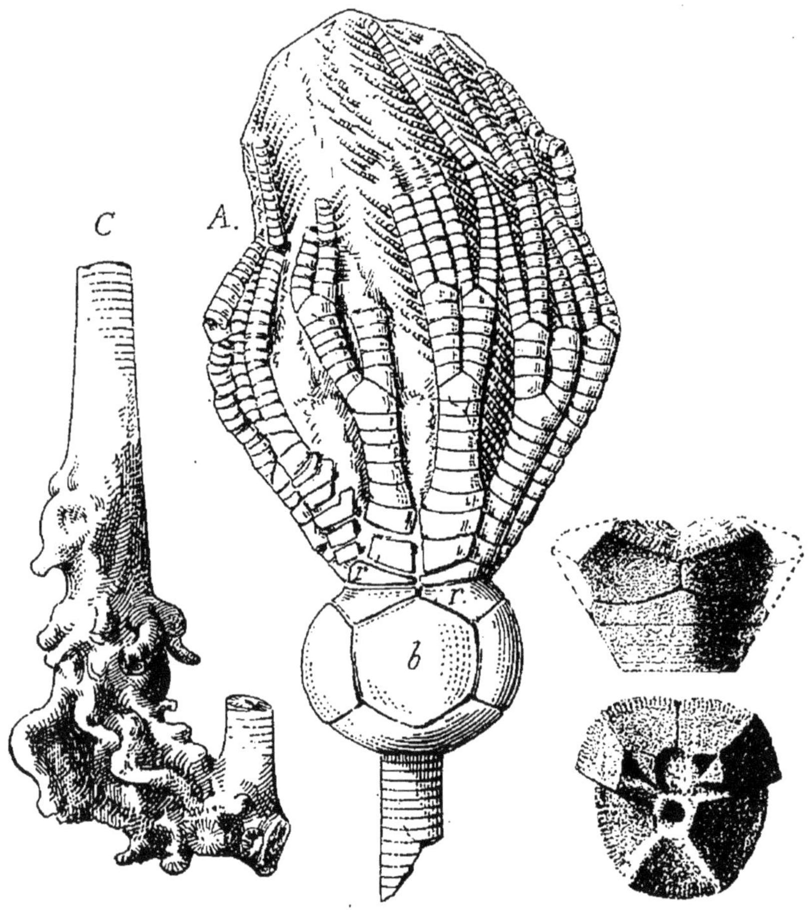

Fig. 48. — A, *Apiocrinus magnificus*, d'Orb. Calice. — C, souche du même.

Fig. 49. — *Apiocrinus Parkinsoni*. Calice de profil et du dessus.

62. **A. magnificus**, d'Orb. (fig. 48 A), du même gisement.

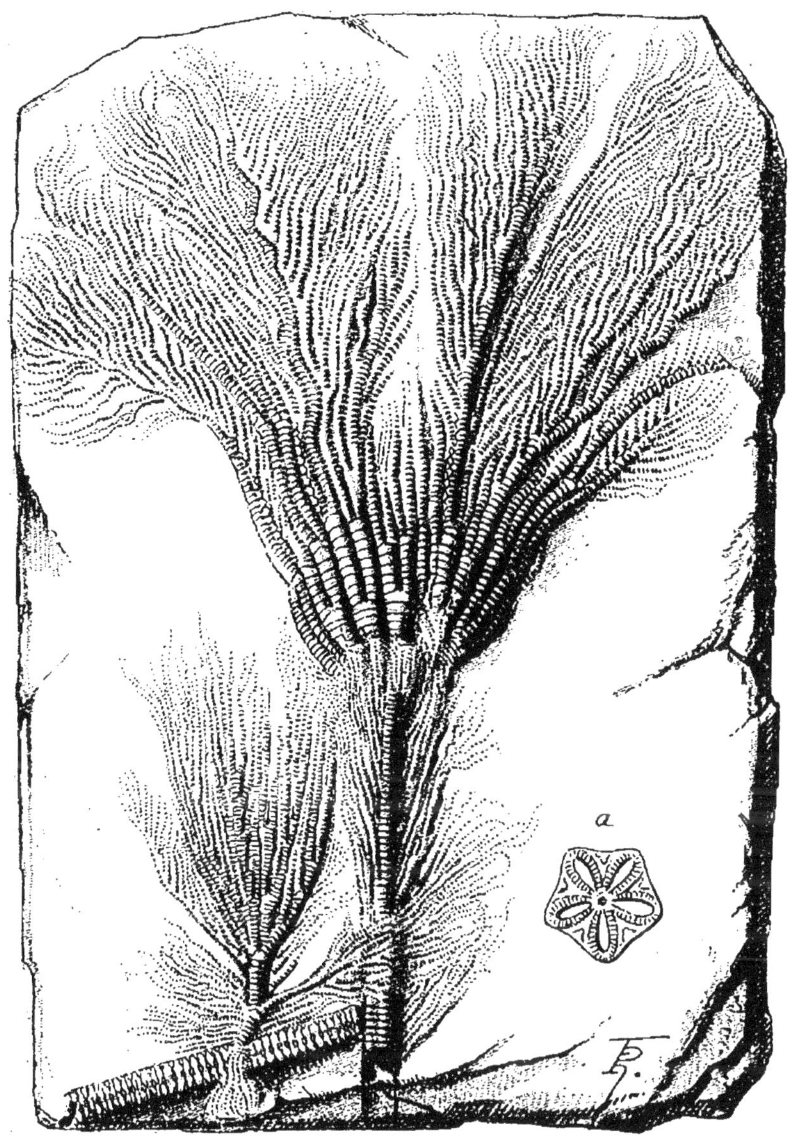

Fig. 50. — *Pentacrinus Bollensis*, Schl. du Lias. *a*, section de la tige, du même.

63. **A. Parkinsoni**, v. Schloth (fig. 49) du Bathonien des Ardennes. — Un genre voisin, Millericrinus, laisse

de nombreux restes dans le minerai de fer oxfordien de Neuvizy; l'espèce la plus fréquente est :

64. **M. horridus**, d'Orb.

65. **Pentacrinus**, Miller (fig. 50). — Calice petit, souvent caché par les bras qui sont très développés. Ce sont les fragments de tiges qui se rencontrent le plus fréquemment, ces tiges très développées ont une section pentagonale (fig. 50 *a*) à surface ornée de différentes façons ou lisse. Les espèces les plus caractéristiques sont :

Fig. 51. — *Pentacrinus tuberculatus*, Mill. du Sinémurien.

Fig. 52. — *Pentacrinus basaltiformis*, Mill. du même étage.

66. **P. tuberculatus**, Mill. (fig. 51) du Sinémurien de la Lorraine.

67. **P. basaltiformis**, Mill. (fig. 52) du même étage. Bourgogne (Avallon), Vieux-Pont (Calvados), Saint-Amand (Cher), etc.

68. **P. didactylus**, d'Orb. du terrain éocène du Sud-Ouest à Biarritz, Port-des-Basques, etc., etc.

69. **Encrinus liliiformis**, Lmk. (fig. 44). — Calice en coupe surbaissée, à base dicyclique, surmonté par 10 bras simples, supportant d'assez fortes pinnules. Tige longue, arrondie à anneaux inégaux.

Les fragments de tige sont assez communs dans le Muschelkalk de Lorraine et du Var.

§ 2. — **Astérides** (Etoiles de mer).

Les restes fossiles, bien conservés, appartenant à ce groupe, sont extrêmement rares. Le plus souvent on ne recueille que des articulations isolées.

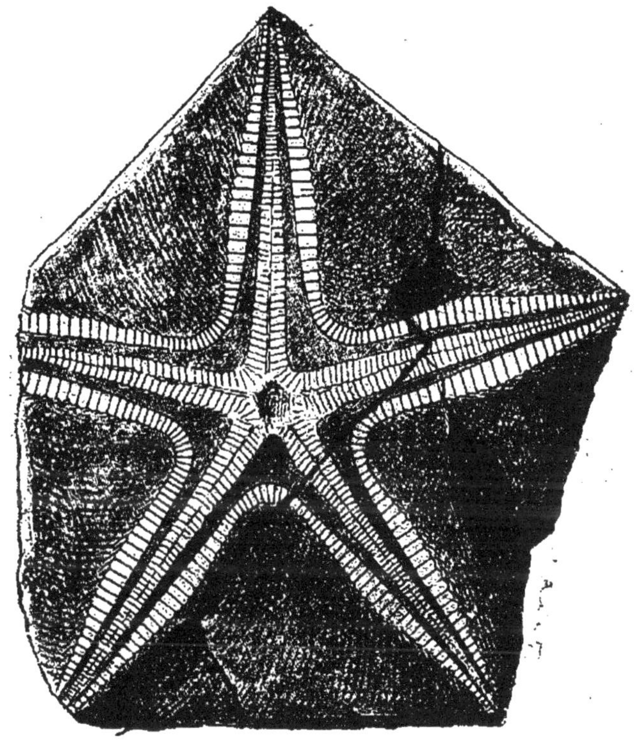

Fig. 53. — *Astropecten Nodotianus*, d'Orb. — *p. a.* plaques ambulacraires ; *p. m.* plaques marginales.

Nous citerons néanmoins le genre *Astropecten*, dont plusieurs espèces se rencontrent à différents niveaux de la série oolithique : nous figurons l'une d'elles :

70. **Astropecten Nodotianus**, d'Orb. (fig. 53), de l'Oxfordien de Dijon.

71. **A. poritoidés**, Desm. — Dont les plaques marginales sont fréquentes dans le calcaire grossier des environs de Paris.

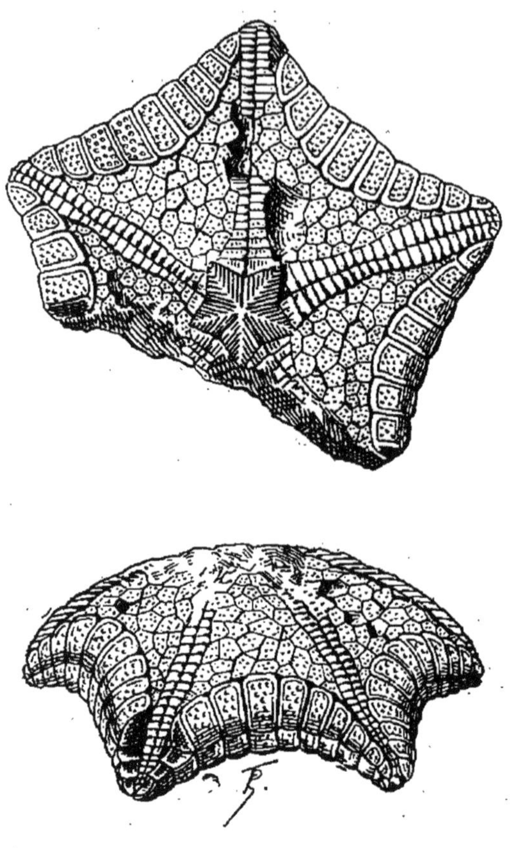

Fig. 54. — *Goniaster Parkinsoni*, Forb.

72. **Goniaster Parkinsoni**, Forbes (fig. 54). — Se rencontre dans la craie blanche supérieure, quelquefois dans un assez bon état de conservation, comme le montrent nos figures.

Nous mentionnerons aussi, à titre de renseignement, un genre voisin des ophiures actuelles.

73. **Geocoma elegans**, Heller. — Dont on retrouve les

débris par milliers dans le grès ferrugineux du Callovien de la Voulte (Ardèche).

§ 3. — **Échinides** (Oursins).

Ce groupe, à l'encontre du précédent, a une grande importance pour le paléontologiste, par le grand nombre et la variété de ses représentants, par leur bon état de conservation habituel, et par la constance de certains genres ou espèces à se montrer à des niveaux particuliers, ce qui fait de ces espèces des points de repère précieux pour le stratigraphe.

A l'état fossile, ces animaux sont représentés soit par le test lui-même (Pl. 28, fig. 1, 2, 5, 6), soit par les appendices connus sous les noms de radioles, piquants, baquettes, etc. (Pl. 28, fig. 9).

EXPLICATION DE LA PLANCHE CI-CONTRE

ECHINIDES RÉGULIERS. — Fig. 1. — Cyphosoma vu du dessous; *p*, perstome; *a*, ambulacre; *iam*, interambulacre; *zp*, zone porifére; *zm*, zone miliaire; *t*, tubercules; *iamp. imp*, interambulacre impair. — Fig. 2. — Pseudodiadema, vu du dessus, *a. ap*, appareil apical; *p*, périprocte; *a*,*a'*, ambulacres; *a. imp*, ambulance impair; *iam*, *iam'*, interambulacres pairs; *iam*, *imp*, interambulacre impair; *zm*, zone miliaire; *tt'*, tubercules. — Fig. 3. — Une plaque interambulacraire du même, de profil et grossie; *m*, mamelon; *c*, collerette; *b*, bouton; *Sc*, scrobicule; *c*, *s*, cercle scrobiculaire. — Fig. 4. — La même vue du dessus avec une portion d'ambulacre; *Sc*, scrobicule; *zm*, zone miliaire; *zp*, zone porifère.

ECHINIDES IRRÉGULIERS. — Fig. 5. — Un micraster vu du dessous; *a*, anus; *b*, bouche; *fl*, floscelles; *pl*, plastron; *fa*, fasciole anale; *ec*, écusson, *ava*, avenue ambulacraire; *amp*, *aimp*, ambulacres pairs et impair; *iamp*, interambulacre pair. — Fig. 6. — *Linthia* (*Spatangidæ*) vue du dessus; *a. ap*, appareil apical; *ap*, ambulacres pairs pétaloïdes; *aimp*, ambulacre impair droit; *iamp* et *iam*, *imp*, interambulacres pair et impair; *zp*, zone porifère; *fp*,*fp'*, fasciole péripétale; *fl*, fasciole latérale. — Fig. 7. — Appareil apical d'Echinide régulier avec anus (*a*) central. — Fig. 8. — Appareil apical d'Echinide irrégulier avec anus (*a*) infère. — Fig. 9. — Radiole; *fa*, facette articulaire; *b*, bouton; *a*, anneau; *c*, col; *t*, tige ou corps du radiole.

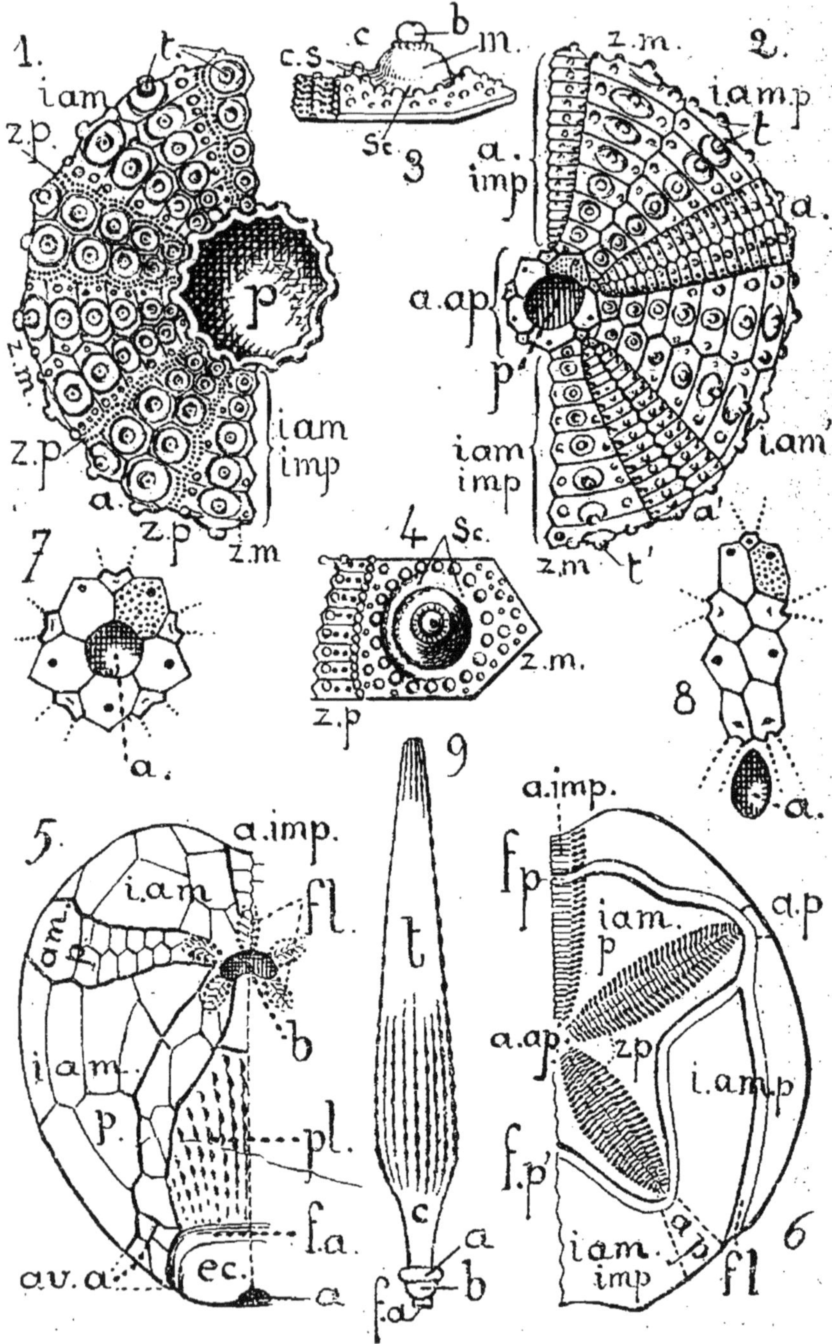
1.
t.
iam
z.p.
p
z.m.
z.p
iam
imp
a.
z.p
z.m
c
b
c.s
m.
sc
3
z.m.
2.
iam.p
t
a.
imp
a.
a.ap
p'
iam
imp
iam'
a'
z.m
t'
7
a.
4
sc
z.m.
z.p
8
a.
9
5.
a.imp.
i.am
fl.
am.
p
b
i.am.
p.
pl.
f.a.
av.a
ec.
a
t
c
a
b
f.a
a.imp.
f.p
iam.
p
a.p
a.ap
zp
i.am.p
f.p'
iam.
imp
a.p
fl
6

Les oursins sont divisés en deux grands groupes fondamentaux : 1° les réguliers et 2° les irréguliers. Les premiers ont l'anus situé dans l'appareil apical (Pl. 28, fig. 7); les seconds l'ont en dehors (Pl. 28, fig. 8). Nous donnons pour chacun de ces deux groupes des figures où sont mises en vue les parties sur lesquelles l'attention doit plus particulièrement se porter pour la détermination des genres et des espèces.

Echinides réguliers

74. **Cidaris sceptrifera**. Agass. (fig. 55). — Ce sont surtout les radioles qui se rencontrent fréquemment.

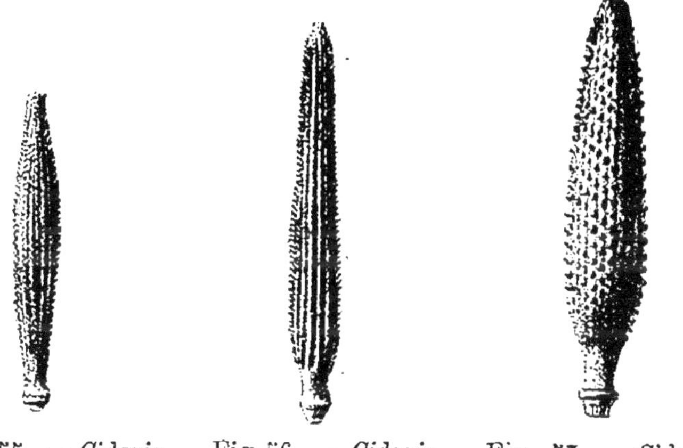

Fig. 55. — *Cidaris sceptrifera*, Ag. Fig. 56. — *Cidaris vesiculosa*, Gold. Fig. 57. — *Cidaris florigemma*, Ph.

Ils sont cylindriques, uniformes, renflés au milieu, couverts de petits granules formant des séries nombreuses et très serrées.

Abondant dans la craie blanche supérieure Reims, Beauvais, Meudon, Dieppe, Talmont, Touraine, etc.

75. **Cidaris vesiculosa**, Goldf. (fig. 56). — Espèce dont

les radioles sont également assez communs. Voisins de ceux de l'espèce précédente, mais plus carénés, à carènes moins profondément dentelées; collerette plus haute que dans le précédent.

Craie glauconieuse cénomanienne : le Havre, Villers-sur-Mer, département de l'Eure, environs de Grenoble et ceux du Mans (Sarthe).

76. **Cidaris florigemma**, Phillips (fig. 57). — Radioles cylindriques, en massue, à col court, mais très étranglé, avec un petit anneau très délicat au-dessus de l'anneau principal. Le corps du radiole couvert de granulations disposées en séries longitudinales et comme réunies par un filet. Ces radioles sont très fréquents dans le Corallien du Doubs, de l'Yonne, de la Meuse, et du Calvados.

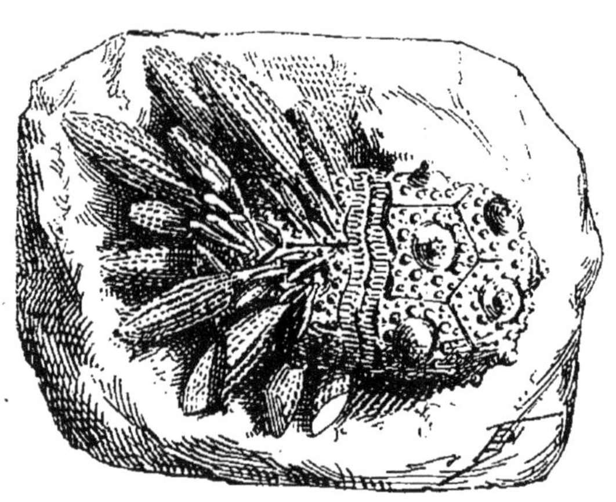

Fig. 58. — *Cidaris coronata*, Goldf.

77. **Cidaris coronata**, Goldf. (fig. 58). — Espèce déprimée aux pôles, tubercules peu nombreux, très forts, les supérieurs seuls présentent une perforation au bouton. Les scrobicules sont espacés les uns des

autres et le cercle de tubercules qui les entoure est très accentué. Il y a quatre rangées de granules sur les ambulacres.

Les radioles sont polymorphes, le plus souvent ils présentent un col élevé et fortement rétréci, le corps est chargé de granulations disposées par séries longitudinales qui forment des carènes parallèles.

Fig. 59. *Cidaris Forchammeri*, Des.

Étage corallien des Charentes, des Ardennes, etc.

78. **Cidaris Forchammeri**, Desor (fig. 59). — Espèce très rugueuse, à scrobicules très enfoncés, entourées d'un cercle de granules irréguliers particulier à cette espèce. Radioles à granulations irrégulièrement disposées.

Calcaire pisolithique, Vigny, Montainville, Montereau, etc.

79. **Rhabdocidaris Orbignyi**, Desor (Pl. III, fig. 3). — Fréquemment représenté par ses radioles qui sont tricarénés ou prismatiques, comprimés, quelquefois étalés, vers le sommet, munis, sur les carènes et à la base de la baguette, de fortes épines. La figure 3 représente une portion d'un ambulacre et une plaque interambulacraire.

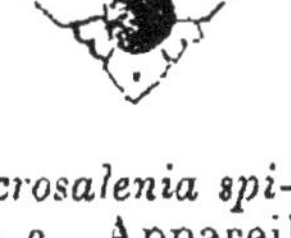

Fig. 60. — *Acrosalenia spinosa*, Ag. — *a*, Appareil apical grossi.

Commun dans le Séquanien : la Hève, La Rochelle, Villersville, Lavoncourt (Hte-Saône), Aube, etc.

80. **Acrosalenia spinosa**, Agass. (fig. 60). — Petite espèce presque pentagonale dont les tubercules inter-

ambulacraires sont très saillants surtout à la face inférieure. Dans l'appareil apical (en *a*), le périprocte est transversal et surmonté par une plaque supplémentaire petite, dite plaque discale et pentagonale. Bathonien : Ranville, Chatel-Censoir, Ambly.

81. **Salenia scutigera**, Agass. (fig. 61). — Espèce remarquable par le renflement de l'appareil apical;

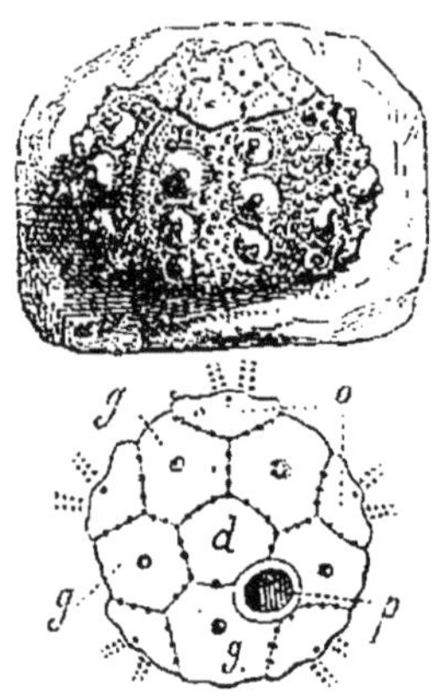

Fig. 61.
Salenia scutigera, Ag.,
et son appareil apical.

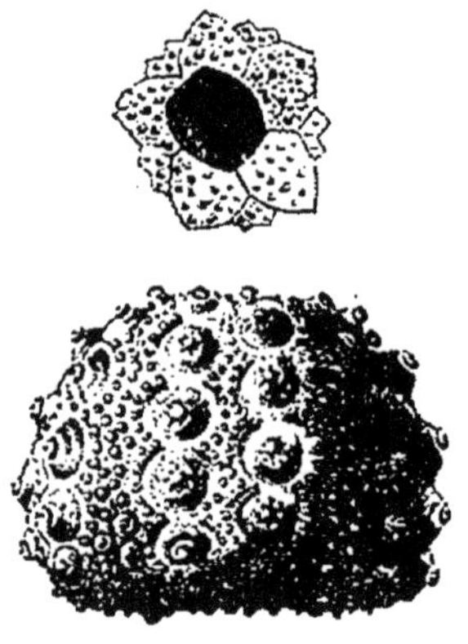

Fig. 62.
Hemicidaris crenularis, Lmk.
Au-dessus, l'appareil apical.

les sutures des plaques de cet appareil sont marquées de petits enfoncements, dont trois sur chacune d'elles. Zone miliaire large. Il n'existe point de granulations entre les deux rangées de tubercules ambulacraires. L'anus située dans l'appareil apical, est excentrique et déplacé par une plaque discale. Craie de Talmont, Saintes, Lavalette, Cap de la Hève, environs de Beauvais.

82. **Hemicidaris crenularis**, Lmk. (fig. 62). — Espèce en forme de dôme, presque aussi haute que large, à tubercules se touchant par leur base, gros, saillants;

semi-tubercules moyens, par rangées de sept à huit. Bouche très grande. Les radioles de cette espèce sont des bâtonnets cylindriques, renflés au sommet en forme de massue, sans collerette au-dessus de l'anneau, qui est très accentué.

Fréquent dans le Séquanien du Jura, de l'Yonne, des Charentes et de Normandie.

83. **Pseudodiadema hemisphæricum**, Desor (Pl. III, fig. 4). — Très bel oursin, de grande taille subconique, à tubercules gros et saillants, accompagnés par quatre et même six rangées de tubercules secondaires dans les interambulacres. Pores simples depuis le sommet du test jusque presque au pourtour du péristome où ils se dédoublent. Cette dernière partie, très ample et à bords profondément entaillés. Séquanien des Ardennes, de l'Yonne, des Charentes, etc.

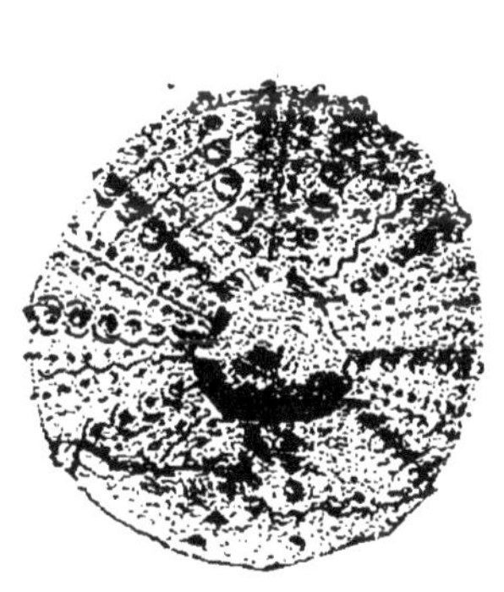

Fig. 63.
Diademopsis serialis, Desor.

Fig. 64.
Cœlopleurus equis, Ag.

84. **Diademopsis serialis**, Desor (fig. 63). — Espèce de taille moyenne, souvent écrasée et déformée, subconique à zone miliaire très large à la face supérieure.

Tubercules espacés, entourés de scrobicules larges. Péristome assez ample, à pores dédoublés sur le pourtour.

Étage Hettangien : à Robiac (Gard), Châtillon-sur-Chessy (Rhône), Valloux près Avallon (Yonne).

85. **Arbacia monilis**, Desm. sp. — Oursin de petite taille, globuleux, à tubercules très serrés, on distingue cependant bien nettement les rangées principales des aires ambulacraires et interambulacraires; pores disposés par triples paires, peu obliques.

Faluns helvétiens de Touraine et d'Anjou.

86. **Cœlopleurus equis**, Agass. (fig. 64). — Oursin pentagonal, aplati, ambulacres très saillants; aires interambulacraires déprimées ne portant de tubercules principaux qu'à la face inférieure.

Étage Bartonien, falaises de Biarritz.

87. **Glypticus hieroglyphicus**, Agass. (fig. 65). — Petit oursin d'un aspect tout spécial par suite de l'irrégularité des tubercules interambulacraires, qui sont comme lacérés à la face supérieure, au-dessous quelques gros tubercules entiers. Appareil apical pentagonal, régulier. Très commun dans le Corallien des différentes régions.

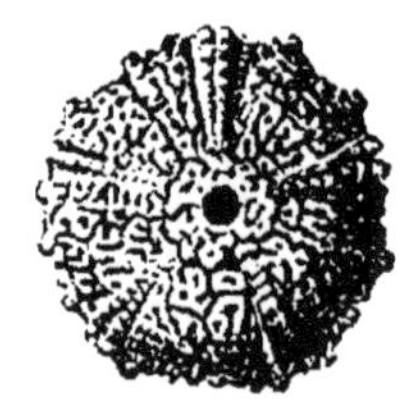

Fig. 65. — *Glypticus hieroglyphicus*, Ag. (Dessus, profil et appareil apical grossi.)

Echinides irréguliers.

88. **Echinoconus conicus**, Breyn. (Pl. IV, fig. 9-10). — Oursin conique, presque aussi haut que long, un peu

rétréci en arrière, plan en dessous. Périprocte situé près du bord. Commun dans la craie sénonienne de Normandie et de Champagne.

89. **Discoidea conica**, Desor (fig. 66). — Espèce subpentagonale, en cône très surbaissé. Ambulacres et interambulacres présentant des séries de tubercules réguliers et presque égaux. Périprocte occupant à peu

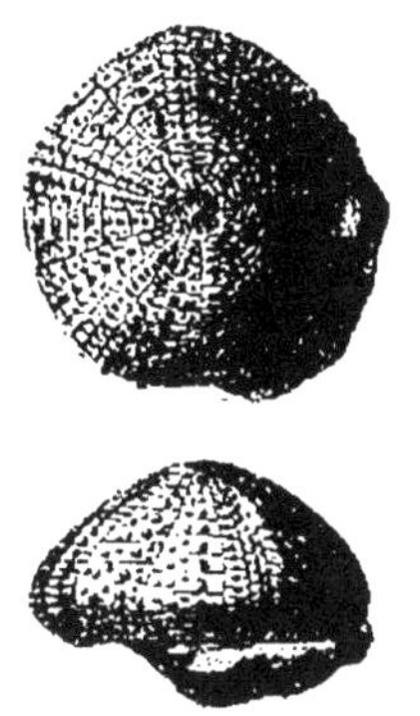

Fig. 66. — *Discoidea conica*, Des. (Dessus et profil.)

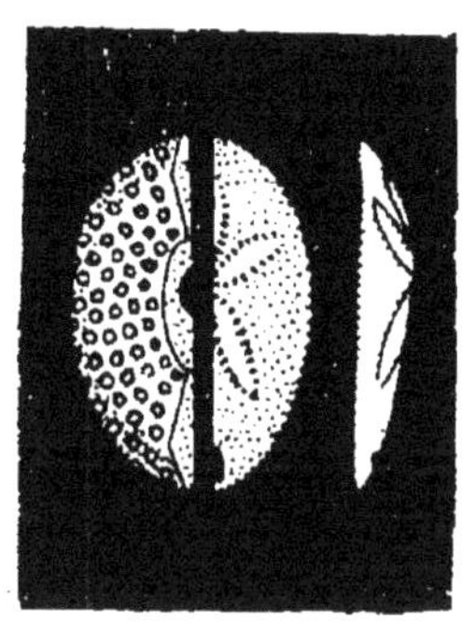

Fig. 67. — *Lenita patellaris*, Ag. (Dessous, dessus, profil.)

près la moitié de l'espace entre la bouche et le bord. Étage Albien de la Provence : Clars, etc.

90. **Anorthopygus orbicularis**, Cott. (Pl. III, fig. 7,8). — Espèce circulaire et déprimée, dont les ambulacres sont légèrement en relief et dont le périprocte est irrégulier et situé à la face supérieure, près du bord. Se rencontre dans les couches de l'étage Cénomanien : Le Mans.

91. **Sismondia occitana**, Agass. (Pl. VI, fig. 1-2). — Oursin de forme pentagonale, plat en dessus. Pétales atteignant le bord sans se fermer. Face inférieure légèrement concave; le périprocte est situé entre le péristome et le bord, à égale distance de ces deux parties.

Assez fréquent dans le calcaire éocène de Pauillac (Gironde).

92. **Lenita patellaris**, Agass. (fig. 67). — Très petite espèce, très frêle, de un centimètre environ de longueur, très plat, mais légèrement voûté en dessus.

Calcaire grossier inférieur où il est très abondant : Grignon, Meudon, Fontenay Saint-Père, Parnes, Ecos (Eure), etc.

93. **Scutella subrotunda**, Lmk. (fig. 68[4]). — Très grand oursin, très plat, à bord postérieur ondulé, avec une échancrure au-dessous de laquelle on voit le périprocte. Pétales grands : Etage Helvétien.

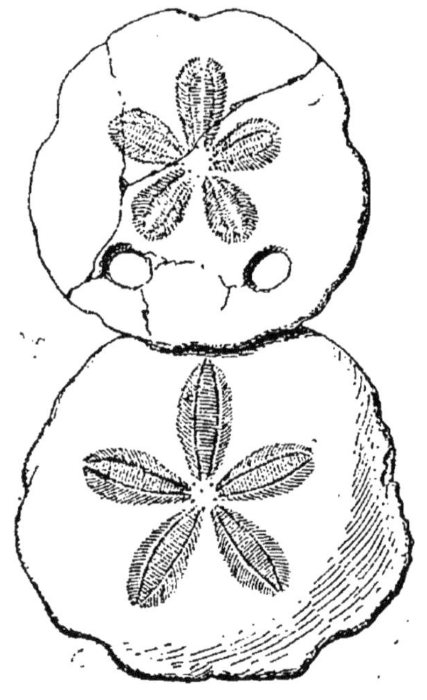

Fig. 68.
3, *Amphiope bioculata.*
4, *Scutella subrotunda.*

Faluns de Manthelan et de Léognan.

94. **Amphiope bioculata,** Agass. (fig. 68[3]). — Grande espèce de forme presque circulaire, plus large en arrière qu'en avant. Pétales larges et arrondis; sillons ambulacraires de la face inférieure très ramifiés. Périprocte très près du bord. Trous situés sous les deux pétales postérieurs. Faluns de Touraine, de Saint-Paul-Trois-Châteaux (Drôme), de Sure près Bollène (Vaucluse), de Sainte-Maure (Indre-et-Loire).

95. **Echinobrissus clunicularis,** Lynd. sp. (Pl. III,

fig. 5-6). — Espèce à sillon anal atteignant le sommet ambulacraire; arrondie en avant, tronquée et échancrée en arrière, caractérisée surtout par l'aplatissement graduel du côté postérieur.

Etage Bathonien : Ranville (Calvados), Châtel-Censoir (Yonne), départements du Doubs, de la Sarthe, etc.

96. **Echinobrissus scutatus**, d'Orb. (fig. 69). — Dans cette espèce le sillon anal n'atteint pas le sommet

Fig. 69. — *Echinobrissus scutatus*, d'Orb. (Dessus, profil, dessous.)

ambulacraire, la forme générale est plus épaisse que dans l'espèce précédente et la partie postérieure, au lieu d'être déclive, est renflée, formant ainsi deux gros lobes.

Trouville : les Vaches-Noires ; Launois (Ardennes) ; Chamsol (Doubs).

97. **Clypeus Ploti**, Klein (Pl. IV, fig. 1,2,3). — Espèce de grande taille, circulaire, tronquée en arrière, assez régulièrement convexe, à sommet rejeté en arrière. Sillon anal profond, atteignant le sommet. Ambulacres pétaliformes, chacune des zones porifères égalant en largeur l'espace qui les sépare. Dessous ondulé, péristome pentagonal entouré de forts bourrelets.

Bathonien des Ardennes et du Jura, signalé aussi à Boulogne-sur-Mer et à Besançon.

98. **Echinanthus Issyavensis**, Klein sp. *Ech. Cuvieri*, Desor (Pl. VI, fig. 5, 6). — Espèce très onduleuse, en forme de toit, fortement élargie d'avant en arrière, pétales relativement petits, légèrement renflés. Périprocte situé dans le haut d'un sillon vertical de la face postérieure. Péristome très excentrique, floscelle distinct.

Très abondant dans le calcaire grossier inférieur, à Issy, Vanves, Arcueil, Chaumont, Grignon, etc.

99. **Pygorhynchus grignonensis**, Agass. (Pl. VI, fig. 7, 8). — Espèce renflée, légèrement élargie d'avant en arrière. Pétales larges, ouverts à leur extrémité, s'étendant presque jusqu'au bord; l'impair plus étroit que les autres. Sommet excentrique. Face inférieure concave; péristome, un peu plus excentrique que le sommet, entouré de bourrelets distincts. Périprocte transversal et supra-marginal.

Même gisement que le précédent, moins fréquent : Grignon, Parnes, Vexin, etc.

100. **Echinolampas Chaumontianus**, Klein. *Ech. affinis*, Desm. (Pl. VI, fig. 3, 4). — Espèce déprimée, à peine élargie en arrière, à sommet ambulacraire excentrique. Pétales inégaux, non renflés. Périprocte transversalement allongé; péristome moins excentrique que le sommet, entouré d'un floscelle rudimentaire.

Se trouve en compagnie d'Echinanthus Cuvieri dans le calcaire grossier inférieur, à Grignon, Meudon, Chaumont, Vanves, Château-Thierry, etc.

101. **Echinolampas stelliferus**, Desm. (fig. 70). — Espèce plus grande que la précédente, plus élevée,

subconique, dont les pétales sont renflés en forme de fortes côtes. Périprocte transversal. Calcaire grossier du Sud-Ouest : Blaye, etc.

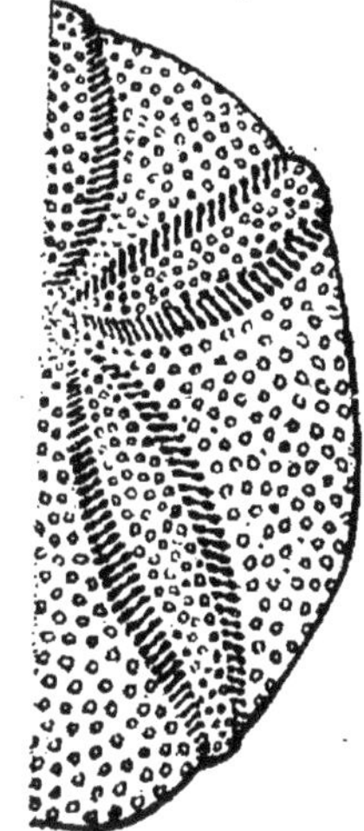

Fig. 70. — *Echinolampas stelliferus*, Desm.

102. **Pygurus rostratus**, Agass. (Pl. IV, fig. 7-8). — Oursin de grande taille, peu épais, fortement élargi d'avant en arrière. Côté postérieur fortement rostré, sans sinus sur les côtés du rostre. Pétales très larges et arrondis. Péristome pentagonal accompagné de bourrelets bien accentuées. Répandu dans les calcaires néocomiens à Nantua (Ain), Bouchefrans (Jura), Fontanil (Isère) surtout bien conservé dans la limonite de Metabief (Doubs).

103. **Collyrites bicordata**, Leck. (Pl. IV, fig. 5 et fig. 71). — Oursin de forme elliptique un peu rétréci en arrière, remarquable par son appareil apical (fig. 71) très allongé, à ambulacres disjoints formant deux groupes distincts, l'intérieur composé de trois ambulacres, le postérieur de deux qui sont moins arqués, et plus courts. Périprocte submarginal.

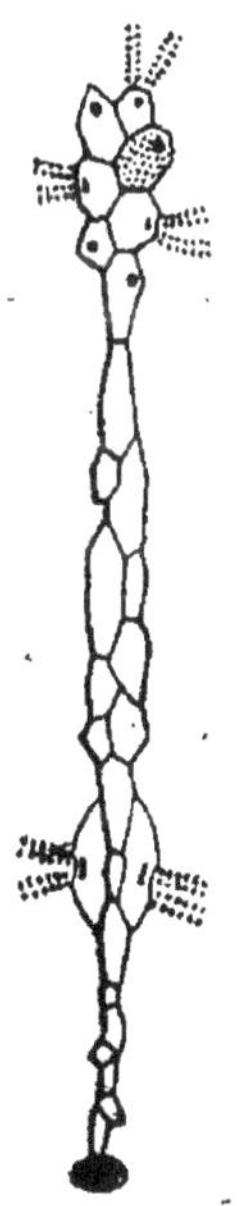

Fig. 71.

Commun dans l'Oxfordien de Franche-Comté.

104. **Echinocorys vulgaris**, Breyn. ou **Ananchytes ovata**, Leske (Pl. V, fig. 7). — Oursin d'assez grande taille, ovoïde, arrondi en avant, un

peu rétréci en arrière. Face inférieure plane présentant un péristome transversal, situé au quart de la longueur. Périprocte ovale, allongé dans le sens de l'axe et inframarginal. Zones porifères très nettes. Appareil apical allongé, ce qui fait que les ambulacres restent séparés les uns des autres au sommet. Très abondant dans la craie blanche supérieure : Normandie, Champagne, environs de Paris, etc.

105. **Offaster pilula**, Agass. sp. (fig. 72). — Petit oursin, très bombé, conique à sommet excentrique. Sillon antérieur à peine visible en avant du péristome et nul ailleurs. Péristome et périprocte petits tous deux, presque ronds. Ambulacres peu distincts se perdant parmi les tubercules qui sont assez forts. Une légère fasciole fait le tour presque sur l'angle marginal.

Fig. 72. — *O. pilula*, Ag.

Même gisement que le précédent : Meudon, Sens, Joigny, Beauvais, Saintes, Louviers, etc.

106. **Holaster subglobosus**, Agass. (Pl. V, fig. 8). — Belle espèce, d'assez grande taille, caractérisée par sa forme renflée et arrondie, le dessous presque aussi convexe que le dessus. Sillon antérieur, large, peu profond avec deux protubérances latérales. Péristome petit; périprocte assez grand. Ambulacres distincts, droits, à pores petits, inégaux.

Très caractéristique du Cénomanien : Champagne, Normandie, commun à Rouen; Cassis (Bouches-du-Rhône) et dans les Basses-Alpes.

107. **Toxaster complanatus**, Agass. (Pl. IV, fig. 4 et

fig. 73). — Dans cette espèce, le sommet ambulacraire est reporté très en arrière et toute la partie antérieure est fortement déclive. Le sillon antérieur est large et profond occupé par l'ambulacre impair, peu différent des autres qui sont larges, flexueux un peu concaves; les postérieurs beaucoup plus courts que les antérieurs. Surface couverte de gros tubercules gros, scrobiculés.

Étage Néocomien, répandu dans les marnes d'Hauterive.

Fig. 73. — *Toxaster complanatus.* (Profil.)

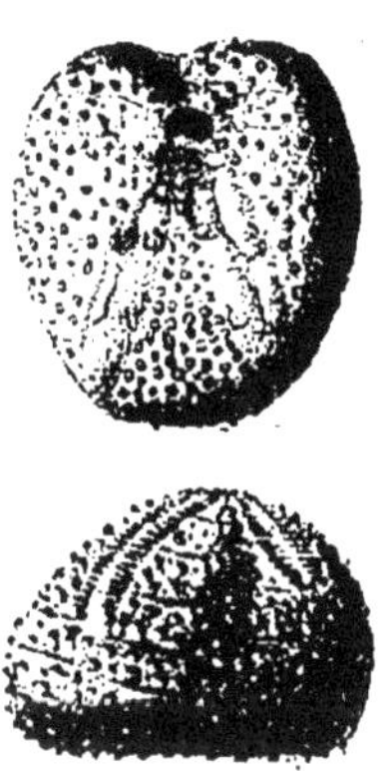

Fig. 74. — *Toxaster Ricordeaui*, Cott.

108. **Toxaster Ricordeaui**, Cott (fig. 74). — Espèce très globuleuse, en dôme, à sommet presque central. Face supérieure couverte de gros tubercules qui paraissent limités dans les aires interambulacraires. Ambulacres étroits, surtout l'impair et non concaves. Périprocte submarginal.

Étage Urgonien : environs d'Auxerre, Gurgy, Monéteau (Yonne), argiles à plicatules des environs d'Apt (Vaucluse) et de la Bédoule (Bouches-du-Rhône).

109. **Micraster coranguinum**, Agass. (Pl. V, fig. 1,2). — Espèce de taille moyenne, cordiforme, à peu près

aussi longue que large, renflée. Ambulacres droits, peu concaves; l'impair aussi large et aussi profond que les autres. Zones porifères aussi larges que l'espace qui les sépare.

Très caractéristique de l'horizon supérieur de la craie blanche santonienne : Beynes, Rolleboise, Normandie, Picardie, Champagne.

110. **Micraster cortestudinarium**, Agass. (Pl. V, fig. 6). — D'après Desor, cette espèce peut n'être regardée que comme une variété large de l'espèce précédente. Elle caractérise d'ailleurs un niveau un peu inférieur de la même craie supérieure santonienne.

Nombreuses localités de Normandie, Picardie, Champagne.

111. **Micraster brevis** ou **Turonensis**, Bayle sp. (Pl. V, fig. 3,4). — Espèce cordiforme, très courte, presque plus large que longue, remarquable par ses zones porifères très larges, constituées par des plaques très allongées et très grêles.

Craie santonienne inférieure de l'Aude, à Sougraigne, Bains de Rennes, Soulage, etc.; craie de Tercis et du Périgord.

112. **Micraster Brongniarti**, Héb. (Pl. V, fig. 5). — Très voisin du vrai M. coranguinum, mais à zones interporifères non tuberculeuses et simplement granuleuses.

Caractérise tout spécialement l'horizon supérieur, visible à Meudon (Seine) de la craie campanienne : les Moulineaux, Bougival, Port-Marly, etc.

113. **Micraster breviporus**, Agass. (Pl. IV, fig. 6). — Belle espèce reconnaissable à sa forme allongée,

déprimée, nettement tronquée postérieurement, à ambulacres très courts, peu profonds.

Craie marneuse supérieure, Fécamp, Etretat, Dieppe, (Seine-Inférieure), Beauvais, Méru (Oise), Vervins, la Capelle (Aisne), les Andelys (Eure), Caussols (Var).

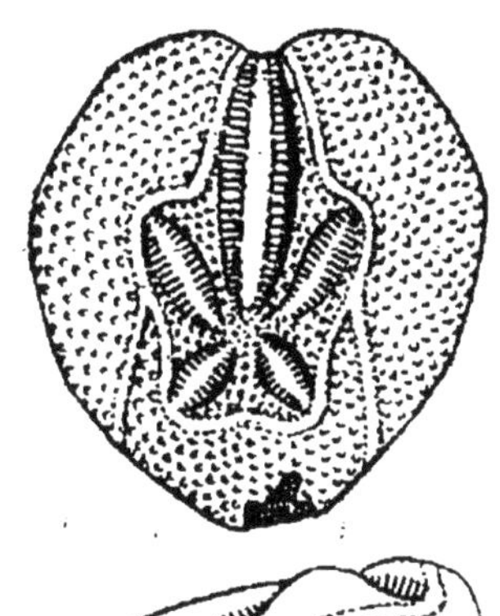

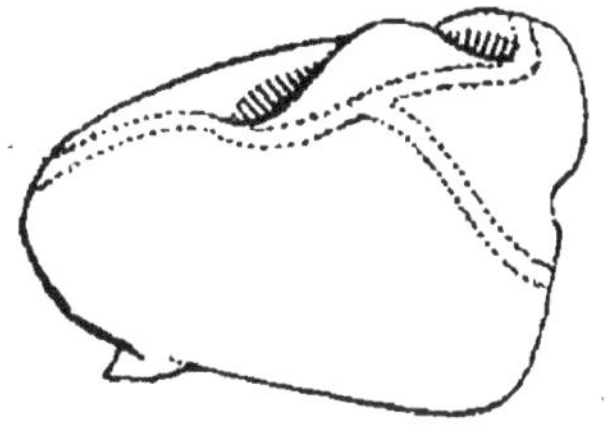

Fig. 75. — *Schizaster Leymeriei*, Cott.

114. **Schizaster Leymeriei**, Cott (fig. 75). — Remarquable par son sommet ramené en arrière, ses ambulacres pairs très inégaux les deux antérieurs étant deux fois plus longs que les postérieurs. Une fasciole péripétale et une sous-anale. Toute la surface du test est chargée de granulations assez fortes.

Etage Bartonien : couches nummilitiques de Biarritz.

115. **Eupatagus ornatus**, Defr. sp. — Bel oursin, d'assez grande taille, peu renflé à sommet porté en avant. Pétales étalés, fermés à fleur du test. Sillon antérieur peu marqué. Interambulacres, sauf l'antérieur, garnis de gros tubercules crénelés et perforés. Une fasciole péripétale non sinueuse et une fasciole sous-anale.

Ludien de Biarritz, Saint-Michel-du-Fay, Montserrat.

CHAPITRE IV

MOLLUSCOÏDES

§ 1. — Bryozoaires.

Petits organismes représentés à l'état fossile par des enveloppes calcaires qui, par leur réunion, forment des colonies, tantôt fixées, encroûtantes ou rameuses; tantôt libres et d'aspect variable. La détermination de ces restes est généralement fort délicate; les plus fréquents dans nos terrains appartiennent aux genres suivants :

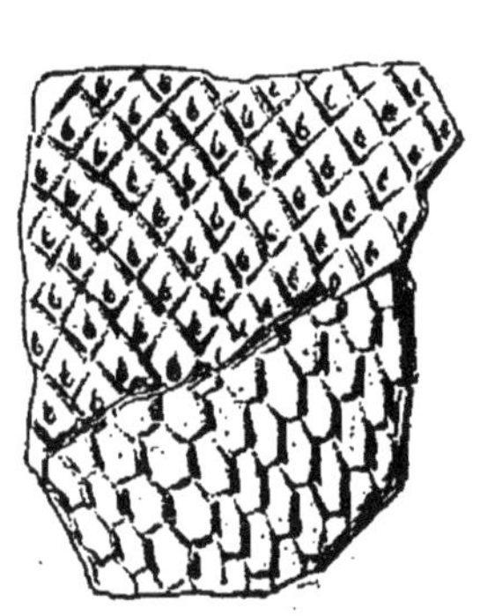

Fig. 76. — *Membranipora.* (Très grossi.)

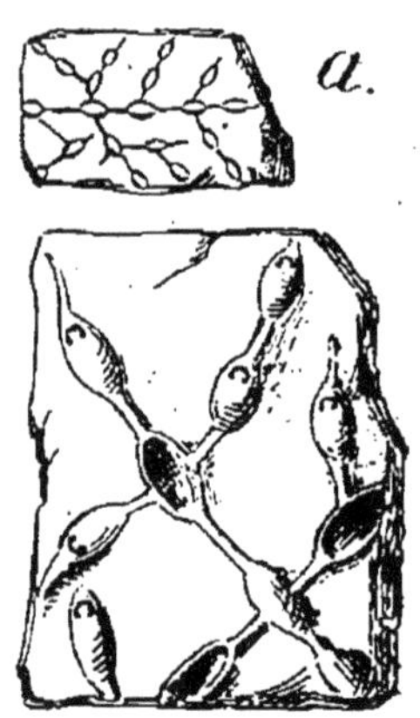

Fig. 77. — *Hippothoa.* (*a.* Gr. nat.)

1° *Formes fixées, encroûtantes.*

1116. Membranipora, Blainv. (fig. 76). — Colonies irrégulières, fixées sur d'autres corps marins : tels que fragments de tests de Mollusques, d'Echinodermes, etc. Les cellules, qui ont les bords saillants sont disposées plus ou moins régulièrement en quinconce, et présentent à leur partie antérieure une ouverture relativement grande.

Fréquent sur Inoceramus et sur Ananchytes de le craie blanche supérieure.

117. **Hippothoa**, Lmrk. (fig. 77). — Cellules de très petite taille en chapelets ramifiés, les rameaux partant latéralement d'une cellule, celles-ci oviformes, couchées. Avec Membranipora, dans la craie blanche du nord de la France.

2° *Formes fixées, colonie simple.*

118. **Defrancia**, Bronn. (fig. 78). — Colonie simple

Fig. 78. — *Defrancia*, Bronn. *a.* Gr. nat.

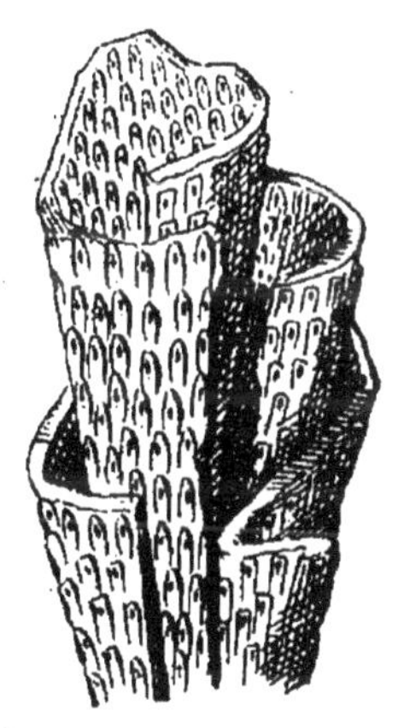

Fig. 79. — *Diastopora foliacea.*

ayant l'apparence d'un polypier ou d'un spongiaire, discoïde, hémisphérique en dessus, portant de forts sillons, sur lesquels apparaissent, ainsi que sur la face supérieure des côtes, les ouvertures des cellules tubuleuses. Craie blanche supérieure.

3° *Formes fixées; colonies rameuses.*

119. **Diastopora**, Lmrk. (fig. 79). — Colonies formant de petites souches membraneuses ou rameuses, à nombreux feuillets fortement plissés dont la surface est criblée de pores; *Diastopora foliacea* est très répandue dans la grande oolithe de Ranville.(Calvados).

Eschara, Ray. — Colonie fixée seulement par la base, en forme de rameau plus ou moins branchu à branches comprimées; cellules disposées en quinconce et s'ouvrant des deux côtés de la colonie. Surtout répandu dans le Crétacé supérieur; a été divisé en un grand nombre de sous-genres dont nous ne citerons que deux, particulièrement communs dans la craie blanche des environs de Paris.

120. **Escharifora Circe**, d'Orb. (fig. 80 *c*, *d*) — Rameaux composés de cellules hexagonales munies au milieu d'une ouverture allongée, relativement grande, entourée sur chaque cellule par une série circulaire des fossettes très petites. Commun aux Moulineaux et à Bougival.

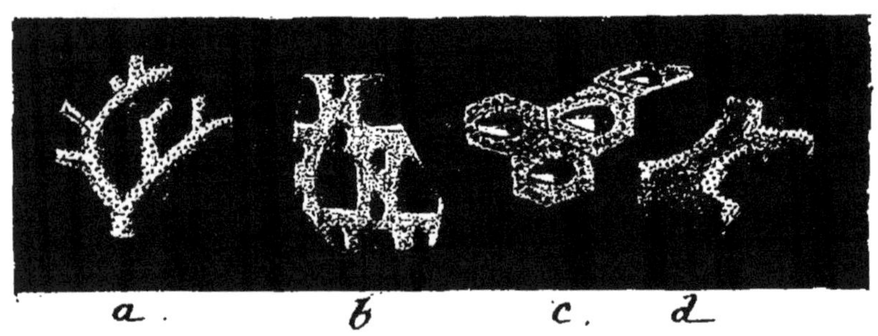

Fig. 80. — *a. Foricula spinosa*, d'Orb. — *b.* Partie grossie. — *d. Escharifora Circe*, d'Orb. — *c.* Partie grossie.

121. **Foricula spinosa**, d'Orb. (fig. 80 *a*, *b*). — Rameaux très grêles, très nombreux, comme épineux,

cellules en forme de fenêtres arrondies au sommet, accompagnées de pores intermédiaires.

Également très répandu à Meudon et à Marly.

4° *Formes libres.*

122. **Cupularia**, Lmrk. (Lunulites, auct.) (fig. 81). — Colonie entièrement libre, en forme de coupe, convexe en dessus, concave en dessous. Les cellules s'ouvrent toutes à la face supérieure, elles sont disposées en lignes rayonnantes qui vont en s'anostomosant du centre à la circonférence. *Lunulites urceolata* est assez fréquent dans le calcaire grossier inférieur du bassin de Paris.

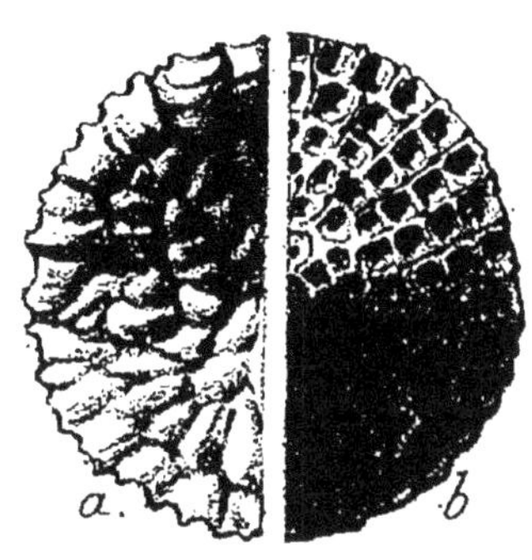

Fig. 81.— *Lunulites urceolata*, *a*. Dessous. — *b*. Dessus.

§ 2. — Brachiopodes.

Les Brachiopodes sont très importants pour la Paléontologie, car ils sont abondamment répandus et offrent une grande richesse de formes dans les différents sédiments des ères primaire et secondaire. Par leur aspect extérieur, ils rappellent beaucoup les Mollusques lamellibranches, ce qui les fit classer pendant longtemps avec ces derniers; ils en diffèrent cependant par leur organisation interne.

Dans la figure 82 nous indiquons les diverses parties tant internes qu'externes, dont l'examen est essentiel pour la détermination des genres et des espèces qui se rencontrent à l'état fossile.

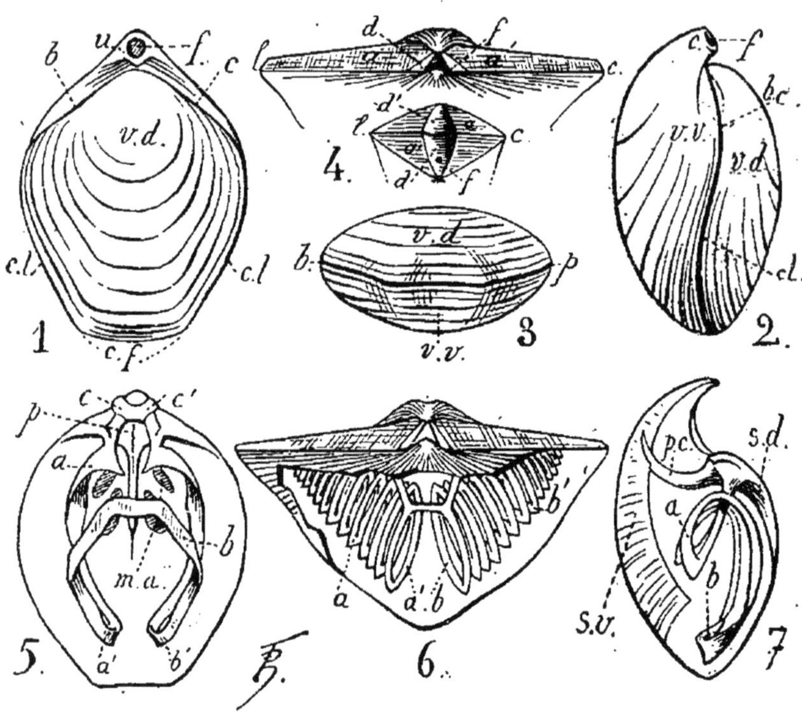

Fig. 82.

1. Térébratule vue par la face dorsale : *u*, partie umbonale ou crochet de la valve ventrale avec son foramen *f*; *v d*, valve dorsale; *b c*, bord cardinal; *c l*, commissure latérale; *c f*, commissure frontale. — 2. La même de profil : *v v*, value dorsale, en *c*, son crochet et le foramen *f*; *v d*, valve dorsale; *c l*, commissure latérale, *b c*, bord cardinal. — 3. La même vue par la face frontale : *v d*, valve dorsale; *v v*, valve ventrale : *b p*, bord palléal. — 4. Charnière de Spirifidæ; *l c*, ligne ou bord cardinal; *aa'*, area; *dd'*, deltidium; *f*, foramen. — 5. Valve dorsale de Terebratula (face interne); *c c*, apophyse cardinale; *p*, plaque cardinale : *a a'*, *b b'*, appareil brachial; *m a*, muscles adducteurs. — 6. — Spiriferidæ disposée de manière à faire voir l'appareil brachial *a a' bb'* disposé intérieurement en 2 spires coniques. — 7. Stringocéphale (coupe de profil) : *s v*, septum ventral; *s d*, septum dorsal; *p c*, processus cardinal; *a b*, appareil brachial.

Les Brachiopodes ont été divisés en deux grands

groupes : 1° les Inarticulés ou Ecardines; 2° les Articulés ou Testicardines.

1° *Inarticulés.*

123. **Lingula Lesueuri**, Rouault (fig. 83). — Coquille très mince en forme d'amande acuminée au sommet, un peu tronquée à la base, environ 3 fois plus longue que large; surface externe ornée de nombreuses stries longitudinales, fines et serrées, coupées par quelques stries d'accroissement peu marquées et très espacées, surtout vers le sommet.

Du grès armoricain de Pont-Réan.

Fig. 83. — *Lingula Lesueuri*, Rou.

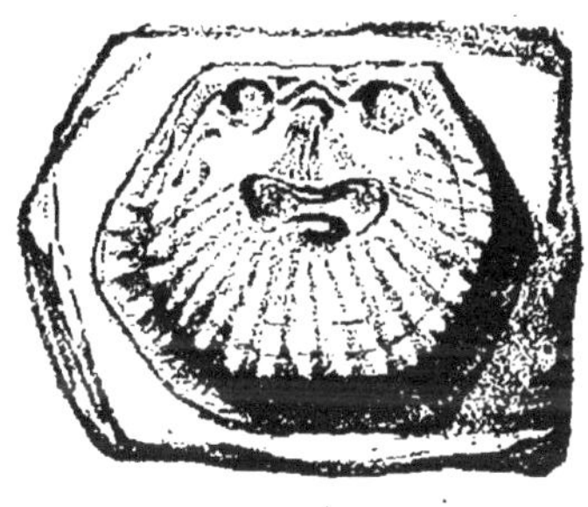

Fig. 84. — *Crania parisiensis.* Lmk.

124. **Crania Parisiensis**, Lmk. (fig. 84). — Valve supérieure conique; valve inférieure, celle que l'on rencontre le plus fréquemment, fixée par sa face externe, sur différents corps marins, oursins, mollusques, etc. Cette valve est ovale arrondie, à bordure marginale en talus et fort épaisse, intérieur de la valve orné de stries rayonnantes et de trois fossettes dont deux supérieures arrondies et une subcentrale triangulaire.

Assez commun dans la craie blanche supérieure des environs de Paris.

125. **Dinobolus Brimonti**, Rouault sp. (Pl. VII, fig. 4 et 5). — Coquille trapéziforme à valves bombées à crochet ventral peu saillant avec une petite area et un pseudo-deltidium, surface externe ornée de lignes rayonnantes assez fines et de stries d'accroissement concentriques.

Répandu dans le grès armoricain du Silurien moyen de Bretagne et de Normandie.

2° *Articulés.*

Productidæ.

126. **Productus semireticulatus**, Martin. (Pl. VII, fig. 8). — D'assez grande taille, valve ventrale bombée sans enfoncement médian ornée de stries rayonnantes accompagnées de tubercules épars sur la moitié postérieure de la valve; le crochet et la partie antérieure étant ornés de stries concentriques qui, en coupant les premières à angle droit, forment un élégant réseau d'où le nom de l'espèce; petite valve très concave.

Bassin de la Loire, à Régny et Bas-Boulonnais.

127. **Productus Cora**, d'Orb. (Pl. VII, fig. 9). — Coquille fréquente, dans les couches du calcaire carbonifère qui, dans la Sarthe et la Mayenne, correspondent à l'horizon du calcaire dit de Visé.

128. **Productus giganteus**, Martin sp. (Pl. VII, fig. 10). — Espèce ovale ou subquadrilatère à valve ventrale très bombée, un peu déprimée au milieu, crochet très grand, très saillant, se terminant sur le bord cardinal; celui droit. Surface externe ornée de côtes longitudi-

nales obtuses, irrégulières et de stries ponctuées également irrégulières; valve dorsale plus petite, très concave. Dans le calcaire carbonifère dont il est caractéristique.

Bassin de la Loire, Languedoc, etc.

129. **Chonetes sarcinulata**, V. Schloth (fig. 85). — De petite taille, concavo-convexe, plus large que longue; bord cardinal droit; partie externe de l'area de la valve ventrale portant de petites épines. Surface externe des valves ornée de stries rayonnantes, fines et rapprochées. Surface interne ponctuée.

Fig. 85. — *Chonetes sarcinulata*, v. Sch.

Dévonien de la Baconnière (Mayenne).

Strophomenidæ.

130. **Leptœna Murchisoni**, de Vern. (Pl. IX, fig. 14). — D'assez grande taille, concavo-convexe, semicirculaire, bord cardinal droit avec area étroite et munie d'un pseudo-deltidium convexe. Surface externe couverte de fortes côtes rayonnantes. Deux fortes dents divergentes à l'intérieur de la valve ventrale.

Dévonien de la Sarthe.

131. **Cadomella Moorei**, David, sp. (fig. 86). — Coquille de très petite taille presque plane, transverse. Bord cardinal rectiligne; crochets à peine proéminents, areas linéaires avec pseudo-deltidium et talon du processus saillants ; surface externe presque lisse.

Liasien : caractéristique des couches dites à Leptœna.

132. **Orthis (Schizophoria) striatula**, V. Schloth (Pl. VII, fig. 16 et VIII, fig. 10, 11). — Coquille ovale, transverse, bombée, avec une dépression médiane à la valve ventrale et un bourrelet correspondant sur la dorsale; ligne cardinale droite, area distincte portant sur la valve ventrale un foramen triangulaire, crochets peu élevés recourbés l'un vers l'autre; surface externe ornée de côtes rayonnantes fines et nombreuses.

Fig. 86. — *Cadomella Moorei*, David. (Gr. n. et très grossie.)

Fig. 87. — *Orthis Hamoni*, Rouault.

Commun dans le Dévonien de Ferques (Boulonnais). Nous citerons du même genre :

133. **Hamoni**, Rouault (Pl. VII, fig. 11, 12 et fig. 87). — Du Rhénan de Brûlon (Sarthe).

134. **O. resupinata**, Martin (Pl. VIII, fig. 9). — Remarquable par sa grande taille et qui se rencontre dans le calcaire carbonifère, horizon de Visé.

Spiriferidæ.

135. **Spirifer Bouchardi**, Murch. (fig. 88). — Élégante coquille, de taille médiocre environ deux fois plus large que haute; crochets peu saillants, bord cardinal droit. Les deux valves sont ornées de côtes rayonnantes épaisses, arrondies, dont les deux

Fig. 88. — *Spirifer Bouchardi*, Murch.]

médianes, plus fortes, forment un bourrelet sur la valve dorsale auquel correspond un large sinus à la ventrale; de plus, des stries nombreuses et fines traversent les côtes et forment ainsi une agréable ornementation.

Du Dévonien de Ferques (Pas-de-Calais).

136. **Spirifer Verneuili**, Murch., ou *Sipirifer disjunctus*, de Sow (Pl. VII, fig. 1, 2, 3). — Espèce très variable dans ses proportions relatives, comme l'on peut s'en convaincre par l'examen des figures que nous donnons. On rencontre en effet des coquilles qui sont très allongées transversalement, à crochets peu saillants comme celle représentée par la figure 2; d'autres, au contraire, sont très hautes à crochet de la valve ventrale très élevé et peu recourbé montrant alors une area et un deltidium très développés, comme l'indique la figure 3. Enfin on trouve des formes intermédiaires entre les deux précédentes (fig. 1). Dans toutes ces formes, d'ailleurs. l'ornementation extérieure des valves est sensiblement la même et consiste en des côtes rayonnantes arrondies, épaisses, recoupées sur le bord palléal des valves par de fines stries d'accroissement.

Fréquent dans le Dévonien de Ferques.

137. **Spirifer arduennensis**, Schnur. Rousseau (Pl. IX, fig. 5). — Cette espèce se rencontre le plus souvent à l'état de moule interne dans la Grauwacke rhénane de Montigny-sur-Meuse.

138. **Spirifer glaber**, Martin (Pl. VII, fig. 17; Pl. IX, fig. 8). — Espèce remarquable par le manque absolue d'ornementation sur la surface externe des valves.

Répandu dans le calcaire carbonifère de la Sarthe.

139. Spiriferina Walcotti, d'Orb. sp. (Pl. IX, fig. 4). — Coquille obronde ou ovalaire et subtransverse; très convexe des deux côtés, valves presque égales; crochet de la valve ventrale pointu, fortement recourbé sur une area courte avec deltidium bien développé; bord cardinal droit, plus court que la coquille n'est large. Valves portant 9 à 11 côtes longitudinales, une médiane grosse et saillante, et 4 ou 5 de chaque côté, graduellement décroissantes, obtuses, quelquefois subanguleuses. Sinémurien : Avallon, Semur, Saint-Amand, Villefranche (Saône-et-Loire), etc.

140. Spiriferina pinguis, Sow. (Pl. VIII, fig. 89). — Coquille inéquivalve, arrondie, globuleuse à crochet de la valve ventrale, grand et fortement recourbé sur une area creusée en gouttière présentant un deltidium étroit. Bord cardinal plus court que le diamètre transverse. Valve ventrale creusée par une gouttière médiane peu profonde à laquelle correspond un bourrelet sur la valve dorsale; ces parties sont lisses et accompagnées de chaque côté par 7 ou 8 sillons larges et aplatis, un peu bifides à leur extrémité postérieure.

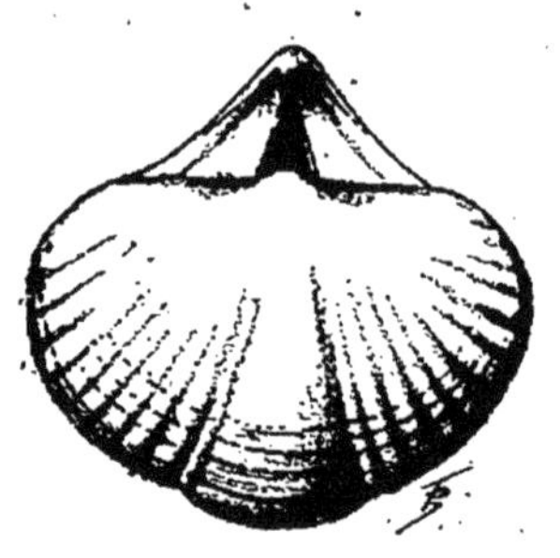

Fig. 89. — *Spiriferina pinguis*, Sow.

Les spiriférines ont une coquille finement ponctuée, comme poreuse.

Même niveau et mêmes localités que la précédente.

141. Retzia (Trigeria) Guerangeri, de Verneuil (Pl. VII, fig. 6 et 7). — Aspect extérieur d'une térébratule, ornée de 20 à 24 côtes rayonnantes assez fortes et de lignes concentriques d'accroissement ; le crochet de la valve ventrale est assez élevé, percé d'un foramen, accompagné d'un deltidium.

Du Dévonien de la Sarthe.

142. **Athyris undata**, Defr. sp. (Pl. VII, fig. 13). — Ressemble extérieurement à une térébratule ayant un fort bourrelet longitudinal au milieu de la valve dorsale auquel correspond, sur l'autre valve, un sillon large et profond; le crochet est court, percé d'un foramen bien distinct.

Du Dévonien de la Baconnière.

143. **Athyris lamellosa**, Leveillé sp. (Pl. VII, fig. 15). — Espèce très distincte de la précédente par sa forme générale qui est élargie transversalement; le bord cardinal étant presque droit, et surtout par son ornementation qui consiste en lignes d'accroissement régulièrement espacées et squameuses; foramen très petit.

Des couches synchroniques du calcaire de Tournai.

Atripydæ.

144. **Atrypa squamigera**, Steminger sp. (fig. 90). — Coquille de taille moyenne, semilunaire; les valves sont bombées surtout la plus grande et toutes deux sont ornées de côtes rayonnantes assez fortes et arrondies, lesquelles sont coupées par de nombreuses stries d'accroissement qui donnent à la coquille un aspect écailleux. Pas d'area au bord cardinal.

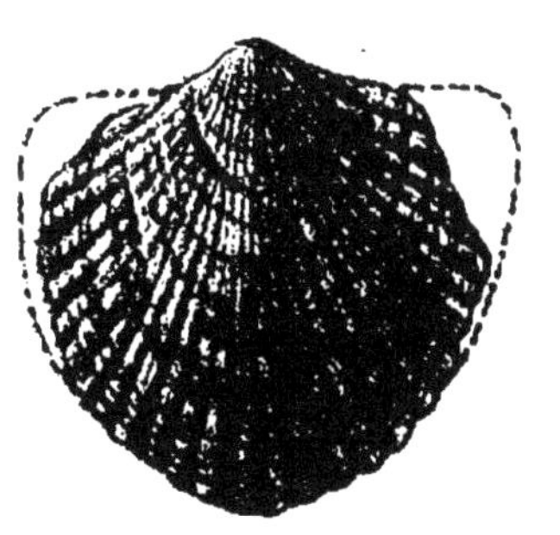

Fig. 90. — *Atrypa squamigera*, Stem.

Du Dévonien de Ferques (Pas-de-Calais).

Rhynchonellidæ.

145. **Uncinulus sub-Wilsoni**, d'Orb. sp. (Pl. VII, fig. 14 et fig. 91). — Ayant la forme d'un dé à jouer dont les angles seraient arrondis; le bourrelet et le sinus médian à peine visibles, surface externe ornée de nombreux plis serrés et arrondis recoupés par quelques stries d'accroissement peu nombreuses. Crochet de la valve ventrale très recourbe et cachant en partie celui de la valve dorsale.

Commun dans le Dévonien de la Baconnière (Mayenne).

Fig. 91. — *Uncinulus sub-Wilsoni*, d'Orb.

Fig. 92. — *Rhynchonella cuboides*, Sow.

146. **Rhynchonella cuboides**, Sow. sp. (Pl. VIII, fig. 4, 5 et fig. 92). — Cubique, crochets très courts, bord cardinal presque droit, bord palléal fortement sinueux, de façon à former une sorte de languette sur la commissure frontale. Surface externe ornée de côtes longitudinales très fines et nombreuses.

Dévonien de Normandie et de Bretagne.

147. **Rhynchonella cynocephala**, Richard (fig. 93). — Espèce remarquable par l'inégalité de ses valves; la dorsale extrêmement bombée présente au milieu un

bourrelet qui s'avance en une très forte carène bifide. Cette carène est accompagnée de chaque côté par trois à quatre plis assez forts. La valve ventrale est en forme de selle, c'est-à-dire déprimée au milieu par un large sillon sur les côtés duquel on compte quatre à cinq gros plis anguleux. Le bord palléal est fortement denté. Les crochets peu proéminents.

Fig. 93.— *Rhynchonella cynocephala*. (Vue de profil et du dessus.)

Étage Toarcien.

148. **Rhynchonella decorata**, v. Schl. sp. (Pl. VIII, fig. 12 et 13; Pl. IX, fig. 13 et fig. 94). — Espèce assez polymorphe, robuste globuleuse, à valve dorsale toujours très bombée, présentant quelquefois un bourrelet médian caréniforme; valve ventrale anguleuse, avec un sinus médian fortement accusé. Les deux valves sont d'ailleurs ornées de très fortes côtes saillantes anguleuses, tranchantes, qui viennent former sur le bord palléal des dentelures très accusées. Le crochet de la ventrale est très recourbé et recouvre en partie celui de la dorsale. Les stries d'accroissement sont nombreuses et forment une élégante ornementation.

Étage Bathonien : très abondante dans le calcaire blanc de Chémery (Ardennes).

149. **Rhynchonella elegantula**, Bouchard; **Rh. concinnoides**, d'Orb. (fig. 95). — Espèce de la grosseur d'une petite noisette; valve ventrale plus bombée que

la dorsale qui porte un bourrelet arrondi assez large. Les deux valves sont anguleuses vers le bord frontal et sont ornées de côtes rayonnantes nombreuses. Étage Bathonien, commune à Marquise (Pas-de-Calais), aux environs d'Avallon et à Ambly (Ardennes).

150. **Rhynchonella Cuvieri**, d'Orb. (fig. 96). — De la grosseur d'une noisette, plus large que haute, à cro-

Fig. 94. — *Rhynchonella decorata*, v. Schl.

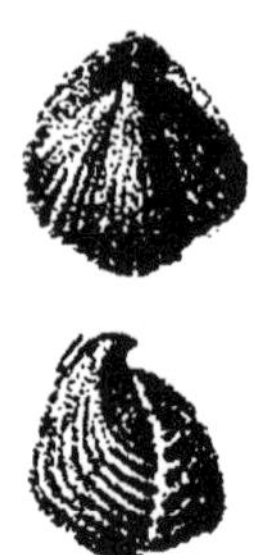

Fig. 95. — *Rh. elegantula*, Bou.

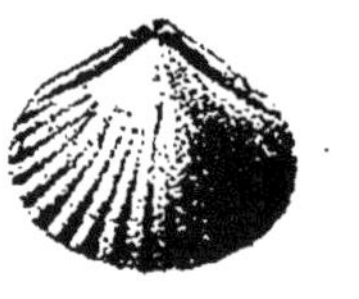

Fig. 96. — *Rh. Cuvieri*, d'Orb.

chets petits. Valves sans bourrelet ni sinus apparents; la dorsale plus bombée que la ventrale, toutes deux ornées de quelques plis assez larges qui s'effacent vers les crochets; bord palléal dentelé.

Commune dans la craie marneuse turonienne : le Havre, Fécamp, cap Blanc-Nez, départements de la Sarthe et de la Marne.

151. **Rhynchonella peregrina**, d'Orb. (Pl. VIII, fig. 6). — La plus grande espèce du genre, pouvant atteindre 6 centimètres de diamètre; régulièrement circulaire, sans bourrelet ni plis médians; commissure latérale rectiligne, valve ventrale plus bombée que la dorsale qui est un peu déprimée, toutes deux ornées de côtes rayonnantes arrondies, nombreuses. Crochet peu sail-

lant, avec foramen et recourbé sur une area distincte avec deltidium bien développé.

Étage Néocomien : Châtillon-en-Diois (Drôme), etc.

152. **Rhynchonella octoplicata**, Sow. (Pl. IX, fig. 11 et 12). — Un peu plus large que haute, subpentagonale à bords arrondis, valve ventrale, presque plane, un peu déprimée dans la partie médiane qui forme sur la région frontale une languette très prononcée; ce crochet est petit, peu recourbé, très aigu et présente un tout petit foramen. Valve dorsale assez fortement bombée avec un fort bourrelet médian correspondant à la languette de l'autre valve. Des plis rayonnants ornent la surface externe des valves ; bien nettes vers les commissures, ils tendent à disparaître vers les crochets. On en compte 8 sur le bourrelet (d'où le nom de l'espèce) et de 10 à 12 sur chacun des côtés latéraux.

Dans les vieux individus, le bord palléal offre un méplat très prononcé.

Commune dans la craie blanche supérieure : Meudon, Champagne, etc.

153. **Rhynchonella vespertilio**, Brocc. (Pl. IX, fig. 9, 10). — Voisine de l'espèce précédente, mais plus large que haute, trilobétion beaucoup plus accentuée, valve dorsale très renflée portant un bourrelet médian très proéminent dessinant un fort sinus sur le bord frontal, côtes rayonnantes nombreuses, bien accusées formant sur tout le pourtour du bord palléal d'assez fortes dentelures. Stries d'accroissement peu nombreuses.

De la craie des Charentes, Tours, Saintes, Villedieu, Cognac, Montignac, etc., etc.

154. **Rhynchonella compressa**, Lmk. (fig. 97). — Remarquable par son développement transversal qui la rend deux fois plus large que haute; crochet de la valve ventrale aigu, avec foramen et deltidium bien distincts, bord cardinal presque droit. Valve dorsale beaucoup plus bombée que la ventrale; nombreuses côtes rayonnantes arrondies, sur les deux valves; bord palléal subflexueux, denticulé.

Couches cénomaniennes du Havre, Rouen et le Mans.

Fig. 97. — *Rhynchonella compressa*, Lmk.

Fig. 98. — *Rhynchonella Hopkinsi*, Davids.

155. **Rhynchonella Hopkinsi**, Davids. (fig. 98). — Belle espèce globuleuse à valve dorsale beaucoup plus bombée que la ventrale; le crochet de cette valve étant peu recourbé, aigu. Nombreuses côtes rayonnantes aiguës. Bord palléal denticulé.

Commune dans le Bathonien de Marquise (Pas-de-Calais).

Terebratulidæ.

156. **Terebratula perovalis**, Sow. (fig. 100). — Espèce de grande taille, atteignant 6 centimètres de diamètre environ, presque circulaire, avec deux légers sinus sur le bord palléal. Le crochet est fortement tronqué par un large foramen arrondi.

La surface externe des valves est lisse et ne montre que quelques stries d'accroissement assez régulièrement espacées.

Étage Bajocien : environs de Bayeux : Moutiers, Port-en-Bessin, Draguignan, Niort, Saint-Maixent, Tournus, Avallon.

Fig. 101. — *Terebratula communis*, Bosc.

157. **Ter. (Cænothyris) communis**, Bosc. ; **T. vulgaris**, v. Schloth (fig. 101). — Coquille de forme assez variable comme on peut le voir par les figures, tantôt presque circulaire, ou plus longue que large ; surface lisse ne présentant que des lignes d'accroissement plus ou moins nombreuses ; crochet saillant fortement recourbé, à foramen assez grand. Chez certains individus, le bord, au lieu d'être simple, est un peu sinueux. Muschelkalk : Lunéville, le Bausset et Toulon (Var).

158. **Ter. (Zeilleria) humeralis**, Rœmer. sp. (fig. 102).

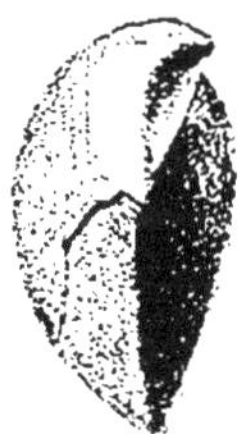

Fig. 102. — *Terebratula humeralis*, Rœm. sp.

Espèce de taille médiocre, assez polymorphe, tantôt presque circulaire, tantôt subrhombique ; valve ventrale beaucoup plus bombée que la dorsale qui est presque plane. Crochet recourbé, foramen bien distinct; pas d'ornement.

Étage Séquanien : Bourges.

159. **Terebratula carnea**, Sow. (Pl. IX, fig. 6, 7). — Coquille ovale presque arrondie, un peu déprimée, lisse à stries d'accroissement très fines. Crochet élevé et percé d'un foramen que ses petites dimensions rendent difficile à distinguer. Craie. Sénonienne supérieure : Meudon, Sens, Villedieu, etc.

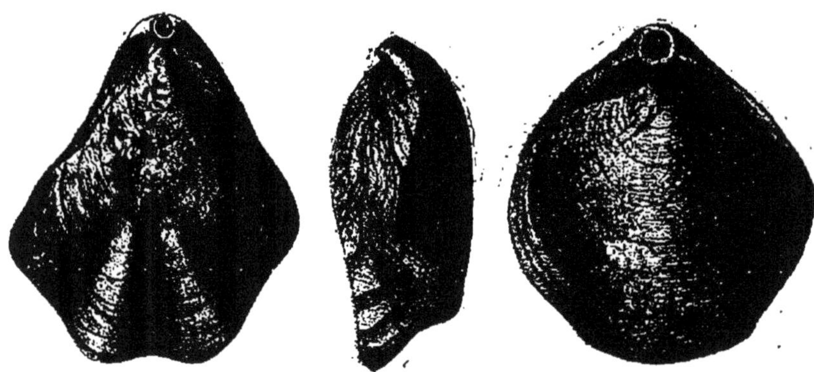

Fig. 99. — *Terebratula Phillipsi*, Morris.

Fig. 100. *Terebratula perovalis*. Sow.

160. **Terebratula Phillipsi**, Morris (fig. 99). — Remarquable par sa grande taille, elle est plus haute que large, subpentagonale. Le crochet de la valve ventrale est peu recourbé et tronqué par un foramen assez grand. Le bord palléal est très sinueux et présente sur la commissure frontale deux sinus latéraux et un médian très prononcés correspondant aux bourrelets de la valve ventrale. La surface externe des deux valves est lisse, les stries d'accroissement sont assez nombreuses.

Commune dans l'oolithe *ferrugineuse* de Normandie : à Port-en-Bessin, Bayeux; se rencontre aussi à Niort, Draguignan et Avallon, etc.

Fig. 103.— *Terebratula cor*, Lmk.

161. **Ter.** (**Cincta**) **cor**, Lmk. (fig. 103). — Coquille cordiforme, subglobuleuse, à bord frontal présentant un sinus médian un peu anguleux; surface externe lisse, avec quelques stries d'accroissement; crochet assez élevé au foramen et deltidium distincts.

Sinémurien de la Bourgogne : Avallon.

162. **Ter.** (**Zeilleria**) **numismalis**, Lmk. (Pl. IX, fig. 1 et 2). — Espèce à valves très aplaties dont le contour, bien qu'arrondi, présente cinq angles dont un au crochet, deux autres très obtus à chaque extrémité transversale du test et les deux autres, plus aigus, de chaque côté d'un léger sinus du bord frontal. Crochet très petit, recourbé percé par un foramen imperceptible. Surface externe lisse avec quelques stries d'accroissement peu accusées.

Commune dans le Lias moyen : Evrecy, Vieux-Pont, Saint-Amand, Pouilly, Avallon.

163. **Ter.** (**Waldheimia**) **quadrifida**, Lmk. (Pl. IX, fig. 3). — Se distingue par le contour de son bord palléal qui montre quatre angles aigus profondément divisés entre eux; chacune des valves présentent des angles saillants et rentrants qui sont respectivement opposés les uns aux autres.

Étage Liasien : Vieux-Pont (Calvados), Saint-Amand (Cher), Nancy (Meurthe), etc., etc.

164. **Ter. (Zeilleria) digona**, Sow. (fig. 104). — Coquille beaucoup plus longue que large, à valve dorsale moins bombée que la ventrale ; à bord palléal présentant un double sinus anguleux, crochet peu élevé recourbé, surface lisse.

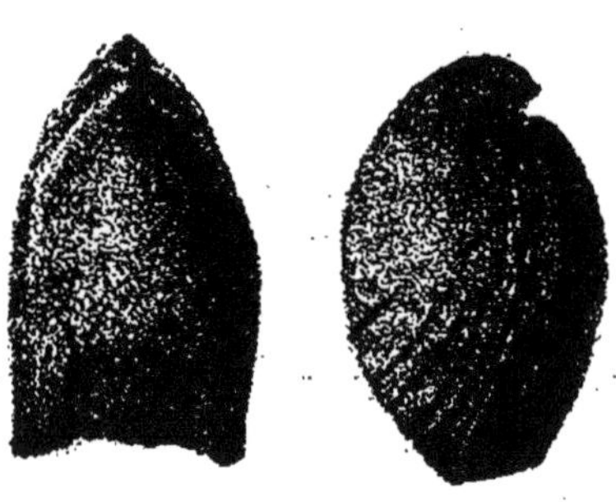

Fig. 104. — *Terebratula digona*, Sow.

Étage Bathonien : Ranville, Luc, Langrune, Conlie (Sarthe), Marquise, etc., etc.

165. **Terebratula Moravica**, Glocker (Pl. VIII, fig. 3). — Magnifique espèce oblongue dont le crochet de la valve ventrale se prolonge en un long rostre trilobé. Surface externe lisse, sauf quelques stries d'accroissement espacées.

Étage Séquanien : l'Echaillon (Isère), Châtel-Censoir (Yonne), Oyannax (Ain), Berrias (Ardèche).

166. **Ter. (Pygope) janitor**, Pictet, sp. (Pl. VIII, fig. 7). — Coquille aplatie triangulaire, lisse, perforée au milieu ; valves inégales, la ventrale convexe, à crochet court, un peu bifide ; la dorsale un peu plus convexe ; bord cardinal triangulaire, bord palléal tronqué et divisé en deux lobes arrondies (*a*).

On rencontre aussi des individus dont les deux lobes latéraux, au lieu d'être soudés, sont disjoints, la perforation centrale est alors remplacée, sur le bord frontal, par un sinus profond et arrondi : (*b*) Étage portlandien : Calcaire à ciment de la Porte-de-France à Grenoble, Berrias, le Pouzin, château de Crussol.

167. **Ter. (Pygope) dyphioides**, d'Orb (Pl. VIII, fig. 8). — Espèce voisine de la précédente, elle est cependant plus aplatie, à contour moins triangulaire, la perfora-

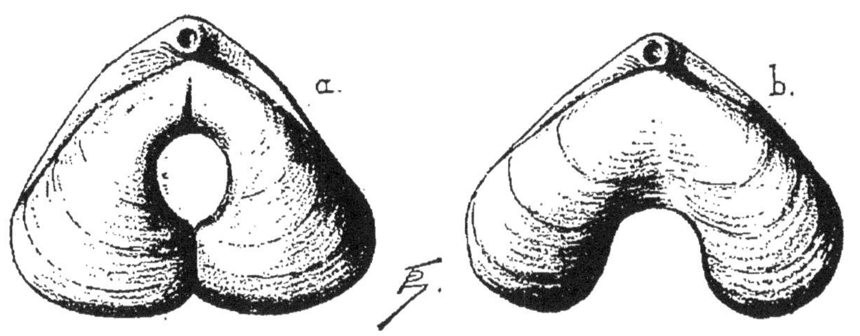

Fig. 105. — *Terebratula janitor*, Pictet, sp. — *a*. Forme à lobes fermés. *b*. Forme à lobes disjoints.

tion est aussi relativement moins grande que dans l'espèce que nous venons de citer.

Assez fréquente dans les calcaires du sous-étage Purbeckien du Midi : Berrias (Ardèche), Basses-Cévennes, Ventoux, etc., etc.

Fig. 106. — *Eudesia flabellum*, Defr. sp.

Fig. 107. — *Eudesia cardium*, Lmk. sp.

168. **Ter. (Eudesia) flabellum**, Defr. (fig. 106). — Espèce de petite taille plus large que haute, offrant l'aspect d'un éventail déployé, les côtes sont très fortes

relativement à la grandeur de la coquille, foramen large.

Étage Bathonien : Ranville, Luc, Langrune, etc.

169. **Ter (Eudesia) cardium**, Lmk. sp. (fig. 107). — Test allongé, ovale, à valves également convexes plissées, les côtes longitudinales sont épaisses, un peu arrondies, le crochet est peu proéminent et terminé par un foramen largement ouvert.

Étage Bathonien. Poix (Ardennes).

170. **Megerlea pectunculus**, v. Schloth. sp. (fig. 108). — Coquille de petite taille à contour pentagonal; surface ornée de sept côtes rayonnantes espacées les unes des autres traversées par des lignes d'accroissement fines et saillantes, crochet large de forme triangulaire, foramen large avec deux pièces deltidiales.

Fig. 108. — *Megerlea pectunculus.*

Corallien d'Ecommoy (Sarthe).

171. **Magas pumilus**, Sow. (fig. 109). — Coquille de la grosseur d'un pois, à valve ventrale bombée, Valve dorsale plane; bord cardinal presque droit, crochet recourbé avec pseudo-area et foramen triangulaire.

Fig. 109.

Très commun dans la craie blanche du bassin de Paris : Meudon, Bougival, Compiègne; se trouve aussi à Sens, Blois, Fécamp, etc.

172. **Stringocephalus Burtini**, Defr. (Pl. VIII, fig. 1 et 2). — Coquille de grande taille, ovale, à contours arrondis; renflée, lisse, avec quelques stries d'accroissement. Crochet de la valve ventrale très élevé, pointu

et recourbé légèrement; deltidium haut, très développé.

(Voir, pour la structure interne de cette espèce, la figure 82[7].)

Dévonien de la Sarthe.

CHAPITRE V

MOLLUSQUES

De tous les êtres les Mollusques sont ceux que le géologue a le plus d'intérêt à connaître parce que ce sont eux qui ont laissé, dans les différents sédiments, les dépouilles les plus nombreuses et qu'en général le bon état de conservation dans lequel on les rencontre permet une étude satisfaisante.

Des grands groupes dans lesquels ces animaux ont été distribués trois doivent nous retenir particulièrement, ce sont :

1° Les Pélécypodes ou Lamellibranches;

2° Les Gastropodes ou Glossophores;

3° Les Céphalopodes

dont nous allons passer en revue, dans chacun des paragraphes suivants, les représentants les plus caracristiques de nos terrains.

§ 1. — Pélécypodes ou Lamellibranches.

Mollusques présentant deux valves symétriques (*Cardita*, *Crasatella*, *Venus*), ou non (*Ostrea*, *Pecten*, *Corbula*), et présentant extérieurement les parties suivantes (voyez fig. 110. *Crasatella vlumbea*, Desh.) :

Quand les valves sont disjointes (et les fossiles se trouvent le plus généralement dans cet état) on re-

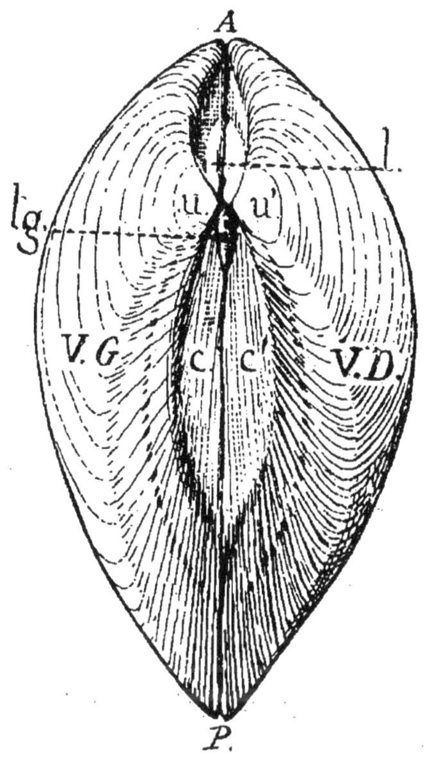

Fig. 110. — *Crasatella plumbea*, Desh. (Vue du dessus.)

A P. Diamètre antéro-postérieur représenté par la ligne cardinale *V G.* Valve gauche ; *V D*, Valve droite ; *u u'*, les crochets ou sommets des valves ; *l*, lunule ; *l g*, ligament (disparu chez les fossiles) ; *c' c*, corselet.

marque à l'intérieur des valves les parties suivantes indiquées dans les figures 111 et 112.

Parmi les genres et les espèces fossiles, appartenant au groupe des Lamellibranches, il convient de citer les suivants comme étant des plus répandus ou des plus caractéristiques.

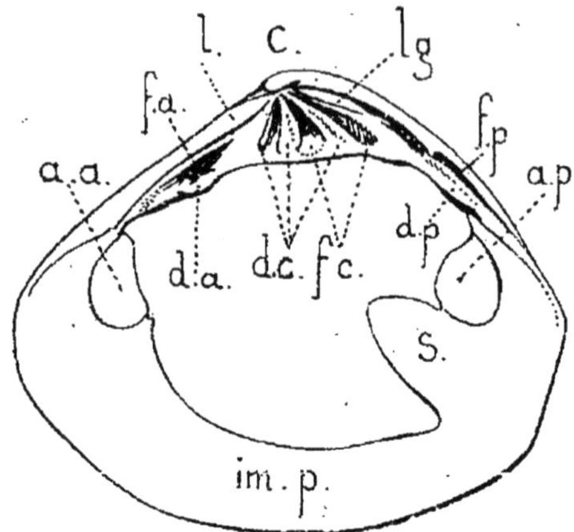

Fig. 111. — Valve droite de *Cytherea trigonula*, Desh (Vue interne.)
C., crochet; *l.*, lunule; *l g.*, ligament; *f a.*, fossette antérieure; *f p.*, fossette postérieure; *f c.*, fossettes cardinales; *d a.*, dent antérieure; *d p.*, dent postérieure; *d c.*, dents cardinales; *a a.*, adducteur antérieur; *a p.*, adducteur postérieur; *im. p.*, impression palléale èt son simus; *s.* (Sinupalliata).

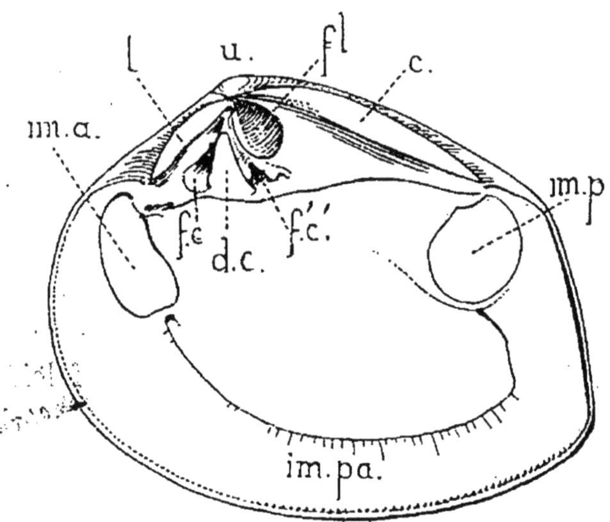

Fig. 112. — Valve droite de *Crassatella plumbea*, Desh. (Vue interne.
u., crochet (umbo); *l.*, lunule; *fl.*, fossette ligamentaire; *c.*, corselet; *f c.*, fossette cardinale antérieure; *f' c'*, fossette cardinale postérieure; *d c.*, dent cardinale. — *im a.*, impression musculaire antérieure; *im p.*, impression postérieure; *im pa.*, impression palléale entière (Integripalliata).

ASIPHONIDÉS MONOMYAIRES

Ostreidæ, Lmk. — Famille très importante pour la Paléontologie, par le grand nombre des espèces qu'elle renferme et par la bonne conservation habituelle des individus qui sont répandus à profusion dans différentes formations. Ex. : les marnes à Ostracées du Cénomanien; les marnes à huîtres de l'oligocène, etc.

Les espèces les plus caractéristiques peuvent être réparties dans les quatre genres suivants : *Ostrea*, *Alectryonia*, *Gryphæa et Exogyra*.

1° **Ostrea**, pp. dit Coquille irrégulière foliacée, à feuillets concentriques, avec ou sans plis et côtes rayonnantes; bords simples, entiers, crochet droit ou à peine recourbé.

173. **Ostrea Sowerbyi**, Morris et Lycett (fig. 113). — De petite taille, plus longue que large, un peu anguleuse au milieu, fixée par le crochet de la valve inférieure, surface ornée de lignes concentriques d'accroissementirrégulièrement espacées, nombreuses.

Commune dans le Bathonien du Boulonnais.

174. **Ostrea acuminata**. Sow. (fig. 114). — De petite taille, ovale allongée dans le jeune âge, falciforme chez l'adulte; fixée par le crochet de la valve inférieure qui est ornée de stries d'accroissement nettes et irrégulièrement espacées; valve supérieure petite, plate, avec quelques stries rayonnantes irrégulières.

Abondante dans les marnes et calcaires jaunes bathoniens de Rocan (Ardennes), Plame (Jura), Marquise (Pas-de-Calais), Nantua (Ain).

175. **Ostrea deltoidea,** Lmk. (Pl. XI, fig. 1). — Coquille aplatie, triangulaire, à crochet pointu, ayant une fossette étroite pour le ligament. Impression musculaire relativement petite, obronde et submédiane. Surface externe irrégulièrement lamelleuse.

Etage Séquanien de Normandie : Villerville.

Fig. 113. — *Ostrea Sowerby*, Mor. et Lyc.

Fig. 114. — *Ostrea acuminata*, Sow. Valve dorsale et ventrale.

176. **Ostrea Bellovacina,** Lmk. (Pl. XIV, fig. 10). — Coquille d'assez grande taille, oblongue, arrondie postérieurement, atténuée en coin au sommet. Valve inférieure lamelleuse et portant de nombreuses et assez fortes côtes rayonnantes qui lui donnent l'aspect d'un toit entuilé; valve supérieure plate, simplement lamelleuse.

Très répandu à différents niveaux de l'éocène inférieur du bassin parisien et surtout dans les sables de Bracheux et les lignites. Bracheux, Noailles, Trosly, Breuil, etc.

177. **Ostrea multicostata,** Desh. (Pl. XIV, fig. 11). — Valve inférieure un peu concave et garnie au dehors de côtes longitudinales nombreuses, étroites, serrées, bifurquées vers les bords; elles sont recoupées par

les stries d'accroissement qui produisent de courtes écailles; valve supérieure aplatie, avec des stries concentriques.

Très commune dans les sables glauconifères de la vallée de l'Aisne. Aizy-Jouy, Laon, Mercin, Cuise, et Pierrefond.

178. **Ostrea cucullaris**, Lmk. (Pl. XIV, fig. 12). — Coquille à valve inférieure très profonde, épaisse, subtriangulaire arrondie postérieurement, rétrécie au crochet qui est robuste, allongé, creusé d'une gouttière large. Elle a l'aspect d'une cuillère, sa surface externe est irrégulièrement bossuée et présente de nombreuses stries d'accroissement sublamelleuses.

Cette espèce est commune au niveau inférieur des sables moyens : Tancrou, Auvers, Le Fayel, Mary, etc.

179. **Ostrea cubitus**, Desh. (Pl. XIV, fig. 13). — De taille médiocre, allongée, fortement recourbée au milieu, subanguleuse, à valves inégales, la plus grande plissée longitudinalement, plis nombreux divisés sur leur plus grande longueur; bords crénelés, crochet oblique, acuminé. Valve supérieure plus petite, presque plane, à stries concentriques lamelleuses, à bord entier, tranchant, un peu crénelé.

Commune dans les sables bartoniens des environs de Paris. Auvers, Mary, etc.

180. **Ostrea flabellula**, Lmk. (Pl. XIV, fig. 14). — Espèce de taille médiocre, oblongue, atténuée en coin au sommet; valve inférieure, arrondie en dessus, un peu arquée, ornée de plis longitudinaux rugueux, dont quelques-uns s'étendent en une sorte de prolongement; valve supérieure plus petite, un peu et irrégulièrement

convexe, portant seulement des stries d'accroissement nombreuses et irrégulières.

Commune dans les sables Bartoniens du bassin de Paris.

181. **Ostrea cyathula**, Lmk. (Pl. XV, fig. 11). — Ovale arrondie postérieurement, profonde, épaisse à crochets infléchis, souvent contournés. Valve inférieure portant des plis étroits, distants, rayonnants, interrompus par des lamelles d'accroissement; valve supérieure plane avec stries lamelleuses concentriques, elle est plus épaisse vers le crochet.

Se rencontre à profusion dans les marnes oligocènes dites « marnes à huîtres », et dans l'horizon inférieur des sables de Fontainebleau, Fresnes, Longjumeau, Massy, Etrechy, etc.

182. **Ostrea longirostris**, Lmk. (Pl. XV, fig. 12). — Coquille d'assez grande taille, ovale allongée, épaisse terminée par un crochet allongé, droit ou contourné. La surface externe des deux valves est ornée de feuillets correspondants aux accroissements successifs de la coquille; bords simples.

Même gisement que l'espèce précédente mais à un niveau toujours inférieur : Longjumeau, Massy, Fresnes, Sannois, etc.

Fig. 115.
O. crassissima, Lmk.

183. **Ostrea crassissima**, Lmk. (fig. 115). — Espèce pouvant atteindre une très grande taille, allongée, très épaisse, tantôt presque droite, tantôt légèrement recourbée. Charnière très

allongée, en bec acuminé et un peu courbé au sommet, largement canaliculée sur les bords.

Mollasse de Montpellier. Environs de cette ville et Perpignan.

2° **Alectryonia.** — Valves toujours ornées de côtes ou de plis très forts; bords ondulés, dentés en zigzag.

184. **Alectryonia flabelloides**, v. Schloth. (Pl. XI, fig. 2). — Coquille subtrigone, à plis épais, forts, aigus sur le dos, plus serrés et obliques sur les côtés, quelques stries d'accroissement, surtout vers les bords.

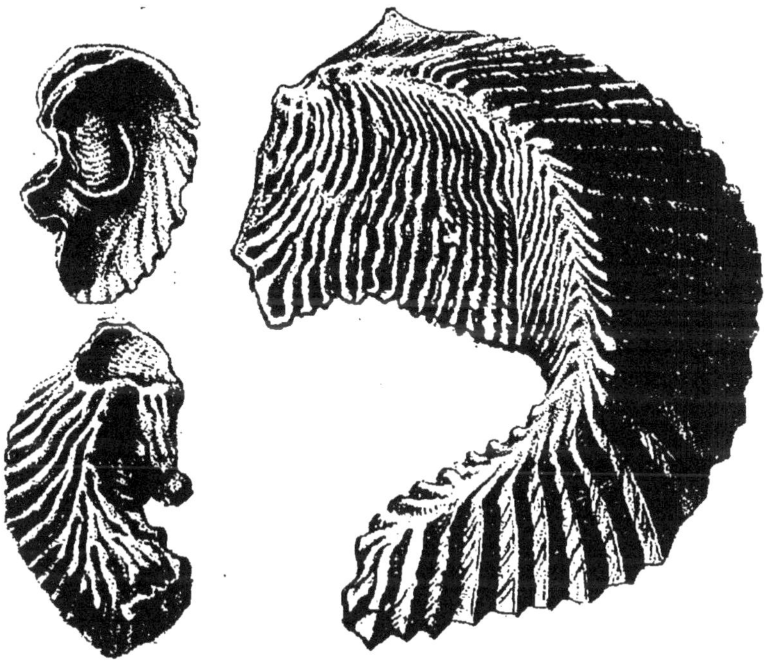

Fig. 116. *Alectryonia gregaria*, Sow.

Fig. 117. *Alectryonia carinata*, Lmk.

Commune dans les marnes oxfordiennes du Calvados : Villers-sur-Mer, les Vaches-Noires, etc.

185. **Alectryonia gregaria**, Sowerb. (fig. 116). — Coquille ovale, allongée, recourbée, à surface ornée de plis nombreux, serrés, dichotomes, qui, partant d'une crête médiane, se prolongent sinueusement jusqu'au bord qui est ondulé et denté. Talon bien net.

Très commune dans les couches oxfordiennes : Sauville, Villers, Trouville, Neuvizy, environs de Nantua.

186. **Alectryonia carinata**, Lmk. (fig. 117). — Espèce très allongée et recourbée, aiguë à ses deux extrémités, comprimée latéralement, surface externe présentant une forte carène dorsale de laquelle partent de nombreux plis transverses, réguliers, serrés, anguleux, portant des stries fines et nombreuses.

Craie glauconieuse cénomanienne de La Hève et de Cany (Seine-Inférieure), Saint-Saturnin, Parigné-l'Évêque (Sarthe), etc.

187. **Alectryonia larva**, Lmk. (fig. 118). — Pouvant atteindre une assez forte taille, oblongue, recourbée, plissée latéralement à plis inégaux; cette espèce est surtout remarquable par la disposition des dentelures énormes du bord palléal.

Etages sénonien et danien : Royan, Meschers, (Charente-Inférieure), Ginsac (Haute-Garonne), etc.

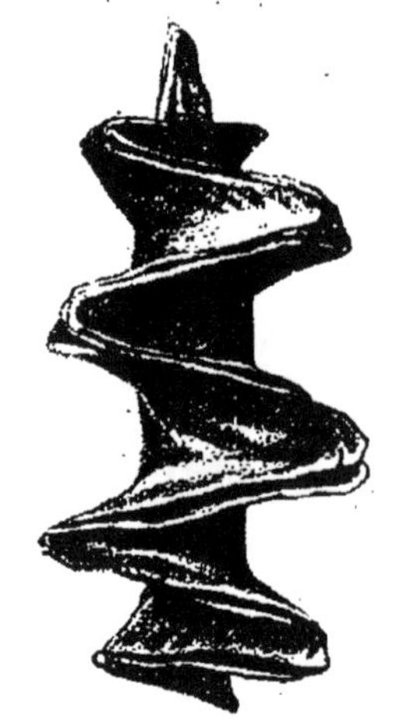

Fig. 118 — *Alectryonia larva*, Lmk.

3° **Gryphæa**. — Valves très inégales, la plus grande très bombée, à crochet saillant très recourbé, la plus petite operculiforme, concave.

188. **Gryphæa arcuata**, Lmk. (Pl. X, fig. 1 et 2). —

Coquille étroite, valve inférieure très bombée à crochet très saillant, épais, très recourbé, sillon longitudinal bien accentué; petite valve modérément concave.

Extrêmement commune dans certaines couches du Sinémurien.

Calvados, Cher, Rhône, Côte-d'Or, Moselle, Var et Basses-Alpes.

188[a]. **Gryphæa obliquata**, Sow. (Pl. X, fig. 3). — Coquille ovale, plus large que la précédente, à crochet plus petit, recourbé un peu obliquement, tronqué au sommet par le point d'attache; valve supérieure offrant des lames d'accroissement plus régulières et plus serrées que dans l'espèce précédente.

Sinémurien : environs de Durfort (Ardèche).

189. **Gryphæa cymbium**, Lmk. = **regularis**, Desh. (Pl. X, fig. 5). — Coquille d'assez grande taille, ovale allongée; crochet saillant, relativement court, tronqué par le point d'attache; sur les valves les stries d'accroissement sont assez régulièrement espacées.

Liasien : Calvados, Cher, Vendée, Deux-Sèvres, Yonne, Côte-d'Or, Meurthe et Dordogne.

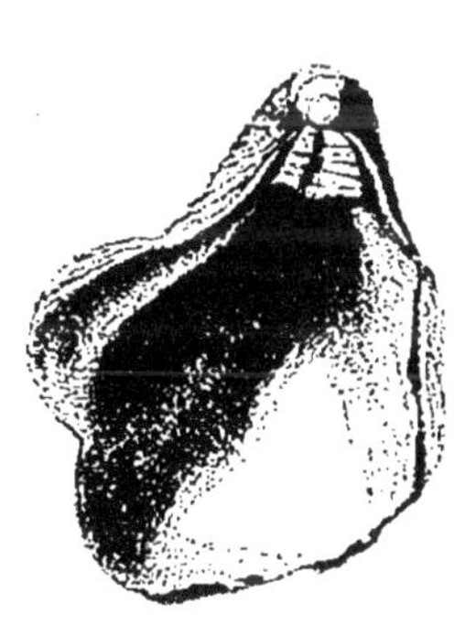

Fig. 119. — *Gryphæa bullata*, Sow.

190. **Gryphæa bullata**, Sow. (fig. 119). — Coquille suborbiculaire, valve inférieure presque hémisphérique avec de nombreuses stries d'accroissement irrégulières, interrompues par des ondulations; un lobe postérieur bien distinct. Crochet à peine recourbé. tronqué.

Oxfordien : commune dans la limonite de Neuvizy.

191. **Gryphæa dilatata**, Sow. (Pl. X, fig. 4). — Coquille grande, presque triangulaire, à bord postérieur arrondi, aussi large que haute; valve inférieure bombée, à crochet grand, recourbé; valve supérieure, très épaisse, fortement concave, avec nombreuses stries d'accroissement et quelques sillons rayonnants vers le talon.

Commune dans l'oxfordien de Normandie.

192. **Gryphæa vesicularis**, Goldf. (Pl. XI, fig. 3, 4). — Coquille presque globuleuse, à valve inférieure ventrue, lisse ou à stries d'accroissement peu nombreuses, presque auriculée, valve supérieure presque plane, operculiforme.

Craie blanche supérieure où elle est commune. Meudon, Bougival, etc., etc.

4° **Exogyra**. — Valves inégales, l'inférieure bombée ou anguleuse, plus grande que la supérieure operculiforme; crochets contournés et recourbés sur le côté.

193. **Exogyra virgula**, Defr. (fig. 120). — Coquille de petite taille, allongée, ressemblant à une virgule. Surface externe des valves ornée de stries longitudinales onduleuses, serrées et se bifurquant. La valve inférieure est presque carénée.

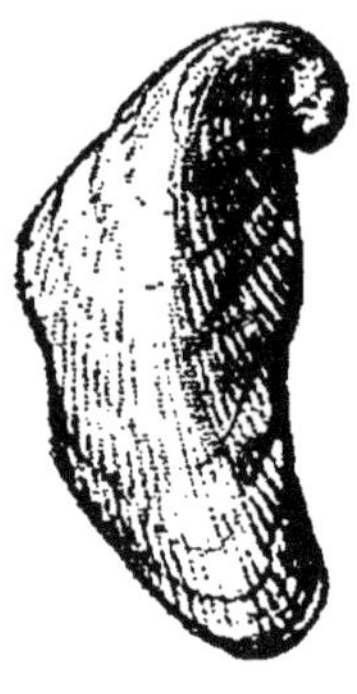

Fig. 120. *Exogyra virgula*, Defr.

Très caractéristique du Kimméridgien moyen ou sous-étage virgulien : Villeneuve-en-Bray, environs d'Angoulême, Tonnerre, Auxerre, Saint-Jean-d'Angély, Boulogne-sur-Mer, etc.

194. **Exogyra Couloni**, Defr. (Pl. XI, fig. 5, 6). — La forme que nous figurons appartient à la variété *dorsata*, elle se fait remarquer par la carène très forte qui occupe la partie médiane de la valve inférieure. Les stries d'accroissement deviennent lamelleuses sur cette carène.

Etage néocomien des environs de Wassy.

195. **Exogyra latissima**, Lmk. sp. *O. aquila, Brong.* (Pl. XI, fig. 7). — Coquille de grande taille, subtriangulaire; valve inférieure très convexe, partagée par une carène en deux parties inégales, des stries d'accroissement assez régulièrement espacées se montrent sur cette valve; la supérieure est operculiforme, un peu concave et ornée de lamelles d'accroissement nombreuses.

Etage Aptien : Wassy.

Fig. 121. — *Exogyra columba*, Desh. var. *minima*.

196. **Exogyra columba**, Desh. (Pl. X, fig. 7 et fig. 121). — L'espèce que nous représentons figure 121 est une variété de petite taille, ovale, arrondie, dilatée, lisse, à convexité un peu anguleuse, à crochet oblique et spiralé.

Très répandue, ainsi que le type, dans le Cénomanien des environs du Mans.

197. **Exogyra haliotidea**, Lmk. (Pl. X, fig. 6). — Coquille elliptique, à valve inférieure adhérente par presque toute sa surface qui est lamelleuse, striée; la supérieure est très aplatie, lisse. Les crochets sont contournés en spirale et engagés en partie dans le test.

Commune dans l'étage Aptien.

198. **Exogyra Matheroni**, d'Orb. (Pl. XI, fig. 8). — Coquille oblique, arquée, épaisse, valve supérieure convexe, élevée, carénée, ornée extérieurement de côtes transversales; valve inférieure convexe, présentant une carène obtuse et des côtes ondulées obliques, noduleuses, crochet enroulé en spire, bord palléal orné intérieurement de stries courtes rayonnantes, nettes surtout vers le ligament.

Craie danienne de Royan, Saintes, Cognac; se trouve aussi à Tours, à Martigues et au Beausset (Var).

Parmi les Lamellibranches asiphonidés nous citerons aussi les genres et les espèces suivantes :

Anomiidæ.

199. **Anomia tenuistriata**, Desh. (fig. 122). — Coquille très mince, irrégulière bien que généralement arrondie, offrant sur la surface externe des stries longitudinales, onduleuses et si fines qu'on ne les distingue guère qu'à la loupe, valve droite petite, plate et percée d'un trou excentrique.

Fig. 122. — *Anomia tenuistriata*, Desh.

Assez fréquente dans le calcaire grossier supérieur des environs de Paris. Arcueil, Grignon, etc., etc.

Spondylidæ.

200. **Plicatula spinosa**, Sow. (fig. 123). — Coquille de taille médiocre, ovale, oblongue, rétrécie vers le sommet. Surface externe ornée de côtes longitudinales

étroites, écartées et interrompues par des stries d'accroissement lamelleuses, irrégulières et peu nombreuses. Les côtes donnent naissance à des épines très grêles, presque toujours détruites. Dents cardinales striées sur les côtés.

Fig. 123. — *Plicatula spinosa*, Sow.

Etage Liasien, très répandue en France.

201. **Plicatula placunea**, Lmk. (fig. 124). — Coquille ovale, oblique, à valve inférieure bombée, valve supérieure plate ou même concave; toutes deux ornées de côtes rayonnantes inégales, nombreuses, épineuses, presque squameuses, bords tranchants.

Etage Aptien : argiles à plicatules de la Haute-Marne

Fig. 124. — *Plicatula placunea*, Lmk. — Au milieu, *Plicatula radiola*, Lmk.

et à Gargas, Nancy, Combles, Seigneley, Saint-Dizier, Gignac.

202. **Plicatula radiola**, Lmk. (fig. 124 *a*). — Espèce

voisine de la précédente, mais de plus petite taille et moins ornée.

Etage Albien : Dieuville.

Fig. 125. — *Spondylus spinosus*, Sow.

203. **Spondylus spinosus**, Sow. (fig. 125). — Coquille ovale allongée, acuminée au sommet, ornée de nombreuses côtes longitudinales rayonnantes dont quelques-unes portent de 3 à 5 épines allongées, un peu arquées. Les oreillettes latérales du crochet sont très petites.

Craie blanche supérieure de Meudon.

Limidæ.

204. **Lima gigantea**, Sow. (fig. 126). — Coquille de grande taille, semilunaire, bombée; oreillettes petites,

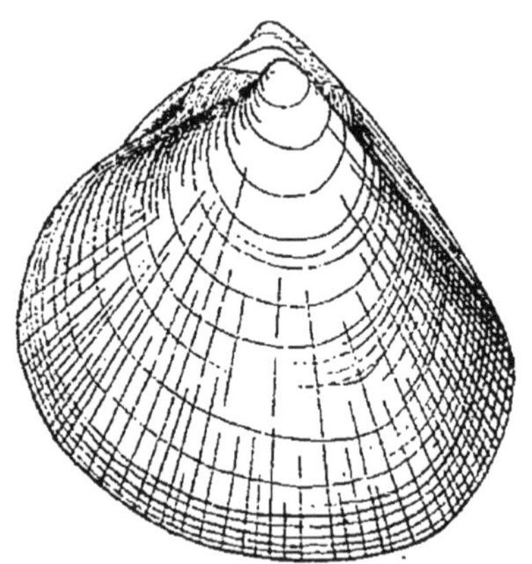
Fig. 126. — *Lima gigantea*, Sow.

Fig. 127. *Lima gibbosa*, Sow.

inégales, l'antérieure brève; fossette du ligament oblique. Surface externe des valves ornée de stries longitudinales rayonnantes peu accentuées et coupées par des stries d'accroissement.

Etage Liasien : Fontenay (Vendée), Thouars (Deux-Sèvres), Brûlon (Sarthe), Semur, Vivonne (Vienne).

205. **Lima gibbosa**, Sow. (fig. 127). — Coquille ovale oblongue, à valves très convexes, peu obliques, ornées sur le milieu de 12 ou 13 côtes longitudinales.

Bord cardinal étroit, un peu incliné et pourvu d'oreillettes courtes, côtés de la coquille lisses.

Commune dans le Bajocien : Bayeux, Moutiers, (Calvados), Niort, Saint-Maixent (Deux-Sèvres), Conlie (Sarthe), Fontenay (Vendée), Avallon (Yonne), Nantua (Ain).

Pectinidæ

206. **Pecten Pollux**, d'Orb. (fig. 128). — Très belle espèce, voisine comme taille de la suivante, ornée de

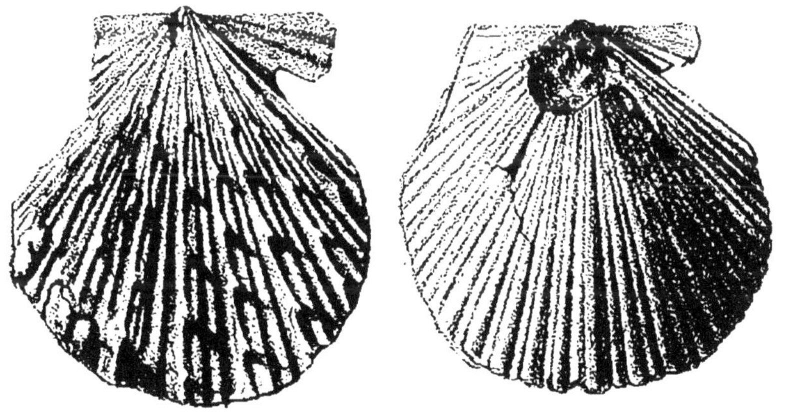

Fig. 128. — *Pecten Pollux*, d'Orb. Fig. 129. — *Pecten Valoniensis*, Defr.

grosses côtes inégales, sur quelques-unes desquelles se voient de longues pointes. Les oreillettes sont bien développées : l'antérieure entière, la postérieure échancrée par un sinus pour le passage du byssus et portant toutes deux quelques sillons bien marqués.

Hettangien : Pouilly, Robiac, etc.

207. **Pecten Valoniensis**, Defr. (fig. 129). — Coquille orbiculaire, de 4 à 5 centimètres de diamètre, modérément convexe, ornée extérieurement de nombreuses côtes rayonnantes, lisses, épaisses, arrondies, dont quelques-unes sont divisées par un sillon peu accentué. Les oreillettes sont relativement grandes surtout l'antérieure, qui est entière, la postérieure est fortement entaillée par un sinus pour le passage du byssus, toutes deux sont striées et portent quelques sillons peu accentués.

Hettangien : commun dans le calcaire de Valognes (Manche).

208. **Pecten æquivalvis**, Sow. (Pl. XII, fig. 2). — Belle et grande coquille obronde à valves presque égales, à surface ornée de 19 à 21 côtes arrondies séparées par des intervalles presque égaux en largeur et un peu concaves. Ces sillons et ces côtes sont de plus chargés de stries transverses très fines, un peu relevées, régulières, qui s'effacent sur le sommet des côtes. Oreillettes bien développées, les antérieures plus grandes, ornées de stries verticales très fines et très régulières.

Etage Liasien : Avallon, Chavagnac, Croisilles, Saint-Vincent, Sterlange, Vieux-Pont, etc.

209. **Pecten liasicus**, Nyst. (Pl. XII, fig. 1). — Forme générale et taille, comme dans l'espèce précédente, mais les valves sont lisses extérieurement marquées

seulement de quelques lignes d'accroissement concentriques irrégulièrement espacées.

Etage Liasien : Semur, Langres, Vieux-Pont, etc.

210. **Pecten asper**, Lmk. (Pl. XII, fig. 3). — De grande taille, suborbiculaire, convexe des deux côtés, orné de 20 à 22 côtes longitudinales rayonnantes, divisées, hérissées de petites aspérités subsquameuses.

Cénomanien : Le Havre, Rouen, Honfleur, Villers, etc.

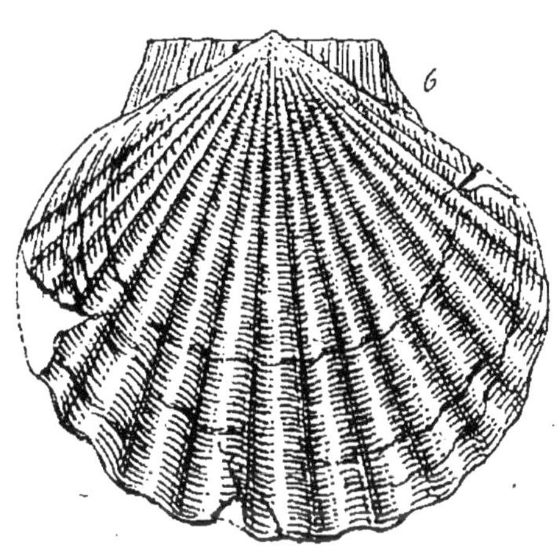

Fig. 130. — *Pecten Beudanti*, Bast.

211. **Pecten Beudanti**, Bast. (fig. 130). — Coquille inéquivalve, équilatérale, ovale arrondie, transverse, à 14 ou 16 côtes longitudinales rayonnantes, arrondies s'effaçant sur les côtes; stries transverses régulières, très fines, lamelleuses; oreillettes égales, large portant des stries très fines et perpendiculaires. Valve supérieure plus convexe que l'autre.

Commun dans les faluns de la Touraine et du Sud-Ouest à Léognan, Saucats (Gironde), etc.

212. **Pecten Burdigalensis**, Lmk. (fig. 131). — Coquille suborbiculaire pouvant atteindre une très grande taille (147 mill.) un peu convexe et radiée, les rayons, au nombre de 12 à 14, sont convexes, surtout vers le crochet, aplatis et disparaissant vers les bords.

Très commun également dans les mêmes couches et aux mêmes lieux que le précédent.

213. **Janira atava**, Rœ. sp. (fig. 132). — Valves très différentes, la droite très convexe, à crochet proémi-

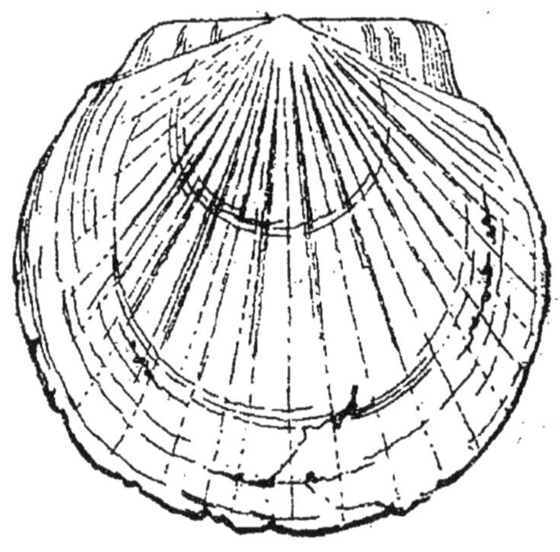

Fig. 131.
Pecten Burdigalensis, Lmk.

Fig. 132. — *Janira (Neithea) atava*, Rœ. sp.

nent recourbé sur le bord cardinal qui est rectiligne. Valve gauche plus petite, plate, presque concave. Cinq fortes côtes, entre lesquelles sont des sillons plus ou moins nombreux, ornent la surface externe des deux valves; le bord postérieur présente des angles saillants et rentrants correspondant les premiers aux côtes, les seconds aux espaces qui séparent ces dernières.

Etage Néocomien : Auxerre, Bettancourt, Brienne, Marolles, Sancerre, etc.

ASIPHONIDÉS HÉTÉROMYAIRES

Aviculidæ.

214. **Avicula echinata**, Sow. (fig. 133). — Coquille de petite taille, presque équilatérale, à valve inférieure

bombée à surface externe ornée de côtes longitudinales nombreuses supportant de très fines et très courtes épines; valve supérieure aplatie, avec sinuosité antérieure de la charnière petite et à oreillette postérieure courte, triangulaire et pointue.

Fig. 133. *Avicula echinata*, Sow.

Etage Bathonien : Marquise (Pas-de-Calais), la Neuville à Maire (Ardennes).

215. **Avicula contorta**, Portlock (fig. 134). — Espèce de petite taille, oblique, allongée, en forme de virgule. Grande valve bombée, avec de nombreuses côtes longitudinales serrées et légèrement onduleuses, oreillettes inégales, l'antérieur beaucoup moins développée que la postérieure.

Etage Rhétien. Très caractéristique et très répandue dans les couches dites à Avicula contorta.

Fig. 134. — *Avicula contorta*, Port.

Fig. 135. — *Av. fragilis*, Defr.

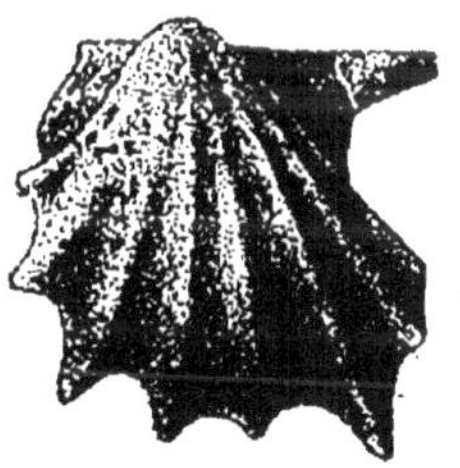

Fig. 136. — *Av. costata*, Sow.

216. **Avicula costata**, Sow. (fig. 136). — Valve gauche gibbeuse ovale, oblique, ornée de 8 côtes lisses, les oreillettes sont inégales, l'antérieure est petite subtriangulaire, la postérieure longue et saillante. Valve droite à peu près plane, ornée de nombreux plis.

Bathonien : Luc, Ranville (Calvados).

217. **Avicula fragilis**, Defr. (fig. 135). — Coquille petite, arrondie ou presque triangulaire, mince, toute lisse, à charnière droite ; bord postérieur avec une sinuosité très élargie, oreillette antérieure petite, courte, presque triangulaire.

Commune au niveau supérieure des sables bartoniens des environs de Paris.

218. **Inoceramus concentricus**, Sow. (fig. 137). — Coquille ovale oblongue, un peu oblique à sommet acuminé. Crochet de la valve inférieure très recourbé, oblique. Surface externe des valves ornée de plis ondulés, concentriques. Charnière courte, finement sillonnée.

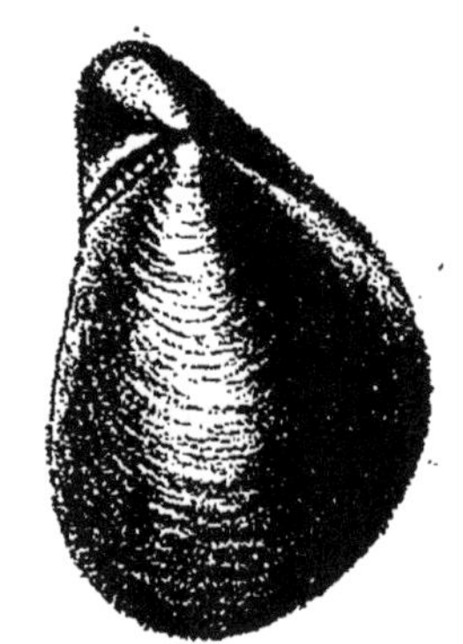

Fig. 137. *Inoceramus concentricus*, Sow.

Etage Albien: Avancourt, Clar (Var), Dieuville, Ervy, Porte du Rhône, Varennes, Vaudray, Wissant, etc.

219. **Inoceramus sulcatus**, Parkinson (Pl. X, fig. 8). — Coquille ovale oblongue, peu oblique, à crochet de la grande valve un peu contourné. Les valves présentent de fortes côtes rayonnantes élevées, aiguës sur lesquelles on remarque des stries d'accroissement assez régulièrement espacées.

Etage Albien : dans les mêmes localités que l'espèce précédente.

220. **Inoceramus labiatus**, Brong. (Pl. XIII, fig. 9). — Coquille de forte taille elliptique, très allongée, à crochets droits, obtus. Surface ornée de gros plis concentriques arrondis et nombreux.

Etage Turonien. Commun dans la craie marneuse : Cambrai, Chinon, Fécamp, Rouen, etc.

221. **Posidonomya Bronni**, Voltz. (fig. 138). — Coquille de taille médiocre arrondie, peu oblique, à bord cardinal droit, relativement court; valves comprimées et ornées extérieurement d'ondulations concentriques assez nombreuses.

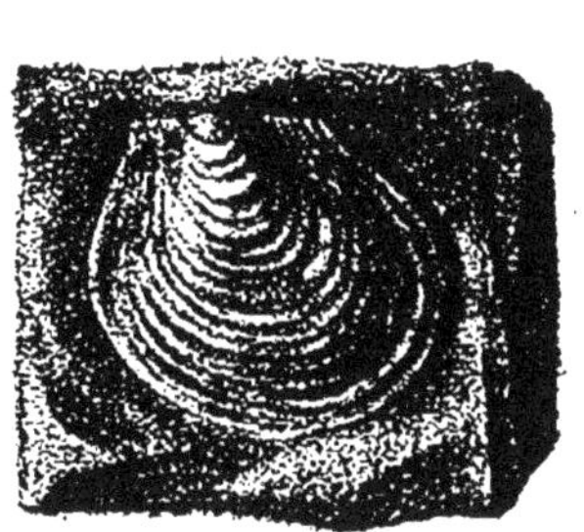

Fig. 138. — *Posidonomya Bronni*, Voltz.

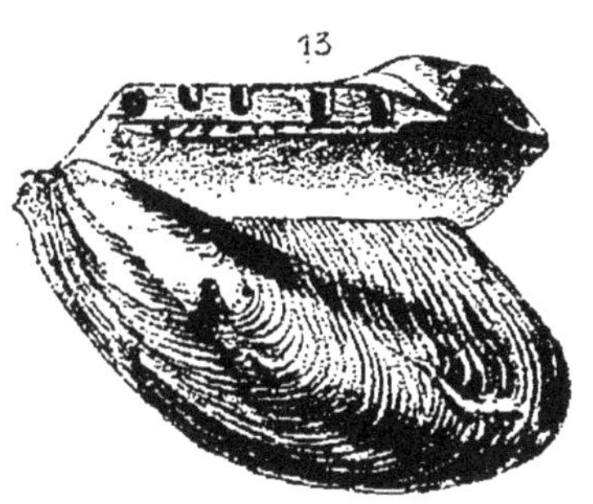

Fig. 139. — *Hærnesia socialis*, Quen.

Etage Toarcien : Clapier (Aveyron), Nancy, Saint-Amand (Cher), etc.

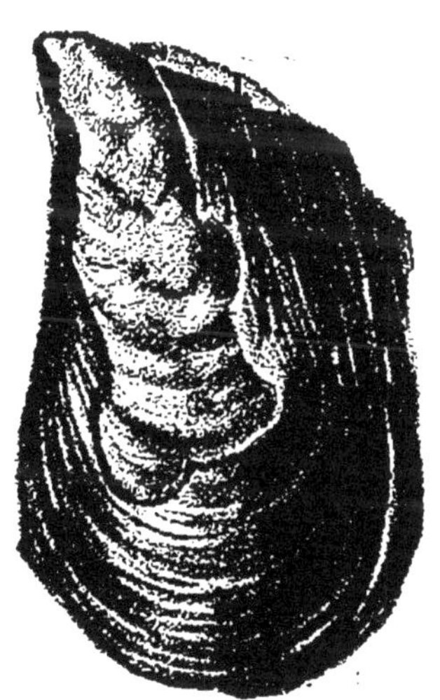

Fig. 140. *Perna mytiloides*, Lmk.

222. **Hœrnesia socialis**, Quenst. sp. (fig. 139). — Coquille inéquivalve, valve droite plus petite et plus aplatie que la valve gauche qui est renflée, très oblique avec une petite sinuosité antérieure peu marquée. Le ligament, comme on peut le voir sur la figure, est partagé en quatre ou cinq fossettes. Toute la coquille semble tordue sur elle-même.

Muschelkalk : environs de Toulon (Var).

223. **Perna mytiloides**, Lmk. (fig. 140). — Coquille de taille moyenne, aplatie, oblongue à crochets pointus; charnière oblique, stries d'accroissement nombreuses et irrégulièrement espacées.

Argile oxfordienne de Normandie, Dives, les Vaches-Noires, Villers-sur-Mer.

Mitylidæ.

224. **Mytilus scalprum**, Goldfuss. (fig. **141**). — Coquille elliptique, subarquée, convexe, portant extérieurement des stries concentriques. Le crochet subterminal est aminci, sur les valves une carène dorsale obtuse. Bord cardinal droit, court; côté postérieur des valves plan, déclive et un peu dilaté.

Hettangien : Robiac.

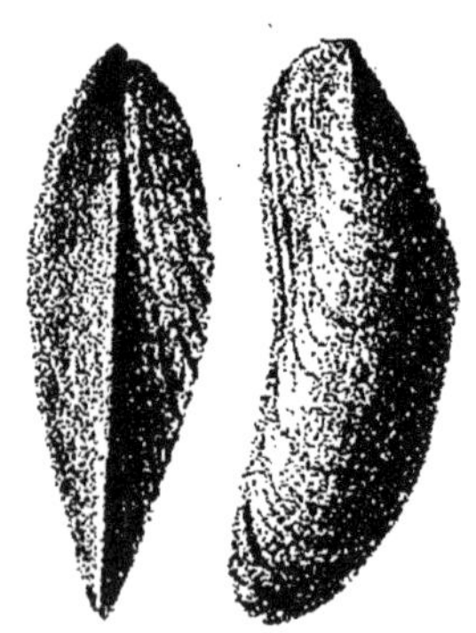

Fig. 141.
Mytilus scalprum, Goldf.

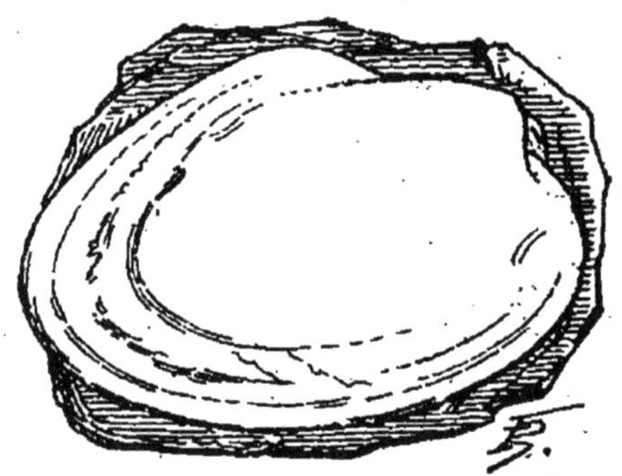

Fig. 142.
Modiolopsis prima, d'Orb.

Prasinidæ.

225. **Modiolopsis prima**, d'Orb. (fig. 142). — Coquille ovale allongée transversalement très inéquilatérale, comprimée, mince, lisse; sommets antérieurs termi-

naux, petits rapprochés; partie postérieure des valves plus large que l'antérieure; bord cardinal plus ou moins droit, bord ventral un peu sinueux. Surface externe ornée de rides concentriques; ligne palléale entière.

Etage Ordovicien : grès de May (Calvados).

ASIPHONIDÉS HOMOMYAIRES

Arcidæ.

226. **Arca rudis**, Desh. (Pl. XV, fig. 6). — Coquille oblongue, très oblique, un peu irrégulière et bossue, portant des côtes treillissées, écailleuses, très nombreuses. Charnière presque droite, area ligamentaire assez grande, ornée de nombreuses stries fines et serrées.

Etage Lutétien, Calcaire grossier de Chaussy.

227. **Arca biangula**, Lmk. (fig. 143). — Coquille transverse, oblongue, étroite, subtétragone, oblique, crochets projetés en avant, recourbés, area très large; côté postérieur des valves oblique, prolongé, biangu-leux, stries longitudinales nombreuses, squamo-granuleuses; chez les vieux individus le bord palléal devient profondément sinueux.

Commun dans le calcaire grossier de Chaumont-en-Vexin; se retrouve au niveau inférieur des sables bartoniens à Auvers, au Fayel, etc.

228. **Arca turonica**, Duj. (fig. 144). — Belle espèce pouvant atteindre une assez grande taille, sa forme générale se rapproche de celle de l'espèce précédente, mais l'area est moins haute; le bord antérieur est

arrondie, le postérieur anguleux oblique, le palléal simple. Surface externe ornée de côtes rayonnantes,

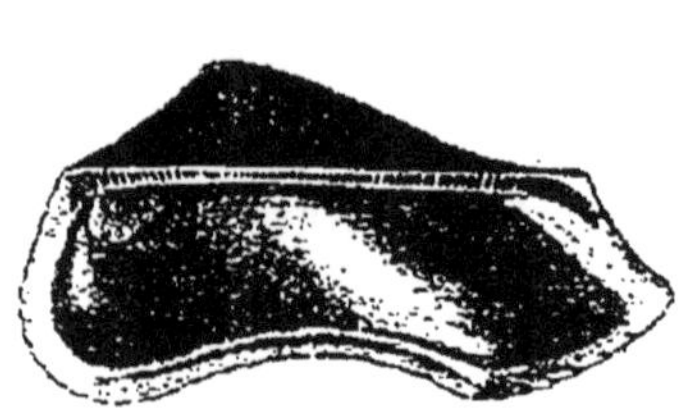

Fig. 143.
Arca biangula, Lmk.

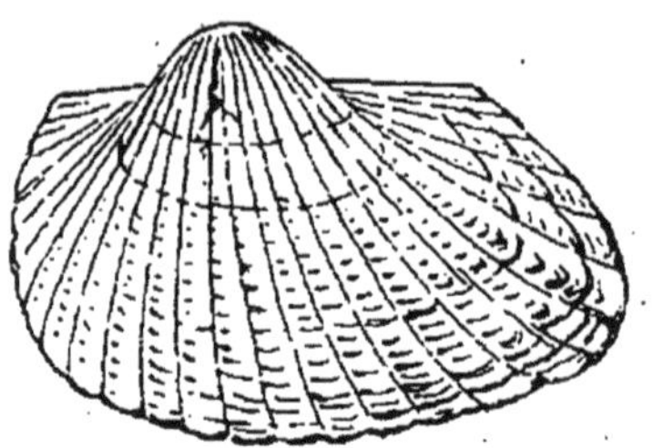

Fig. 144.
Arca turonica, Duj.

nombreuses, régulières, les postérieures plus larges et plus épaisses que celles du milieu de la valve, toutes un peu granuleuses subsquameuses sur les échantillons bien conservés.

Etage Helvétien : très répandues dans les faluns de la Touraine et de l'Anjou.

229. **Cucullæa crassatina**, Lmk. (fig. 145). — Coquille de forte taille, subcordée, ventrue, area ligamentaire ornée de fortes stries en sautoir. Ligne cardinale droite portant au centre de nombreuses petites dents peu obliques, et à chacune de ces extrémités quatre à cinq fortes dents presque parallèles au bord cardinal. Impression musculaire postérieure saillante.

Fig. 145. — *Cucullæa crassatina*, Lmk.

Surface externe ornée de sillons longitudinaux interrompus par de nombreuses stries d'accroissement.

Commune dans la glauconie inférieure. Abbeville, près Beauvais, Bracheux, Noailles, etc., etc.

230. **Pectunculus pulvinatus**, Lmk. (Pl. XV, fig. 9). — N'atteint jamais une grande taille, la coquille est orbiculaire, subéquilatérale, la surface paraît lisse, mais elle porte cependant des sillons striés longitudinalement, ayant l'aspect de côtes très atténuées et qui ne sont bien visibles qu'à la loupe.

Très abondant dans le calcaire grossier des environs de Paris, à Grignon par exemple.

231. **Pectunculus obovatus**, Lmk. (Pl. XV, fig. 7). — Coquille obovée, convexe, presque équilatérale, très épaisse à bord postérieur arrondi, crénelé intérieurement. Surface externe des valves lisses, orné seulement de stries concentriques d'accroissement. La charnière est assez variable quant à la dentition et à la forme de l'area ligamentaire.

Très abondant dans les sables tongriens des environs de Paris : à Jeurres et à Morigny près d'Etampes.

232. **Pectunculus angusticostatus**, Lmk. (Pl. XV, fig. 8). — Comme forme générale assez semblable au précédent, mais la charnière est plus fortement arquée, ce qui l'en distingue surtout c'est l'ornementation de ses valves qui portent des côtes longitudinales peu saillantes, arrondies, substriées transversalement; ces stries sont plus ou moins visibles suivant les individus.

Mêmes couches et aux mêmes lieux que le précédent, mais moins fréquent.

Cardiolidæ.

233. **Cardiola interrupta**, Sow. (fig. 146). — Coquille très convexe, ovale, transverse, inéquilatérale; crochets saillants recourbés en avant. Surface externe ornée de côtes rayonnantes épaisses, un peu tuberculeuses à leur point de rencontre avec les lignes d'accroissement qui sont fines et nombreuses. Area ligamentaire (en *a*) haute, triangulaire et striée comme chez les arches.

Etage Silurien : schistes à nodules de Saint-Sauveur-le-Vicomte.

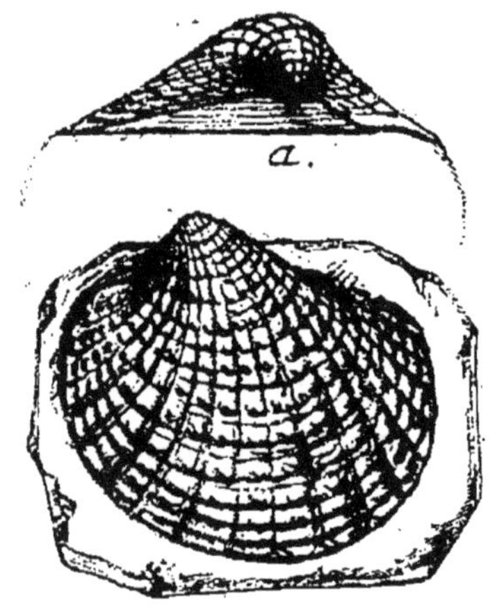

Fig. 146. — *Cardiola interrupta*. Sow. *a*. charnière.

Fig. 147. *Cardiola retrostriata*, Buch.

234. **Cardiola retrostriata**, Buch. (fig. 147). — Espèce de petite taille plus transverse, plus inéquilatérale et moins épaisse que la précédente. Les côtes longitudinales sont moins nombreuses, plus aiguës et au lieu

d'être tuberculeuses sont ornées de stries en chevron, très fines. L'area est moins haute que dans l'espèce précédente.

Etage Dévonien : schistes de Porsguen (Finistère).

Trigoniidæ.

235. **Myophoria pesenseris**, Bronn. (fig. 148). — Coquille ovale trigone, à crochet submédian, area brusquement tronquée, présentant une carène bifide.

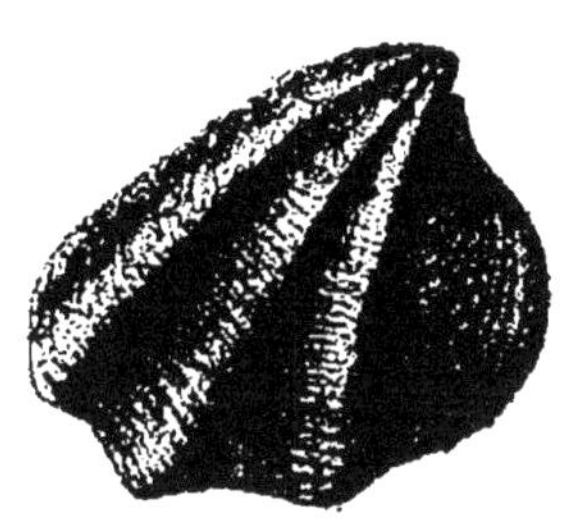

Fig. 148. — *Myophoria pesenseris*, Bronn.

Extérieurement les valves, qui sont modérément bombées, portent trois côtes ou carènes un peu arquées qui partent du crochet et vont aboutir sur le bord postérieur en formant trois angles obtus sur son contour, strie d'accroissement nombreuses.

Muschelkalk : Le Beausset, Plombières.

236. **Trigonia navis**, Lmk. (Pl. XIII, fig. 1). — Coquille ovale trigone, à côté antérieur comprimé, côtes longitudinales tuberculo-noduleuses, côté postérieur aplati, orné de côtes transverses.

Etage Liasien de la Lorraine.

237. **Trigonia Bronni**, Agass. (Pl. XIII, fig. 5). — Ovale trigone, un peu comprimée, bord antérieur assez régulièrement arrondi, le postérieur formant un angle aigu. Côtes transverses presque droites, écartées, à tubercules peu serrés, inégaux, arrondis. Le corselet, ridé transversalement, présente sur chaque valve deux lignes longitudinales un peu raboteuses.

Séquanien : Besançon, Glos, Lisieux, Hennequeville, Trouville.

238. **Trigonia dædalea**, Sow. (Pl. XIII, fig. 3 et 4). — Coquille ovale, rhombique, subanguleuse, très peu déprimée, portant sur les côtés antérieurs de gros tubercules arrondis, disposés par séries transverses; tubercules des côtes postérieurs petits, disposés par séries variables.

Cénomanien : La Malle, environs du Mans, Orange, etc.

239. **Trigonia scabra**, Lmk. (Pl. XIII, fig. 7 et 8). — Coquille ovale trigone, côté antérieur portant des côtes transverses tuberculeuses, hérissées de tubercules serrés, petits; un peu saillants. Le corselet a aussi des rides transverses mais à tubercules plus petits.

Etage Turonien : très commune dans le grès d'Uchaux, se trouve aussi à Montrichard, à Rouen, à Saintes, etc.

240. **Trigonia crenulata**, Lmk. (Pl. XIII, fig. 6). — Coquille ovale trigone à côté antérieur portant de nombreuses côtes transverses, arquées, crénelées obliquement, à crénelures oblongues très serrées.

Etage Cénomanien : Gacé, le Mans, Rouen.

241. **Trigonia costata**, Sow. (Pl. XIII, fig. 2). — Coquille ovale, anguleuse, trigone, à côtes transverses, lisses, occupant toute la partie antérieure de la valve, qui est séparée, par une forte carène crénelée, de la partie postérieure, plus étroite et qui supporte des côtes longitudinales squameuses.

Etage Bajocien : Bayeux, Curcy, Moutiers (Calvados), Asnières, Conlie (Sarthe), Niort et Saint-Maixent (Deux-Sèvres).

Nayadidæ.

242. **Unio truncatosus**, Michaud (Pl. XV, fig. 5). — Coquille ovale, oblongue, déprimée, très inéquilatérale, subanguleuse obtuse postérieurement, irrégulièrement sillonnée à la partie antérieure; les sillons sont profonds et s'évanouissent sur le milieu des valves. Crochets courts peu proéminents; lunule profonde, côté antérieur court, obtus, le postérieur large, tronqué obliquement. Charnière large, à dents cardinales épaisses, presque égales, courtes, sillonnées irrégulièrement, dent postérieure allongée; cicatrice musculaire antérieure profonde.

Etage Sparnacien : commun aux environs d'Epernay (Marne), à Ay, Chavot, Cuis.

Cardiniidæ.

243. **Cardinia hybrida**, Sow. (fig. 149). — Coquille oblongue, ovale, épaisse, à côté antérieur arrondi, le

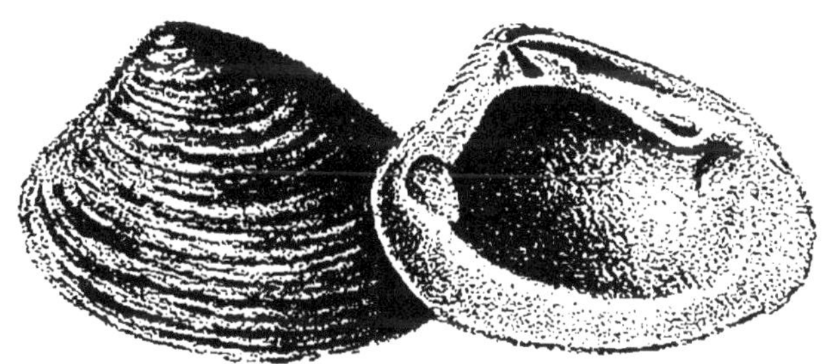

Fig. 149. — *Cardinia hybrida*, Sow.

postérieur subcunéiforme; surface externe des valves ornée de rides peu régulières, concentriques, correspondant aux accroissements successifs; crochets pointus et recourbés.

Etage Hettangien : commune dans le minerai de fer de Beauregard et de Semur (Côte-d'Or).

SIPHONIDÉS

Parmi les Syphonidés nous citerons, comme plus particulièrement caractéristiques les genres et espèces suivants.

Integripalliata.

Espèce à ligne palléale simple, sans sinus.

Astartidæ.

244. **Astarte supracorallinum**, d'Orb. (fig. 150). — Coquille de petite taille, subtriangulaire, à bord palléal arrondi, crochet rejeté légèrement en avant. Surface externe des valves ornée de forts sillons concentriques assez espacés les uns des autres.

Etage Séquanien : (cal. à Astartes), environs de Salins, Verdun, Trécourt, Clairvaux, etc.

Fig. 150. — *Astarte supracorallinum*, d'Orb.

245. **Crassinella obliqua**, Lmk. (fig. 151). — Coquille de taille moyenne, très épaisse, cordée, oblique, convexe, presque lisse extérieurement, à bord cardinal arrondi; à l'intérieur des valves le bord postérieur est crénelé sur toute sa longueur; les impressions musculaires sont fortement accusées; la lunule est ovale, à peine enfoncée.

Etage Bajocien : très commune dans l'oolithe ferrugineuse des environs de Bayeux se trouve aussi à Niort et Saint-Maixent (Deux-Sèvres).

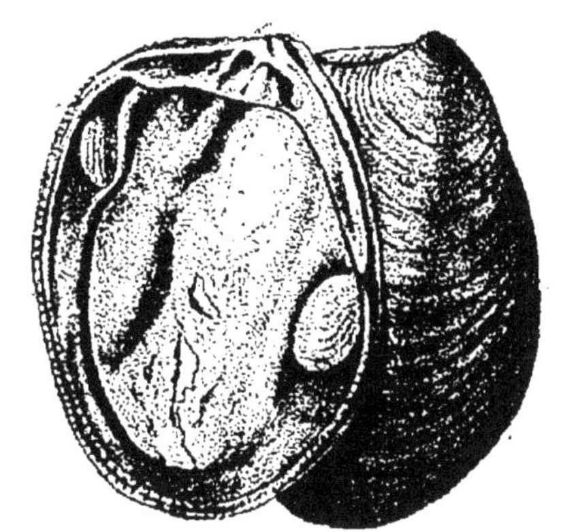

Fig. 151. — *Crassinella obliqua*, d'Orb.

246. **Cardita imbricata**, Lmk. (fig. 152). — Coquille suborbiculaire, ornée extérieurement de côtes convexes, imbriquées, squameuses, un peu noduleuses et comme hérissées.

Très commune dans le calcaire grossier à Chaumont, Grignon, Parnes, le Vivray, etc.

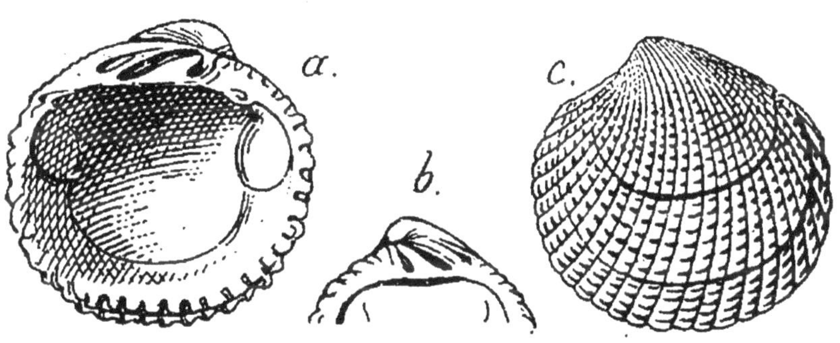

Fig. 152. — *Cardita imbricata*, Lmk. — *a*. valve gauche, face interne ; *b*. valve droite, face interne ; *c*. valve gauche, face externe.

247. **Cardita Bazini**, Desh. (fig. 153). — Coquille de taille médiocre, oblongue, transverse, inéquilatérale, relativement épaisse; obtuse antérieurement, le côté postérieur atténué en coin. Surface externe ornée de 20 à 22 côtes, convexes, étroites, tuberculeuses, les

postérieures quelquefois squameuses; crochets obliques, lunule petite, profonde.

Commune dans les sables oligocènes de Fontainebleu (niveau d'Ormoy), aux environs d'Etampes. Ormoy-la-Rivière, Pierrefitte, etc.

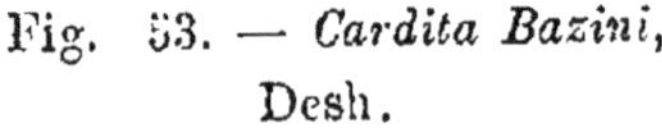

Fig. 53. — *Cardita Bazini*, Desh.

Fig. 154. — *Cardita crassa*, Duj.

248. **Cardita crassa**, Dujard. (fig. 154). — Coquille oblongue, très inéquilatérale, transverse, côté antérieur presque droit, vertical, le postérieur subsinueux, côtes épaisses, arrondies, imbriquées, squameuses, squames obtuses.

Etage Helvétien : Très abondante dans les faluns de la Touraine. Manthelan, Pontlevoy, etc.

249. **Venericardia pectuncularis**, Lmk. (Pl. XIV, fig. 6). — Belle coquille orbiculaire, de grande taille, dont la forme générale est celle d'un peigne qui n'aurait pas d'oreillettes, surface externe ornée de côtes rayonnantes convexes, subimbriquées, celles des côtés hérissées; la lunule très enfoncée ne se voit que très peu.

Etage Thanétien : caractéristique des « sables de Bracheux » : Abbeville près Beauvais, Bracheux et Noailles (Oise).

250. **Venericardia Jouanneti**, Bast, sp. (fig. 155). — Coquille ovale transverse, lunule petite, très profonde, cordiforme, aussi large que haute. Surface externe ornée de côtes longitudinales arrondies, épaisses, plus saillantes vers les crochets et s'élargissant vers les bords sur lesquelles elles forment des crénelures très larges et arrondies.

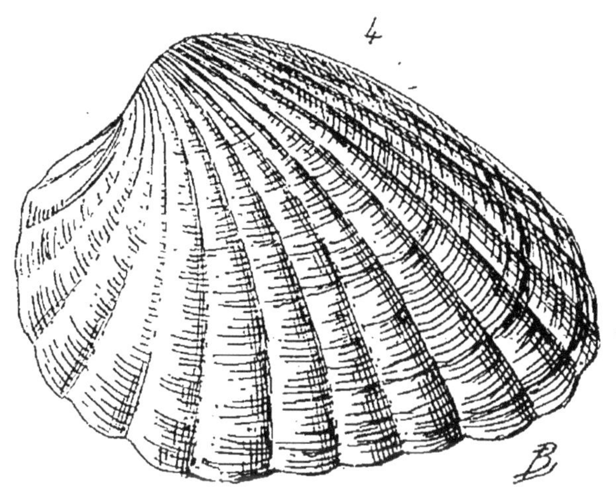

Fig. 155. — *Venericardia Jouanneti*, Bast.

Etage Helvétien : faluns de la Touraine et des environs de Bordeaux.

251. **Venericardia planicosta**, Lmk. (Pl. XIV, fig. 7). — Coquille de forte taille, très épaisse et solide, ovale, oblique, cordiforme; surface externe des valves ornée de côtes longitudinales planes, très saillantes et anguleuses sur les côtés, dans toute la partie qui avoisine les crochets ces côtes s'élargissent insensiblement et s'abaissent peu à peu pour disparaître presque vers le bord de la valve où elles sont alors remplacées par de nombreuses stries concentriques d'accroissement,

cette disposition est surtout remarquable chez les vieux individus. La charnière est forte, composée de fossettes très profondes et de dents extrêmement robustes.

Etages Yprésien, Lutétien et Bartonien. Cette espèce est surtout abondante dans le calcaire grossier inférieur et se rencontre dans un grand nombre de localités appartenant à ces trois étages.

Y. Cuise-Lamotte, Pierrefonds; L. Courtagnon, Chaumont-en-Vexin, Fontenay Saint-Père, Grignon, Houdan, Mouchy, Parnes, le Vivray, etc.; B. Acy-en-Multien, Auvers, Valmondois et à Hauteville dans la Manche.

Crassatellidæ.

252. **Crassatella plumbea**, Desh. (Pl. XV, fig. 3). — Remarquable par la grande épaisseur et le poids de ses valves qui sont ovales, trigones, bombées; leur bord antérieur est régulièrement arrondi, tandis que le postérieur est anguleux, extérieurement elles présentent des rides transversales qui correspondent aux accroissements successifs, à la charnière une forte dent cardinale sur la valve droite, deux sur la gauche, et une fossette subovale pour l'insertion du ligament. Le bord palléal est denticulé intérieurement.

Etage Parisien : Calcaire grossier, Courtagnon, Grignon, Château-Thierry, Montmirail, Mouchy, Parnes, etc.

253. **Crassatella lamellosa**, Lmk. (Pl. XV, fig. 4). — Beaucoup plus petite et moins épaisse que la précédente; oblongue transversalement, subtrigone, aplatie, côté antérieur arrondi, le postérieur bianguleux. Côtes transversales écartées, redressées, lamelliformes; inté-

rieurement le bord palléal des valves est finement crénelé.

Commune dans le calcaire grossier, à Chaumont, Grignon, le Vivray, etc.

Chamidæ.

Les Chamidés ont une grande importance pour le géologue, car pendant les périodes oolithique et infra-crétacée toute une série de formes, appartenant à cette famille et aujourd'hui complètement éteintes, jouèrent un rôle très important comme organismes constructeurs (1).

Actuellement cette famille n'est plus représentée que par le seul genre *Chame* dont toutes les espèces (environ 55) habitent les mers chaudes.

254. **Diceras arietinum**, Lmk. (fig. 156). — Coquille inéquivalve, adhérente, à crochets coniques, très grands, divergents, contournés en spirale irrégulière. Valve gauche à dent cardinale forte épaisse, subauriculaire et saillante; valve droite à dent cardinale forte, saillante, allongée parallèlement au bord cardinal.

Très abondant dans le Séquanien : Saint-Mihiel (Meuse), Saulce-aux-Bois (Ardennes), Chatel-Censoir, Tonnerre(Yonne), Pointe-du-Ché, Angoulins (Charente-Inférieure).

255. **Requienia ammonia**, Goldfuss, sp. (fig. 157). — Coquille épaisse inéquivalve, presque lisse avec quelques lignes d'accroissement, valve gauche beaucoup

(1) Voir notre article sur ce sujet dans le *Naturaliste* du 1er juin 1901, n° 342 p. 125.

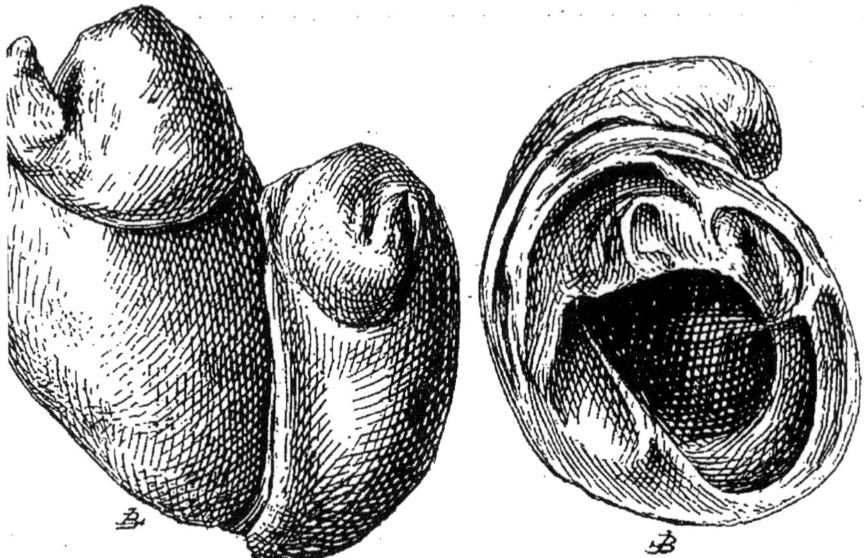

ig. 156. — *Diceras arietinum*, Lmk. Corallien de Coulanges-sur-Yonne.

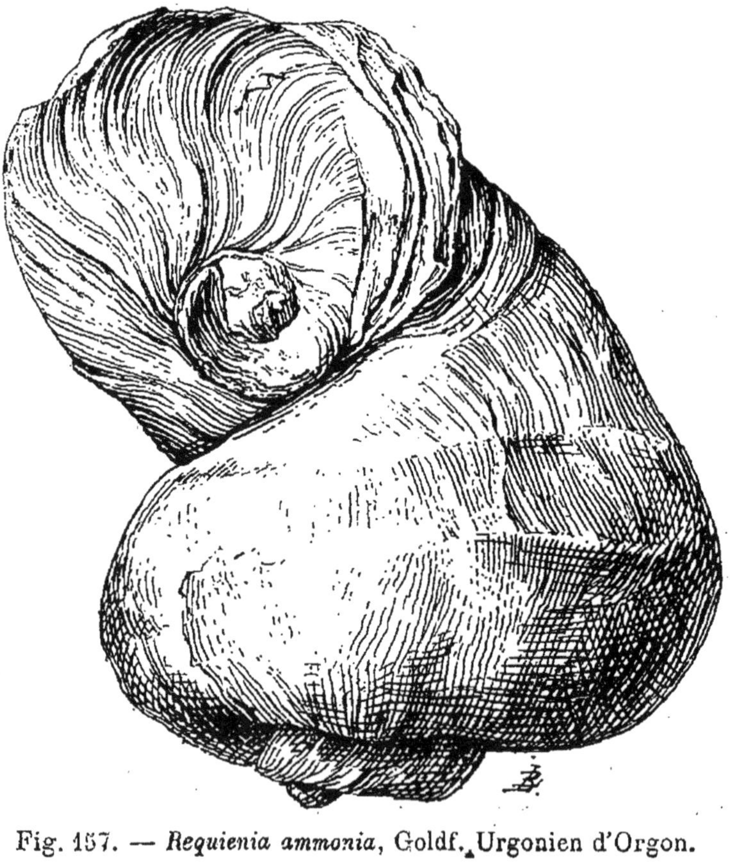

Fig. 157. — *Requienia ammonia*, Goldf. Urgonien d'Orgon.

plus grande que l'autre, spiralée; valve droite, petite, aplati, operculiforme. Charnière ne présentant qu'une dent mousse sur le bord cardinal aminci.

Etage Barrémien : Orgon, Cassis (Bouches-du-Rhône), Maillot, Cessiat, Saint-Germain-de-Joux, Bellegarde (Ain).

Fig. 158. — *Toucasia carinata*, Math.

256. **Toucasia carinata**, Math. (fig. 158). — Valves carénées, inégales; valve droite, libre, à crochet saillant et enroulé; valve gauche fixée, à crochet enroulé en spirale, impressions des adducteurs antérieurs des deux valves insérées directement sur le test; impressions des adducteurs postérieurs sur une lame myophore saillante, qui, sur la valve gauche, pénètre dans la cavité umbonale en passant sous le plateau cardinal; sur la valve droite cette lame est dressée et placée à peu près sur le prolongement du plateau cardinal.

Etage Barrémien : Orgon, Martigues, Ventoux, etc.

Fig. 159. — *Chama lamellosa*, Lmk.

257. **Chama lamellosa**, Lmk. (fig. 159). — Coquille ovale arrondie, plissée transversalement, plis concentriques, aigus, dentelés présentant par places de longues épines linéaires dentelées sur les côtés et canaliculées en dessus. La face interne des valves est lisse.

Etage Lutétien : Assez commune dans le calcaire

grossier des environs de Paris, Grignon, Chaumont, Fontenay-Saint-Père, etc., etc.

258. **Chama calcarata**, Lmk. Coquille voisine de la précédente, s'en distingue cependant d'abord par ses lames concentriques plus espacées, par l'aspect chagriné de l'espace interlamellaire et par l'intérieur des valves qui est perforé de nombreux pores très serrés.

Même niveau et dans les mêmes localités que la précédente.

259. **Chama ponderosa**, Desh. (fig. 160). — Coquille orbiculaire, très épaisse, irrégulière, à valve inférieure

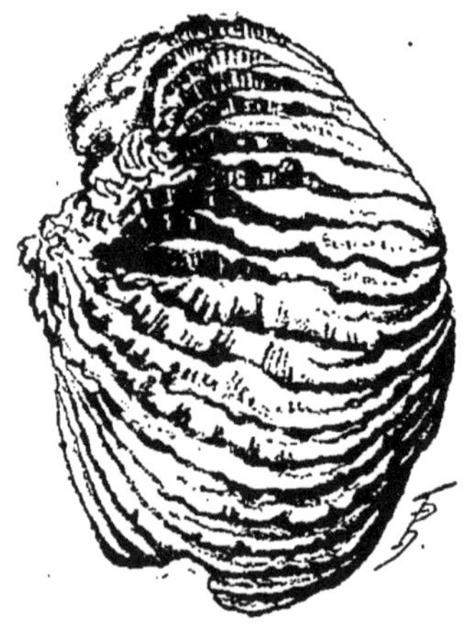

Fig. 160. — *Chama ponderosa*, Desh., du Bartonien.

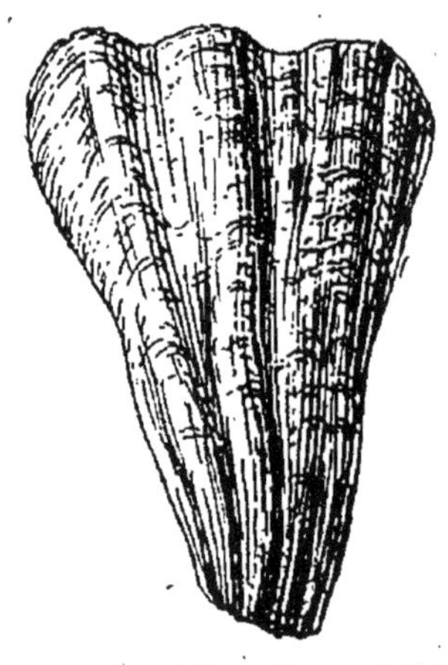

Fig. 161. — *Monopleura trilobata*, Math., du Barrémien.

très convexe, à lamelles nombreuses, simples peu saillantes, valve supérieure beaucoup plus, petite, presque plane, à côtes plus nombreuses découpées et finement plissées sur les bords. Les dents de la charnière sont très épaisses.

Niveau inférieur des sables Bartoniens : Auvers, Valmondois, le Fayel, etc.

260. **Monopleura trilobata**, Mather (fig. 161). — Coquille de taille médiocre, très inéquivalve. Valve droite, la plus grande, en cône renversé, fixé par son extrémité postérieure; valve gauche, petite, en cône surbaissé, operculiforme avec de forts sillons qui la divisent, ainsi que la valve inférieure en trois lobes, d'où le nom de l'espèce.

Etage Barrémien : Orgon (Vaucluse), Martigues (Bouches-du-Rhône).

Rudistæ.

Les Rudistes semblent continuer, pendant la période crétacée, l'œuvre entreprise aux époques précédentes par les Chamacés comme organismes constructeurs.

Hippurites, Lmk. (Pl. XVI, fig. 1, 2, 3, 4, 5). — Coquille épaisse à valves très différentes, l'inférieure en cône renversé, plus ou moins allongée, droite ou un peu courbée dans sa longueur, fixée par la pointe postérieure; la supérieure peu convexe ou aplatie quelquefois même concave, operculiforme, toute sa surface porte de nombreux pores et dans certaines espèces deux oscules ronds ou ovales.

261. **Hippurites cornuvaccinum**, Goldf. (Pl. XVI, fig. 1). — Présente à l'intérieur de la grande valve une arête cardinale très forte. La valve operculiforme est fortement sculptée par des sillons rayonnants.

Etage Sénonien des Corbières et autres lieux.

262. **H. (Orbignya) bioculatus**, Lmk. (Pl. XVI, fig. 2, 3). — Crête cardinale peu saillante; valve operculiforme sans sillons mais présentant deux oscules arrondis,

très nets et des pores plus serrés à la périphérie qu'au centre.

Etage Sénonien : Commun dans les Charentes.

263. **H. (Pironæa) organisans**, Montfort (Pl. XVI, fig. 4, 5). — Arête cardinale courte et épaisse, sur face externe sillonnée profondément, il en résulte des côtes qui sont elles-mêmes striées verticalement.

Etage Sénonien : Alais, le Beausset (Var), Corbières, Martigues, Piolen.

Lucinidæ.

264. **Lucina gigantea**, Desh. (Pl. XV, fig. 2). — Coquille très grande, orbiculaire, quelquefois subradiée, ponctuée intérieurement, charnière sans dents, nymphe très grande; cette espèce peut atteindre de 9 à 10 centimètres de diamètre.

Etage Parisien : calcaire grossier des environs de Paris, Chaumont, Liancourt, Mouchy, Parnes, etc.

265. **Lucina saxorum**, Lmk. (fig. 162). — Coquille orbiculaire, subanguleuse postérieurement, surface externe présentant de nombreuses stries concentriques très fines et très serrées. Crochet très petit, recourbé, charnière avec deux dents cardinales très petites, dents latérales presque nulles, intérieur des valves présentant quelquefois des ponctuations sur les vieux individus.

Etage Parisien : extrêmement abondante dans le calcaire grossier supérieur des environs de Paris, Parnes, Vaugirard, Mouchy, Courtagnon, Damery, Grignon, etc., etc.

266. **Lucina concentrica**, Lmk. (fig. 163). — Sensi-

blement de même taille que la précédente, orbiculaire, un peu convexe, à lamelles concentriques élevées, distinctes, entre lesquelles on distingue de très fines stries longitudinales, quelquefois nulles.

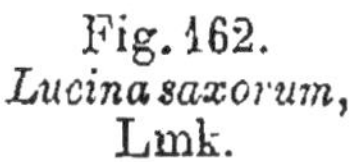

Fig. 162. *Lucina saxorum*, Lmk.

Fig. 163. — *Lucina concentrica*, Lmk.

Fig. 164. *Lucina Heberti*, Desh.

Calcaire grossier où elle est commune à Chaumont, Parnes, Mouchy, Lattainville, etc.

267. **Lucina Heberti**, Desh. (fig. 164). — Espèce de petite taille, lenticulaire, à côté postérieur tronqué obliquement. La surface externe est ornée de stries transverses très fines, très nombreuses, serrées mais irrégulières comme des stries d'accroissement.

Etage Stampien : commune dans les sables tongrien, des environs d'Etampes : Jeurre, Morigny, etc.

Fig. 156. *Lucina columbella*, Lmk.

268. **Lucina columbella**, Lmk. (fig. 165). — Coquille suborbiculaire, convexe, gibbeuse, présentant près du bord postérieur un sillon large et profond; crochets proéminents, obliques, arqués; surface externe des valves ornée de sillons concentriques, fortement accusés.

Etage Burdigalien : faluns du Sud-Ouest, Saucats, (Gironde).

269. **Fimbria lamellosa**, Lmk. sp. (Pl. XV, fig. 1). —

Coquille d'assez grande taille, transverse elliptique, à surface externe treillissée, c'est-à-dire ornée de lamelles transverses élevées, un peu écartées, entre lesquelles on voit des tries longitudinales, épaisses et peu serrées.

Etage Parisien : Calcaire grossier, Courtagnon, Grignon, Mouchy, Parnes, etc., etc.

Cardiidæ.

270. **Cardium corallinum,** Leym. (fig. 166). — Coquille ovale, transverse, subquadrangulaire, épaisse, inéquilatérale; présentant à la partie postérieure une dépression prolongée en une extrémité subarrondie. Bord palléal arrondi, avec un léger sinus postérieur correspondant à la dépression cidessus indiquée. Surface externe ornée de côtes rayonnantes nombreuses, épaisses, striées concentriquement. Crochets légèrement recourbés; bord cardinal court. Deux fortes dents cardinales inégales, à chaque valve. Impressions musculaires fortes.

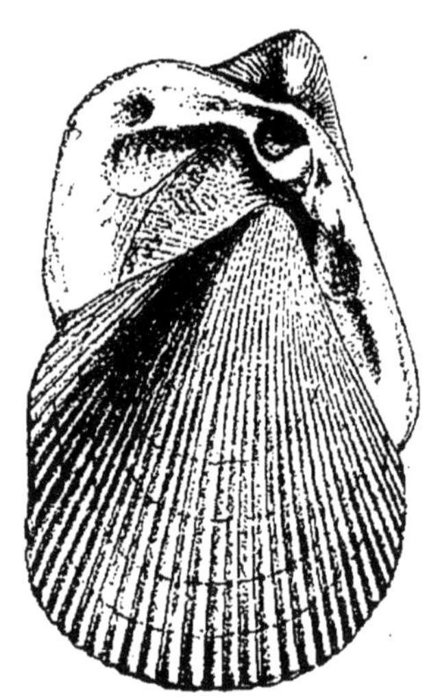

Fig. 166.
Cardium corallinum, Leym.

Etage Séquanien : Saint-Mihiel, Tonnerre, Wagnon, la Rochelle, Oyonnax, Saulce-aux-Bois, Châtel-Censoir.

271. **Cardium porulosum,** Lmk. (fig. 167). — Coquille cordée, presque équilatérale; bord postérieur présentant sur toute sa longueur des dents ligulaires très

fortes. Côtes longitudinales portant une carène lamelleuse, crénelée, et poruleuse à la base.

Calcaire grossier : commun à Chaumont, le Vivray, Courtagnon, Parnes, Houdan.

Sables moyens : Acy-en-Multien, Beauchamp, Senlis, Valmondois, etc.

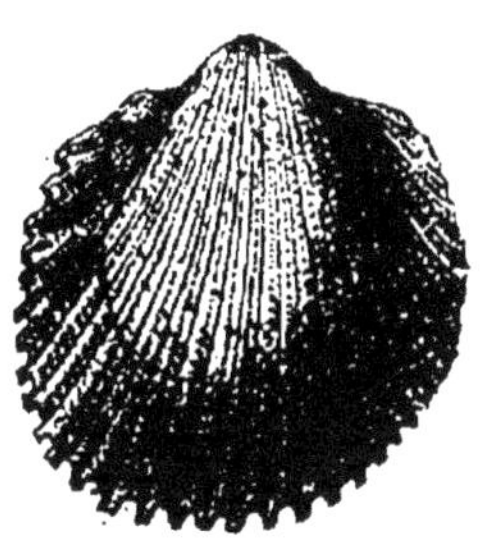

Fig. 167. — *Cardium porulosum*, Lmk.

Fig. 168. — *Cardium obliquum*, Lmk.

272. **Cardium obliquum**, Lmk. (fig. 168). — Coquille de taille médiocre, cordiforme oblique, un peu anguleuse postérieurement portant des côtes assez nombreuses un peu écailleuses, il est rare d'ailleurs de rencontrer des individus sur lesquels on puisse bien voir ses écailles. Bords des valves crénelés à la face interne.

Etage Parisien, commun dans le calcaire grossier : Courtagnon, Grignon, Mouchy, Parnes, etc., et dans les Sables Bartoniens : Baron, Beauchamp, Ermenonville, Senlis, Valmondois et Ver, etc.

273. **Cardium Burdigalinum**, Lmk. (fig. 169). — Coquille cordée, épaisse, subéquilatérale, bâillante postérieurement; surface externe des valves ornée de côtes rayonnantes anguleuses, les antérieures crénelées

squameuses, les médianes mutiques, c'est-à-dire sans pointes ni épines, les postérieures, au contraire chargées d'épines longues et pointues, les bords des valves sont profondément dentelés, surtout vers la partie bâillante.

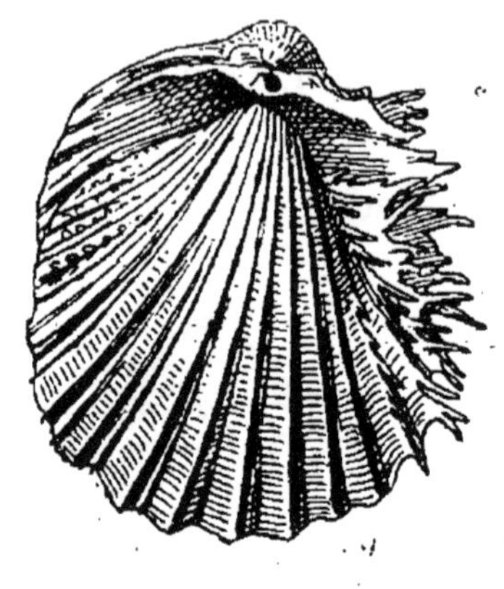

Fig. 169. — *Cardium Burdigalinum*, Lmk.

Etage Aquitanien : très commun dans les faluns coquilliers des environs de Bordeaux, surtout à Mérignac.

274. **Cardium Andræ**, Bast. (fig. 170). — Jolie espèce de taille médiocre, ovale, un peu transverse, subéquilatérale, les valves sont bombées et ornées extérieurement de quinze à dix-sept côtes longitudinales,

Fig. 170. *Cardium Andræ*, Bast.

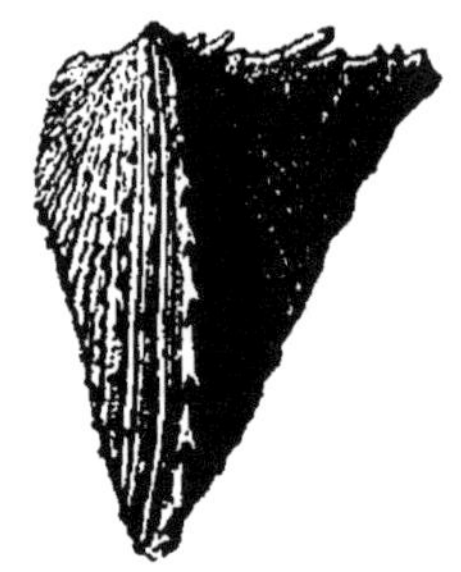

Fig. 171. — *Cardium avicularis*, Lmk.

fortes, épaisses et assez fortement hérissées; les espaces qui séparent ces côtes, presque aussi larges qu'elles, sont très finement striés transversalement, les stries sont onduleuses et augmentent sur les côtés des côtes. A l'intérieur les valves sont fortemen sillonnées longitudinalement; charnière très étroite.

Etage Helvétien : faluns de Touraine, Pontlevoy, Manthelan, Ferrière-l'Arçon.

275. C. (**Hemicardia**) **avicularis**, Lmk. (fig. 171). — Coquille cordée, presque triangulaire, chacune des valves portant une forte carène sur le milieu, très aiguë et unie au sommet, devenant plus large et fortement hérissée et squameuse vers l'angle inférieur. Surface ornée de sillons longitudinaux légèrement carénés et portant dans la portion antérieure quelques aspérités.

Calcaire grossier : Chambord, Grignon, Lattainville, Mouy, Ully-Saint-Georges.

Cyrenidæ.

275. **Cyrena cuneiformis**, de Ferussac (fig. 172). — Coquille épaisse, bombée, oblique, bord antérieur assez régulièrement arrondi, bord postérieur plus ou moins acuminé subanguleux, surface ornée de nombreuses stries d'accroissement irrégulières. Deux dents cardinales sur une valve, trois sur l'autre.

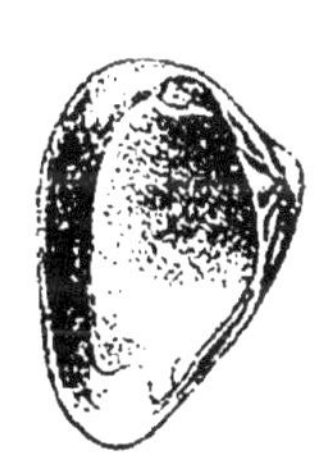

Fig. 172. — *Cyrena cuneiformis*, de Fer.

Très caractéristique et très abondante dans les lignites du Soissonnais.

276. **Cyrena tellinella**, de Ferussac (Pl. XIV, fig. 8). — Coquille ovale allongée, transverse, inéquilatérale, épaisse, déprimée, toute lisse; crochets petits, deux petites dents cardinales sur chaque valve, dents latérales grandes, striées obliquement.

Etage Sparnacien : Disy, Ay, près Epernay, Sinceny, etc.

277. **Cyrena Gravesi**, Desh. (fig. 173). — Coquille ovale, obronde, cordiforme, oblique, lisse, le test est relativement mince; les crochets sont grands et recourbés. Deux dents cardinales sur chaque valve, dent latérale postérieure très allongée et sillonnée.

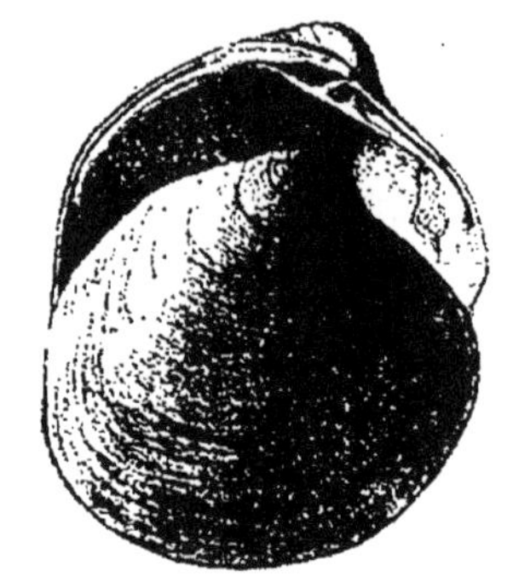
Fig. 173. — *Cyrena Gravesi*, Desh.

Etage Yprésien. très commune dans les sables de Cuise : Cuise Lamotte, Trosly-Breuil, Pierrefonds, Mercin, etc.

278. **Cyrena deperdita**, Desh. (fig. 174). — Ovale ventrue, oblique, subtrigone, surface externe présentant des plis épais. Crochets grands, enflés, recourbés. Trois dents cardinales sur la valve gauche, deux sur la droite; dents latérales presque égales, épaisses.

Fig. 174. *Cyrena deperdita*, Desh.

Sables Bartoniens où elle est très commune à Beauchamp, Ecouen, etc.

279. **Cyrena convexa**, Brong. sp. (fig. 175). — Cette espèce que l'on ne trouve que rarement munie de son test, est ovale triangulaire oblique, à bord antérieur assez régulièrement arrondi, le postérieur plutôt un peu anguleux. Les crochets sont arrondis. La surface externe, quand le test existe, montre de nombreuses stries concentriques, plus ou moins serrées et irrégulières, peu profondes.

Etage Ludien : extrêmement abondant dans les

marnes jaunes supragypseuses des environs de Paris, Fresnes, Montmorency, Argenteuil, Romainville, etc.

Fig. 175. — *Cyrena convexa*, Brong.

Cyprinidæ.

280. **Cyprina scutellaria**, Lmk. (Pl. XV, fig. 10). — Belle et grande coquille, très fragile, relativement mince, un peu plane, ovale transverse, surface ornée de quelques stries d'accroissement distantes les unes des autres.

Etage Suessonien : sables de Bracheux, Abbeville, Noailles, etc.

Sinupalliata.

Ligne palléale offrant un sinus plus ou moins prononcé.

Veneridæ.

281. **Venus clathrata**, Dujard. (fig. 176). — Belle espèce ovale, oblongue, transversalement bombée; surface externe des valves ornée de côtes concentriques épaisses, élevées, un peu irrégulières, séparées les unes des autres par des intervalles chargés de stries longitudinales serrées, assez profondes, qui sur les

individus bien conservés passent sur les côtes concentriques et donnent alors à la coquille un aspect treillissé, sur les côtés postérieurs et antérieurs de la valve ces sillons, plus accentués, font paraître les lamelles concentriques comme plissées, presque tuberculeuses. La charnière est très développée et intérieurement le bord des valves est très finement crénelé.

Fig. 176. — *Venus clathrata*, Duj.

Etage Helvétien : faluns de la Touraine et de l'Anjou. Se trouve aussi dans le Stampien à Pierrefitte.

282. **Venus Basteroti**, d'Orb. (fig. 177). — Beaucoup plus petite que la précédente, cette espèce est subtri-

Fig. 177. — *Venus Basteroti*, d'Orb.

Fig. 178. *Cytherea semisulcata*, Lmk.

gone pointue au sommet arrondi sur le bord palléal, le côté antérieur des valves, concave, le postérieur presque droit; surface externe ornée de six à huit fortes côtes concentriques, épaisses, élevées, très espacées les unes des autres entre lesquelles on distingue quelquefois de très fines stries concentriques irrégulières. Charnière très réduite; sinus palléal peu profond.

Même gisement, et mêmes localités que la précédente.

283. **Cytherea semisulcata**, Lmk. (fig. 178). — Coquille ovale, trigone, côté postérieur présentant un méplat assez large, face supérieure de la coquille ornée de forts sillons transverses qui partent du bord postérieur et ne dépassent pas le quart de la largeur totale de la valve.

Etage Lutétien : très commune dans le calcaire grossier des environs de Paris.

284. **Cytherea lævigata**, Nyst. (fig. 179). — Coquille oblongue, très allongée, transversalement lisse, très brillante, les crochets sont obtus et recourbés ; charnière étroite; lunule étroite, allongée.

Fig. 179. — *Cytherea lævigata*, Nyst. Impression palléale.

Fig. 180. — *Cytherea nitidula*, Lmk. Impression palléale.

Le sinus palléal est très accusé, profond, comme tronqué au sommet; cette espèce est remarquable par le brillant de ses valves, qui le plus souvent ont conservé des traces de leur coloration primitive.

Très commune dans le calcaire grossier: Courtagnon, Grignon, Houdan, Mouchy, Parnes, etc., et les sables moyens : Acy-en-Multien, Beauchamp, Lisy, Tancrou, Valmondois.

285. **Cytherea nitidula**, Lmk. (fig. 180). — Belle coquille, plus grande et moins transverse que la précédente; elle est ovale, convexe, inéquilatérale, ornée extérieurement de stries transverses extrêmement fines qui sont surtout visibles vers la lunule et le corselet; les valves sont le plus souvent très brillantes et montrent encore des traces de leur coloration.

Abondante dans le calcaire grossier et dans les mêmes localités que l'espèce précédente.

286. **Cytherea trigonula**, Desh. (fig. 181). — Belle espèce d'assez grande taille, trigone, subéquilatérale, lisse ou un peu striée concentriquement à l'extérieur des valves; crochets petits, acuminés, obliques, lunule profonde; charnière tridentée, dent latérale grande, prolongée.

Sables Bartoniens : Acy-en-Multien, Ermenonville, Nanteuil-le-Haudoin, Valmondois, etc., etc.

Fig. 181. — *Cytherea trigonula*, Desh. Impression palléale.

Fig. 182. *Cytherea elegans*, Lmk.

287. **Cytherea elegans**, Lmk. (fig. 182). — Coquille petite, ovale, inéquilatérale, subtransverse; crochet

petit, peu saillant, peu recourbé. Surface externe ornée de stries épaisses, distantes, régulières, arrondies, qui diminuent insensiblement du bord vers le croche. Lunule ovale. Charnière courte et étroite, trois dents cardinales sur la valve droite, deux sur la gauche, dent latérale très voisine des cardinales.

Etage Lutétien : calcaire grossier de Chaumont, Courtagnon, Damery, Grignon, Houdan, Parnes, Plaisir, etc.

Etage Bartonien : sables moyens de Acy, Beauchamp, Ermenonville, Pierrelaye, Valmondois.

288. **Cytherea incrassata**, Sow. (Pl. XIV, fig. 5). — Coquille presque orbiculaire, aussi haute que large, très oblique, très inéquilatérale; crochets renflés, recourbés vers la lunule qui est en cœur, fort grande, et indiquée par une strie. Surface externe lisse ou substriée par des accroissements irréguliers. Les trois dents cardinales de la charnière sont épaisses, divergentes, dent latérale rudimentaire.

Sables de Fontainebleau. Très abondante aux environs d'Etampes. Jeurres, Morigny, Etrechy, etc., etc.

289. **Cytherea splendida**, Mérian (Pl. XIV, fig. 4). — Est très voisine, comme forme générale de C. lœvigata, citée plus haut. Les crochets sont épais, obliques; la lunule est un peu concave, ovale acuminée. La charnière, étroite, se compose de trois dents cardinales inégales; sur la valve droite la dent postérieure est profondément bilobée; les dents latérales sont allongées, comprimées. Le sinus palléal est profond.

Etage Stampien, très abondante dans les sables de Fontainebleau : à Jeurres, Morigny, Pierrefitte, etc.

Tellinidæ.

290. **Tellina rostralis**, Lmk. (fig. 183). — Belle espèce assez grande, très allongée transversalement, côté antérieur arrondi, le postérieur rétréci en bec biangulaire; surface ornée de lignes concentriques très fines et très serrées.

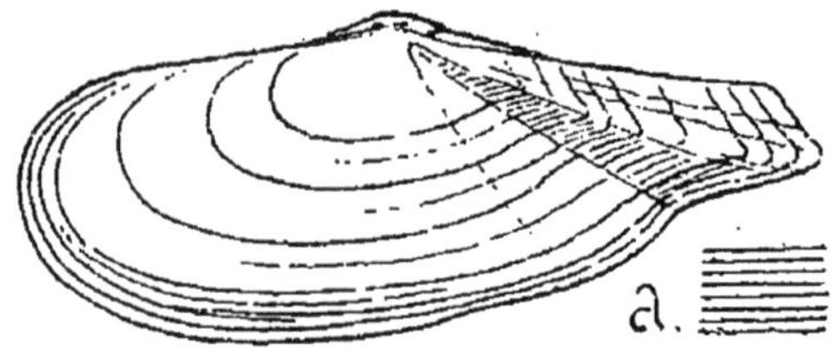

Fig. 183. — *Tellina rostralis*, Lmk. — *a.* portion du test très grossie.

Chaumont, Grignon, Liancourt, Mouchy, Parnes.

Pholadomyidæ.

291. **Pholadomya gibbosa**, d'Orb. (Pl. XIV, fig. 1). — Coquille gibbeuse, très inéquilatérale, à côté antérieur court, arrondi, le postérieur environ trois fois plus long et un peu recourbé; la hauteur de la coquille est sensiblement égale à la moitié de la longueur. Les crochets sont très recourbés et pointus; surface externe des valves ne présentant pas d'ornements.

Etage Bathonien : Bucilly (Aisne), Montange Nantua, (Ain), Ranville (Calvados), Rumigny (Ardennes), Vezelay (Yonne), etc., etc.

292. **Pholadomya Murchisoni**, Sow. (Pl. XIV, fig. 2). — Coquille ovoïde, à crochets épais; côté antérieur court et arrondi, le postérieur un peu atténué en coin; sur le milieu des flancs des tubercules allongés sont

rangés en séries longitudinales formant six ou sept côtes larges, obtuses, celles qui sont voisines du bord antérieur sont les plus développées; à l'extrémité postérieure ces côtes disparaissent et on ne voit plus alors que quelques stries d'accroissement.

Etage Callovien : Bussy, Marquise, Nantua, Saint-Aubin, Tronsanges, Vézelay.

293. **Pholadomya Protei**, Defr. (Pl. XIV, fig. 3). — Belle espèce, de grande taille, ovale, très fortement bombée, subtrigone, atténuée en arrière; le milieu des flancs présente six à huit côtes saillantes; les bords antérieurs et postérieurs sont régulièrement arrondis.

Etage Kimmeridgien : les Vaches-Noires (Calvados), Saint-Sauveur (Yonne), le Havre, Châtelaillon, Saint-Jean-d'Angély, etc.

294. **Pholadomya ludensis**, Desh. (fig. 184). — Coquille ovale, oblongue, transverse, enflée inéquilatérale, côté antérieur large, côté postérieur plus allongé et arrondi; des crochets, qui sont arrondis, partent des côtes longitudinales plus ou moins accusées, assez épaisses et espacées les unes des autres, elles n'occupent environ que les deux tiers antérieurs de la valve, elles sont recoupées par des plis transverses inégaux assez épais qui occupent toute la largeur de la coquille. Se rencontre le plus souvent aplatie, écrasée et plus ou moins déformée.

Fig. 184. *Pholadomya ludensis*, Desh.

Etage Ludien, marnes infragypseuses : Argenteuil, Ludes (Marne), etc.

Mactridæ.

295. **Mactra semisulcata**, Lmk. (fig. 185). — Coquille ovale trigone, subéquilatérale, oblongue transverses mince, fragile, un peu comprimée, lisse ou plutôt un peu striée irrégulièrement, bord antérieur atténué, presque acuminé, le postérieur obtus; crochets aigus, peu proéminents, lunule grande, plissée élégamment, charnière étroite, courte, dents latérales bien développées, l'antérieure plus longue que la postérieure; sinus palléal court, oblique, semi-ovale.

Calcaire grossier et sables moyens. Abondante dans ces deux formations : Chaumont, Grignon, Houdan, le Ruel, la Chapelle-en-Serval, Valmondois.

Fig. 185. — Charnière de *Mactra semisulcata*, Lmk. (Valve gauche.)

Fig. 186. Charnière de *Corbula gallica*, Lmk. (Valve gauche.)

Myidæ.

296. **Corbula gallica**, Lmk. (fig. 186). — La plus grande espèce de nos environs, elle peut atteindre 4 centimètres de longueur. Coquille transverse, ovale trigone, ventrue ou bombée à valves inégales, la droite plus grande, lisse, avec une dent cardinale naissant au-dessous du bord cardinal et se redressant vers le crochet; valve gauche plus petite, avec quelques rides longitudinales, peu marquées et écartées les unes des

autres; à la charnière de cette valve se voit une fossette assez profonde pour le logement de la dent de l'autre valve, fossette qui est suivie par une forte dent cardinale, droite et perpendiculaire au plan de la valve.

Grignon, Parnes, Fontenay-Saint-Père, S. M. Beauchamp, la Chapelle-en-Serval, Ermenonville, Tancrou, Ver, Valmondois.

297. **Corbula anatina**, Lmk. (fig. 187). — Coquille transverse, ovale elliptique, élégamment striée en travers; le côté postérieur forme un bec un peu large, obtus et subtronqué. Valves convexes en dehors, minces, une dent cardinale relevée sur chacune d'elle, placée à côté de la cavité qui reçoit la dent de l'autre valve. Surface externe élégamment striée, moins sur la valve droite que sur la gauche.

Fig. 187. — *Corbula anatina*, Lmk.

Etage Lutétien : calcaire grossier Grignon, Houdan, ferme de l'Orme et dans les caillasses à Arcueil. Vaugirard, etc.

Etage Bartonien : sables moyens, Senlis.

298. **Corbulomya triangula**, Nyst. (Pl. XIV, fig. 9). — Coquille oblongue, trigone, subéquilatérale, un peu convexe, lisse, également déclive en avant et en arrière, anguleuse, obtuse et la partie postérieure qui est peu convexe.

Charnière de la valve droite à dent cardinale grande, à peine oblique, bifide; la fossette est large et profonde; sur la valve gauche la dent antérieure est nulle, la postérieure courte, étroite, oblique; les impressions musculaires sont réduites, éloignées du bord des valves.

Etage Stampien : sables de Fontainebleau. Cette espèce est surtout répandue dans l'horizon de Pierrefitte.

Pholadidæ.

299. **Teredina personata**, Lmk. (fig. 188). — Coquille composée de deux valves petites, globuleuses, trilobées

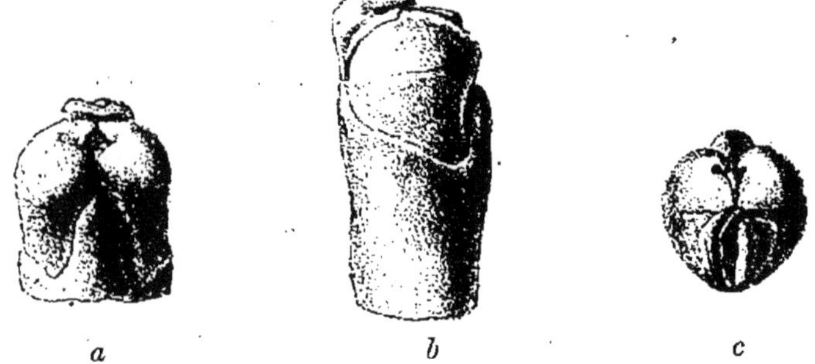

Fig. 188. — *Teredina personata*, Lmk. — *a*, vue du dessous. — *b*, de profil. — *c*, vue du devant. — Un peu réduit.

à surface striée concentriquement, avec un pli oblique allant du crochet au bord inférieur. La coquille est soudée en arrière à un tube calcaire épais; elle présente une plaque accessoire sur le dos, couvrant les crochets, une autre plaque située en avant ferme la coquille. Sous les crochets, à l'intérieur, une lame en cuilleron.

Très commun dans les lignites de l'étage Sparnacien, Cuis, Mont-Bernon, environs d'Epernay (Marne).

§ 2. — Gastropodes.

Relativement peu nombreux dans les formations primaires et secondaires, les gastropodes n'acquièrent vraiment une réelle importance que pendant l'ère tertiaire, c'est dans les sédiments de cette époque qu'il faut les rechercher et l'on peut en recueillir de fort belles collections dans les couches sableuses des environs de Paris et dans les faluns de la Touraine et de l'Aquitaine.

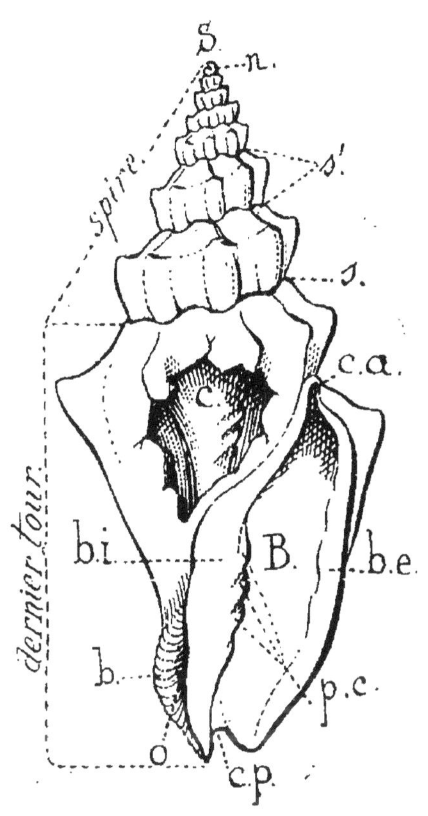

Fig. 189. — *Voluta muricina* ; — S., sommet de la coquille, occupé par le nucleus (*n*); — *s. s'*, sutures des tours de spire; — B. ouverture, appelée improprement bouche; — *c. a.*; son canal antérieur; — *c. p.*, son canal postérieur; — *b. e.*, bord externe ou labre; — *b. i.*, bord interne ou columellaire; — *p. c.*, plis columellaires; — *o.*, ombilic; — *b.*, bourrelet de l'ombilic. — Le dernier tour a été en partie brisé pour montrer la columelle (*c*).

La figure 189 montre les parties de la coquille des gastropodes, les plus importantes à connaître, comme étant celles qui fournissent les principaux caractères énumérés dans les diagnoses de genres et d'espèces :

Le dernier tour a été en partie brisé, pour montrer la columelle (*c*).

Dans les descriptions qui suivent nous appellerons plis, côtes, sillons, etc., *longitudinaux*, les ornements qui courent parallèlement aux sutures des tours de spires, c'est-à-dire aux bords de ces tours s'ils étaient déroulées ; au contraire nous considérons comme *transverses* ces mêmes ornements quand ils sont plus ou moins perpendiculaires aux premiers et qu'ils partent d'une suture, soit verticalement, soit obliquement, pour aller rejoindre l'autre; on appelle carène, l'angle plus ou

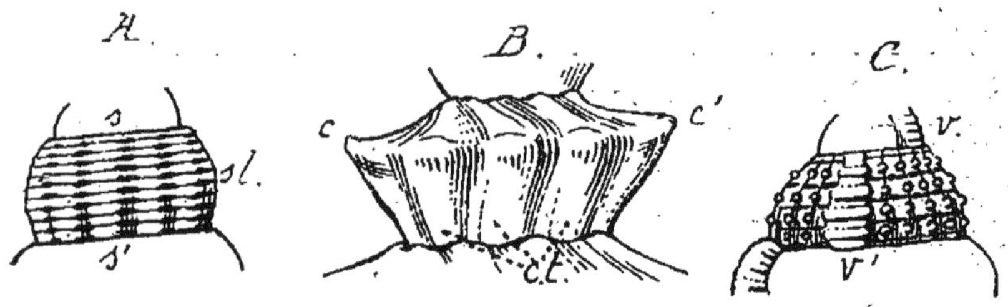

Fig. 190. — A. *s. s'*, sutures ; — *sl.*, sillons longitudinaux. — B. *c. c.*, carène; — *c. t.*, cotes transverses. — C. tour de spire portant des varices (*v. v'*), des stries longitudinales et des tubercules formant des côtes transverses.

moins aigu formé sur le profil des tours de spire soit par des côtes, des bourrelets ou des épines, soit simplement par un renflement du contour même (voyez fig. 190).

PROSOBRANCHES

Pleurotomariidæ.

300. **Pleurotomaria conoidea**, Desh. (Pl. XVII, fig. 2). — Coquille conoïde, pyramidale, élégamment striée en long et en travers; stries très fines; tours de spire subconcaves, bordés à leur base par un bourrelet élégamment crénelé. Ouverture quadrangulaire, à fissure courte, large, simple; ombilic médiocrement enfoncé, imperforé.

Étage Bathonien : Moutiers, Curcy, et nombreuses localités des environs de Bayeux.

301. **Pleurotomaria armata**, Münst (Pl. XVII, fig. 1). — Belle espèce en cône peu élevé large à la base, spire composée de six tours, les trois premiers convexes, presque lisses, les autres anguleux vers le haut, ornés, sur l'angle et à la base, d'une rangée de gros tubercules oblongs disposés obliquement; présentent de plus sur toute leur étendue, des stries longitudinales onduleuses qui passent sur les tubercules. La fissure occupe le milieu des tours, elle est assez large et profonde.

Étage Bajocien : Bayeux, Curcy, Moutiers, etc.

Bellerophontidæ.

302. **Bellerophon bicarenus**, Léveillé (fig. 191). — Coquille globuleuse, très élargie à stries serrées, aiguës, saillantes, partant obliquement de la bande carénale à l'ombilic, qui est ouvert. Bouche large peu arquée à labre entaillée au milieu par une fissure peu prolongée. Bande carénale aplatie, ornée de deux côtes saillantes sur les côtés, le méplat orné de stries arquées qui correspondent aux arrêts d'accroissement de la fente.

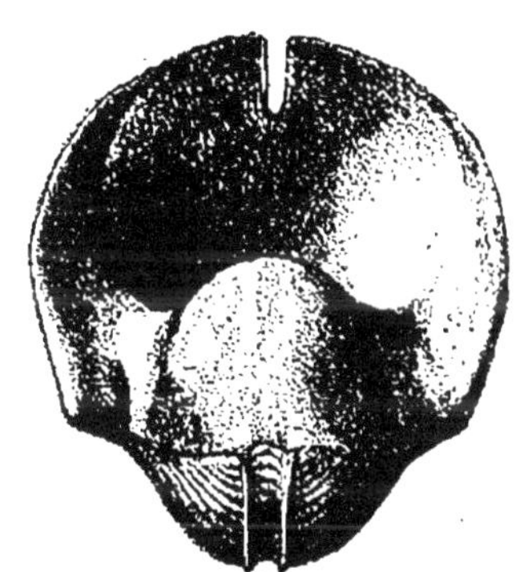

Fig. 191. — *Bellerophon bicarenus*, Lév.

Étage Carboniférien.

Trochidæ.

303. **Turbo Parkinsoni**, Bast. (fig. 192). — Belle espèce dont les tours sont ornés de gros sillons ainsi

répartis : deux, granuleux sur les premiers tours, trois sur l'avant dernier et huit sur le dernier qui est fortement ombiliqué; de plus, la surface de la coquille présente des stries longitudinales et obliques un peu onduleuses qui sont très serrées et très nombreuses; entre la suture et le premier bourrelet il existe un rang de gros tubercules arrondis. Bouche arrondie, à bords très épais, columelle relativement mince, divisée, par un sillon, en deux parties inégales.

Fig. 192. — *Turbo Parkinsoni*, Bast. (De face et de dessus.)

Étage Stampien : très répandu dans les marnes et les faluns de Gaas.

304. **Turbo muricatus**, Duj. sp. (fig. 193). — Élégante coquille orbiculaire, subconoïde, un peu déprimée en dessus, à tours de spire plissés noduleux supérieurement présentant à leur base une couronne d'épines très courtes et imbriquées; le dernier tour est anguleux à la circonférence et présente, à cet endroit, trois carènes épineuses dont la plus élevée est la plus forte, ces carènes portent de courtes épines subsquameuses. En dessous la coquille est ornée de trois ou quatre rangs circulaires de granulations fortes et régulières. L'ouverture arrondie présente une columelle calleuse à la base qui est imperforée, et un bord externe oblique et tranchant.

Fig. 193. — *Turbo muricatus*, Duj.

Étage Helvétien : faluns de la Touraine ; cette espèce, souvent roulée, est très commune à Ferrière-l'Arçon.

305. **Eunema capitaneus**, Münst. (Pl. XVII, fig. 3). — Belle coquille ovale imperforée, dont l'angle spiral est de 58°. Tours convexes, les supérieurs plissés transversalement et portant deux côtes longitudinales composées de gros tubercules. Le dernier tour présente 7 de ces côtes dont les plus fortes sont situées sur la plus grande convexité du tour. L'ouverture est ovale à bords simples.

Étage Toarcien : à Montservant (Jura), très commune à la Verpillière (Isère), Millau (Aveyron), les Dourbes (Basses-Alpes).

306. **Eunema ornatus**, Sow. (Pl. XVII, fig. 4.) — De plus petite taille que le précédent, plus haute que large, conique, tours de spire striés verticalement et ornés de trois ou quatre carènes longitudinales et tuberculeuses, dont celle du milieu est la plus développée ; les tubercules sont un peu aplatis et réunis en une carène continue par de petites saillies longitudinales. Base du dernier tour ornée de trois ou quatre carènes composées de gros tubercules. Ouverture entière.

Fig. 194. *Delphinula scobina*, Brong.

Étage Liasien : May, Sully (Calvados).

307. **Delphinula scobina**, Brong. sp. (fig. 194). — Coquille à sommet aplati, mais, comme les deux derniers tours s'allongent beaucoup la hauteur totale est assez grande. Cinq tours de spire aplatis en dessus et couronnés par une rangée de

grandes épines triangulaires chargées de stries fines et divergentes. En dessous, la coquille est régulièrement convexe, ouverte au centre par un très grand ombilic dans lequel on aperçoit tous les tours de spire. Toute la surface est chargée d'un grand nombre de sillons transverses, rapprochés, inégaux sur lesquels se relèvent un grand nombre de fines écailles redressées et courbées en gouttières.

Les sillons qui se montrent à la partie supérieure des tours entre la suture et le bord dentelé sont rendus onduleux par de petites côtes longitudinales qui vont en rayonnant de la suture vers le bord. Sur ces sillons les écailles sont beaucoup moins nombreuses que sur ceux de dessous.

Commune dans le calcaire à Astéries de Saint-Émilion et à Dax, Gaas, Cazordite, Lanneilles, etc.

308. **Trochus monilifer**, Lmk. (Pl. XIX, fig. 11). — Coquille en cône court, haute de 2 centimètres, pointue au sommet. Chaque tour de spire offre 4 rangées transverses de tubercules granuleux assez égaux ressemblant aux rangs d'un collier. On voit, sur la base aplatie de la coquille, 8 rangées circulaires et concentriques de petits grains, et de fines stries rayonnantes qui les traversent. Columelle arquée, tronquée, courante sur le bord de l'ouverture.

Fig. 195. — *Trochus incrassatus*, Desh.

Étage Bartonien : fréquent au Guespelle et à Louvres.

309. **Trochus incrassatus**, Desh. (fig. 195). — Coquille épaisse, à spire composée de 6 tours presque plans,

séparés par une suture bien accusée, un peu canaliculée chez certains individus. Les tours sont ornés de sillons longitudinaux profonds, sur le dernier tour qui est subanguleux à la base, ces sillons laissent des bourrelets inégaux, un gros alternant avec un petit, la base est également sillonnée longitudinalement et perforée par un ombilic profond. Le bord externe de l'ouverture est tranchant.

Étage Helvétien : très commun dans les faluns de la Touraine, à Pontlevoy, Manthelan, Ferrière-l'Arçon, etc.

Neritidæ.

310. **Nerita tricarinata**, Lmk. (fig. 196). — Coquille de petite taille, presque globuleuse, portant trois carènes transverses, le sommet de la spire est émoussé. L'ouverture a ses bords dentés des deux côtés. Très fréquemment on rencontre des individus qui présentent encore des traces de la coloration qui était très élégante.

Fig. 196. *Nerita tricarinata*, Lmk.

Très répandu dans les sables Bartoniens des environs de Paris.

311. **N. (Velates) Schmideliana**, Chemnitz (fig. 197). — Coquille épaisse, solide, pouvant atteindre une très forte taille, elle est conique, ne montrant que l'extrémité de sa spire. Le dernier tour est très grand à base presque plane, et la bouche, semi-lunaire, présente 8 fortes dents à la columelle. Souvent cette espèce laisse voir des restes de sa coloration.

Étage Suessonien. Sables glauconifères du Laonnais

et du Soissonnais : Trosly-Breuil, Cuise-Lamotte, Mercin, Laon, Houdainville, Pierrefonds, etc., etc.

312. **N. (Otostoma) ponticum,** d'Arch. (Pl. XVII, fig. 10). — Coquille presque globuleuse à spire latérale. Le dernier tour, grand, porte sur sa partie supérieure des sillons falciformes qui sont recoupés par des lignes spirales très fines. Columelle calleuse.

Étage Danien : Larcan (Haute-Garonne).

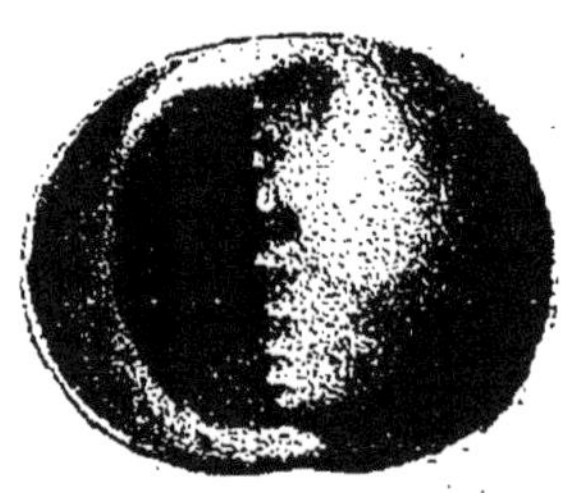

Fig. 197. — *Nerita Schmideliana*, Chem. (Profit et dessous.)

Solariidæ.

313. **Solarium canaliculatum,** Lmk. (fig. 198 *a*). – Charmante espèce à coquille orbiculaire, convexe ornée en dessus et en dessous de sillons longitudinaux granuleux; la spire se compose de 8 tours aplatis séparés les uns des

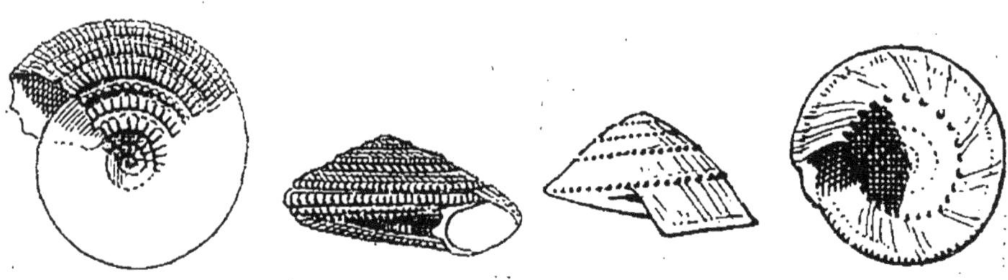

Fig. 198 *a*. *Sclarium canaliculatum*, Lmk.

Fig. 198 *b*. *Solarium patulum*, Lmk.

autres par une suture creusée en gouttière, bordée en dessous par une strie granuleuse plus grosse que les autres; le dernier tour présente une forte carène à sa circonférence; l'ombilic est large, bordé par un petit bourrelet granuleux. L'ouverture est arrondie, subquadrangulaire, les bords sont minces et tranchants.

Étage Lutétien : commune dans le calcaire grossier, à Grignon, par exemple.

314. **Solarium patulum**, Lmk. (fig. 198*b*). — Coquille orbiculaire un peu convexe en dessous, à spire aplatie composée de tours peu nombreux, lisses, crénelés au bord supérieur. Le dernier tour est caréné au milieu et crénelé. L'ombilic est profond, évasé, la bouche est subquadrangulaire à bords lisses.

Calcaire grossier : Chaumont, Courtagnon, Saint-Félix, Grignon, Mouchy, Parnes, le Vivray, etc.

315. **Discohelix sinister**, d'Orb. sp. (Pl. XVII, fig. 5, 6, 7). — Coquille senestre, ayant la forme aplatie d'un Planorbe, tours concaves en dessus, carénés en dessous, crénelés des deux côtés sur la carène. Bouche subquadrangulaire, un peu plus haute que large.

Étage Liasien : Fontaine-Etoupefour et May (Calvados).

316. **Bifrontia bifrons**, Desh. (fig. 199). — Curieuse coquille, discoïde, aplatie en dessus, largement ombiliquée en dessous, présentant sur le pourtour deux carènes obtuses. Le dernier tour enveloppe et recouvre les autres, tous sont lisses, ornés seulement de quelques stries d'accroissement. L'ombilic est bordé de petites dents aiguës.

Fig. 199. *Bifrontia bifrons*, Desh.

Étage Lutétien : calcaire grossier de Courtagnon, Grignon, Mouchy, Parnes.

Turritellidæ.

317. **Turritella edita**, Sow. (fig. 200). — Remarquable par sa spire très allongée et très pointue au sommet, ses tours nombreux scalariformes anguleux à la base, ornés de lignes transverses spirales, d'inégales grosseurs, qui demeurent granuleuses à leur point d'intersection avec les stries d'accroissement qui sont fines, nombreuses, et très serrées; ces stries permettent de juger de la forme de l'ouverture qui présentait, au bord externe, un large sinus médian. Étage Yprésien.

Fig. 200. *Turritella edita*, Sow.

318. **Turritella carinifera**, Desh. (Pl. XIX, fig. 2). — Tours de spire terminés à la base par une carène aiguë et saillante au-dessus de la suture; leur surface est ornée de stries inégales, inégalement espacées, des fines alternant avec des plus grosses, toutes un peu granuleuses. Carène ordinairement simple et lisse. Ouverture ovale, subquadrangulaire. Columelle étroite et mince, un peu tordue vers la base et se terminant par un angle que la sinuosité du bord antérieur rend plus saillant; bord droit mince et tranchant, presque toujours mutilé, portant un sinus médian très prononcé et à extrémité antérieure en forme de petite oreillette. Longueur 16 centimètres.

Étage Parisien : Chaumont, Saint-Félix, Hermes, Houdan, Mouchy, Parnes, Biarritz et Fandon (Hautes-Alpes), etc.

319. **T. (Peribolus) sulcifera**, Desh. (Pl. XIX, fig. 1).

— Cette espèce est l'une des plus grandes et des plus remarquables des environs de Paris, elle est allongée très pointue au sommet, et sa spire est formée de 20 à 22 tours. Ces tours sont convexes, les premiers sont striés, mais, à mesure que la coquille s'accroît, ses stries se changent peu à peu en sillons transverses, inégaux, réguliers, au nombre de 10 ou 12 sur chaque tour.

Au sommet ils sont aigus et tranchants les intervalles qui les séparent sont lisses, on remarque seulement des stries longitudinales onduleuses, produites par les accroissements. La suture est un peu profonde, elle est presque toujours suivie par un petit canal superficiel lisse.

L'ouverture est presque ronde, la columelle est peu épaisse, arrondie et suivie d'un bord gauche très étroit. Le bord droit est mince et tranchant; il est profondément sinueux à la base. Longueur 15 centimètres.

Ver, Valmondois, la Chapelle-en-Serval, Monneville, Villemetrie.

320. **T. (Peribolus) terebralis**, Lmk. (fig. 201). — Belle et grande coquille allongée, turriculée, à tours de spire nombreux, convexes au milieu, ornés de stries longitudinales serrées, égales, recoupées par de nombreuses stries d'accroissement; la base du dernier tour est un peu déprimée et présente une suture inframarginale; ouverture ovale à bord droit tranchant.

Étage Burdigalien : Bordeaux (environs), Dax et Saint-Paul, Léognan, etc.

321. **T. (Mesalia) fasciata**, Lmk. (Pl. XIX, fig. 3). — Coquille conique, pointue au sommet, offrant sur

chaque tour une bande ou une zone plane au milieu de laquelle on aperçoit une strie peu apparente qui la divise en deux. Le bord supérieur des tours présente

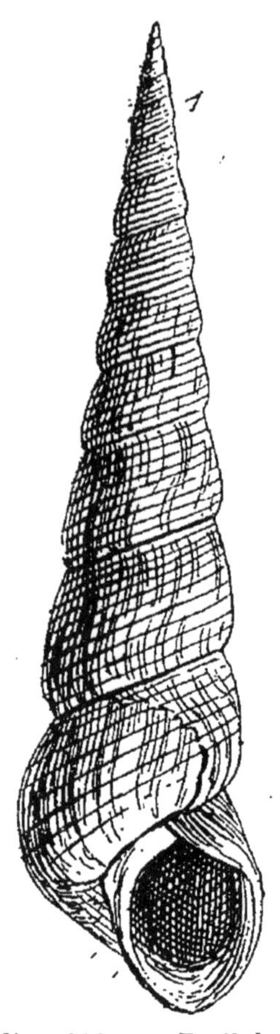

Fig. 201. — *Peribolus terebralis*, Lmk. sp.

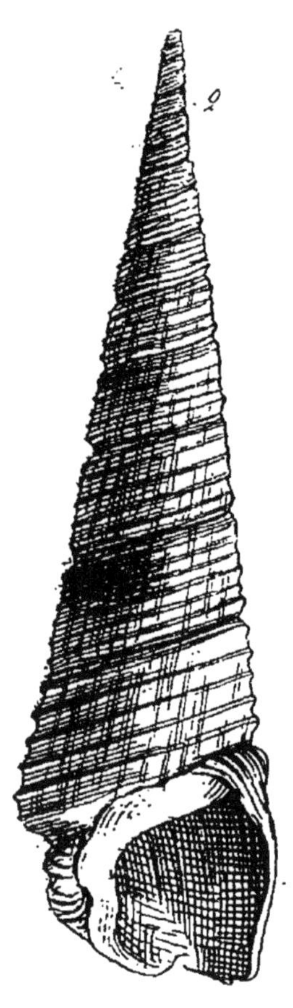

Fig. 202. — *Proloma cathedralis*, Defr. sp.

deux sillons profonds et en gouttière que séparent des crètes carénées. Ces sillons s'effacent dans les tours supérieurs.

Étage Lutétien, calcaire grossier : Beynes, Grignon, Mouchy, Parnes.

Étage Bartonien, sables moyens : Gomerfontaine, Tancrou.

322. T. (**Protoma**) **cathedralis**, Defr. sp. (fig. 202). — Coquille grande, allongée, pointue au sommet, ses premiers tours sont convexes, tandis que ceux qui suivent sont plats, et le plus souvent les 3 ou 4 derniers sont un peu creusés dans le milieu, quelquefois même la base des tours est un peu en saillie en dessus de la suture; la surface est garnie de 4 à 5 sillons longitudinaux dont les premiers sont les plus gros, un angle obtus circonscrit la base du dernier tour; au-dessus existe une rigole assez large qui est elle-même dominée par un large bourrelet chargé de nombreuses lames d'accroissement. Ouverture ovalaire, présentant à la base une profonde dépression plus large et plus profonde que dans aucune autre coquille. Bord interne épais, calleux, s'appliquant sur l'avant-dernier tour, bord externe légèrement dilaté et sinué dans sa longueur.

Étage Burdigalien : Bordeaux, Dax, Léognan, etc.

Capulidæ.

323. **Calyptræa trochiformis**, Lmk. (fig. 203). — Coquille conoïde à base orbiculaire, à tours de spire peu nombreux convexes et hérissés de petites aspérités écailleuses, passant à de véritables pointes sur les individus bien conservés. Calcaire grossier, Grignon, Damery, etc. Sables bartoniens : Ecouen, Beauchamp, le Guépel.

324. **Hipponyx cornucopiæ**, Lmk. (fig. 204). — Coquille oblique conique, base fixée sur d'autres corps

marins, ovale, presque rugueuse, avec des stries croisées, comme usées, sommet élevé, recourbé. Le support est large, épais et composé de couches superposées les unes sur les autres; au milieu de la surface supérieure on voit une impression assez profonde formée par les bords de la coquille qui s'y trouvait posée et un peu enfoncée.

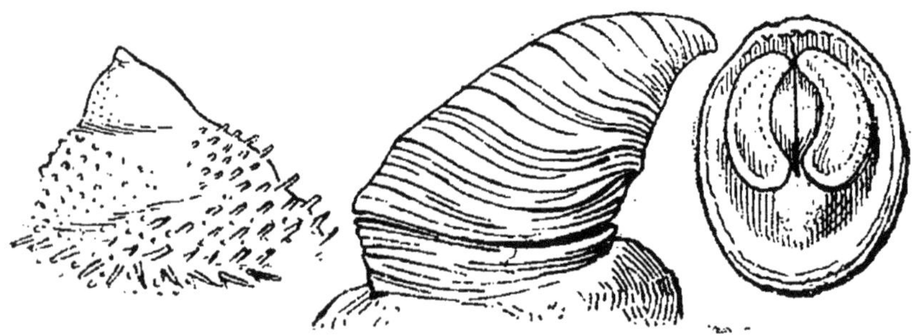

Fig. 203. — *Calyptræa trochiformis*, Lmk.

Fig. 204. — *Hipponyx cornucopiæ*, Lmk., de profil et face interne du support.

Calcaire grossier : Grignon, Parnes, Mouchy, Chaumont, Courtagnon, Montmirail, Hauteville près Valogne.

Velutidinæ.

325. **Platyostoma Janthinoides**, Œhlert (Pl. XVII, fig. 11). — Coquille globuleuse, épaisse, néritiforme, dernier tour très grand orné de lignes flexueuses assez fortement accusées et correspondant aux accroissements successifs. Ouverture grande à columelle épaisse, bord droit tranchant.

Dévonien de la Baconnière.

Trichotropidæ.

326. **Purpurina angulata**, Desh. (Pl. XVII, fig. 8). — Coquille ovale oblongue, à spire allongée formée de 5

à 6 tours scalariformes, anguleux, à angle plus ou moins proéminent et arrondi. L'ouverture, quand elle est complète, est ovale, oblongue, subpentagonale; le bord externe est tranchant, l'interne presque renversé à la base et ombiliqué.

Étage Hettangien.

Naticidæ.

327. **Natica gaultina**, d'Orb. (fig. 205). — Coquille déprimée, enflée, plus large que haute, à tours de spire très convexes, fortement canaliculés sur la suture, le dernier très grand, ornés de lignes d'accroissement bien prononcées. Ouverture ovale, plus haute que large, ombilic large, non caréné.

Fig. 205. — *Natica gaultina*, d'Orb.

Étage Albien : Clansayes, Clar, Ervy, Morteau, Novion, Perte du Rhône, Wissant, etc.

328. **N. (Cepatia) cepacea**, Lmk. (fig. 206). — Espèce remarquable par le renflement de son dernier tour, qui lui donne une forme globuleuse, déprimée, à peu près comme celle d'un oignon. Elle a la spire fort courte, en cône très surbaissé, composée de 7 à 8 tours; sur l'avant-dernier, sous l'insertion du bord externe, on voit une petite côte transverse à l'entrée de l'ouverture. Dans les jeunes l'ombilic est encore apparent.

Étage Lutétien, calcaire grossier : Courtagnon, Grignon, Mouchy, Parnes, etc., Hauteville (Manche).

329. **N. (Nacca) epiglottina**, Lmk. (Pl. XVIII, fig. 4). — Coquille de petite taille, ovale globuleuse, lisse à 5 tours de spire, dont le dernier est beaucoup plus

grand que tous les autres. Dans l'ombilic on voit une petite callosité adhérente à la columelle et dont le sommet, élargi en un petit lobe épiglottiforme, s'avance plus ou moins au-dessus de l'ombilic.

Très commune dans le calcaire grossier à Courtagnon, Grignon, Gilocourt, Mouchy et Parnes, et dans les sables moyens à la Chapelle-en-Serval, Guespelle et Ver, etc.

Fig. 206.
Natica cepacea, Lmk.

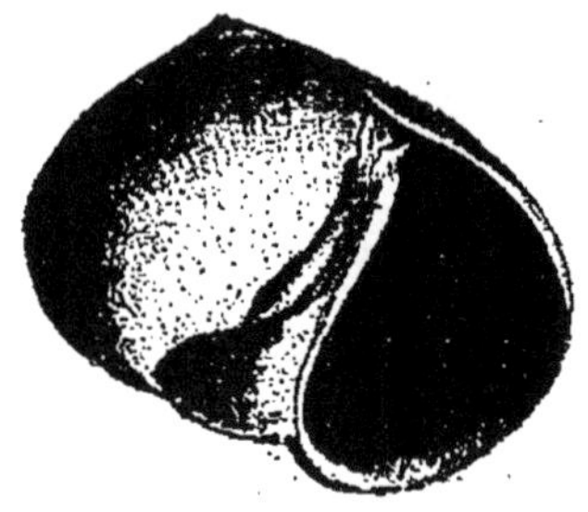

Fig. 207.
Natica patula, Lmk.

330. **N. (Ampullina) patula**, Lmk. (fig. 207). — Belle espèce lisse, très ventrue, épaisse, à spire pointue et fort courte. Ouverture très ample, bord droit ouvert presque en forme d'oreille et comme biseauté. Ombilic bien développé en entonnoir, circonscrit au dehors par un bord saillant et contourné en spirale.

Étage Lutétien : Calcaire grossier : à Chaussy, Gomerfontaine, Grignon, Mouchy, Parnes, etc.

331. **N. (Ampullina) sigaretina**, Lmk. (fig. 208). — Coquille à peu près de même forme et aussi grande que la précédente, dont elle se distingue cependant par un test plus mince, une bouche encore plus largement ouverte et surtout par le manque absolu d'ombilic. Le

dernier tour est orné, chez certains individus, par des lignes transverses flexueuses, assez régulièrement espacées, qui représentent le contour du bord externe de l'ouverture.

Également très commune dans le calcaire grossier; aux mêmes lieux que la précédente.

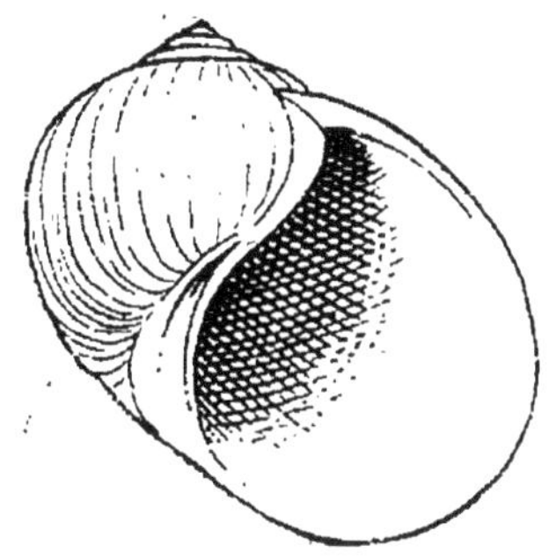

Fig. 208. — *Natica sigaretina*, Lmk.

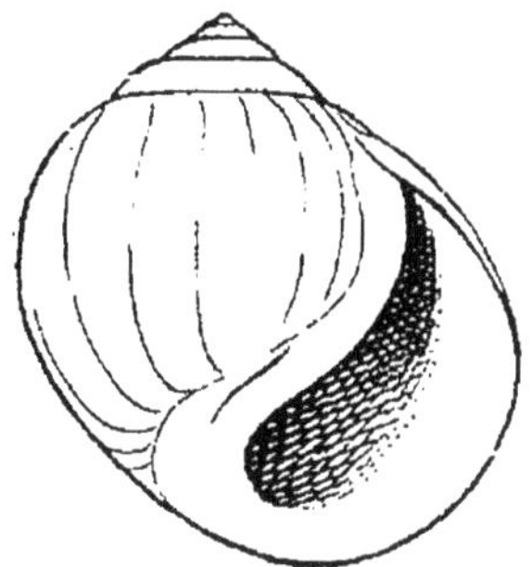

Fig. 209. — *Natica sphærica*, Desh.

332. **N. (Ampullina) sphærica**, Desh. (fig. 209). — Facilement reconnaissable à sa forme presque sphérique, elle est globuleuse, épaisse, solide, pesante, lisse, à spire très courte, pointue au sommet; les tours sont étroits, à peine convexes. Ouverture semi-lunaire dilatée à la base, rétrécie au sommet. Callosité columellaire médiocre, laissant voir un ombilic étroit, bord externe mince et tranchant.

Calcaire grossier : à Grignon, les Groux, Parnes, Mouchy.

333. **N. (Ampullina) parisiensis**, d'Orb. (Pl. XVIII, fig. 5). — Coquille globuleuse ou ovalaire à spire courte et pointue, composée de 8 tours très étroits, très convexes, aplatis en dessus, le dernier beaucoup plus grand que la spire, percé à la base par un petit ombilic

très profond et plus ou moins large. Ouverture semi-lunaire, terminée à la base par une sinuosité assez profonde; bord externe tranchant, légèrement sinueux dans sa longueur.

Étage Lutétien, très commune dans le calcaire grossier supérieur : Gentilly, Grignon, ferme de l'Orme et de la Frileuse, etc.

Étage bartonien : Beauchamp, Senlis, Tancrou, etc.

334. **N. (Ampullina) angustata**, Grat. (Pl. XVIII, fig. 2). — Très grosse et très belle espèce ovale, conique, à spire assez élevée, composée de tours convexes, séparés les uns des autres par une suture profonde, le dernier beaucoup plus haut que la spire, convexe globuleux, percé à la base par un ombilic que recouvre un peu le bord interne de l'ouverture. Les tours sont ornés de stries longitudinales assez nombreuses, légères, qui se croisent avec des lignes d'accroissement très nettes et assez régulièrement espacées. Ouverture ovale, un peu allongée et canaliculée au sommet, arrondie à la base; bord externe tranchant.

Étage Sannoisien : faluns de Dax, marnes de Gaas, etc.

335. **N. (Ampullina) crassatina**, Lmk. (Pl. XVIII, fig. 3). — Très belle coquille, très grosse, très ventrue, plus large à la base que l'espèce précédente, à test épais et à spire courte, conique, composée de 7 tours. On ne voit aucun ombilic, mais l'épaisseur de la coquille indique qu'il a pu en exister un, recouvert par le bord interne de la bouche. Le bord droit de l'ouverture, avant de s'appuyer sur l'avant-dernier tour, se replie en baissant, ce qui rend la coquille canaliculée.

Étage Tongrien : Etrechy, Jeurres, Pontchartrain, Dax, Larrat, Lesplaces, Gaas, Lesperon, etc.

336. **Deshayesia parisiensis**, Raul. (Pl. XVIII, fig. 1). — C'est une natice qui aurait le bord droit de l'ouverture épaissi et fortement plissé en dehors, et la columelle calleuse chargée de trois dents un peu mousses.

Étage Stampien : sables de Fontainebleau, Jeurres, Morigny.

Paludinidæ.

337. **Paludina (Vivipara) aspersa**, Michaud (fig. 210). — Belle espèce ovale, ventrue subconique, assez courte, obtuse au sommet; spire composée de cinq tours et demi, lisses, convexes, séparés par une suture simple; le dernier très grand, ventru, très convexe à la base, percé au centre d'une fente ombilicale en partie recouverte par le bord interne de l'ouverture qui est ovale, obronde, un peu anguleuse supérieurement; le péristome est épaissi en dehors par un bourrelet profondément strié.

Étage Thanétien : Rilly-la-Montagne.

Fig. 210. — *Paludina aspersa*, Mich.

Fig. 211. — *Paludina lenta*, Sow.

Fig. 212. — *Nystia Nysti*, Boissy sp.

338. **P. (Vivipara) lenta**, Sow. (fig. 211). — Coquille ovale conique, lisse, épaisse, solide à sommet obtus;

tours de spire convexes; ouverture ronde, à bord marginal épais continu, ombilic nul.

Étage Sparnacien : commune dans les lignites du Soissonnais et du Laonnais.

339. **Nystia (Bithinia) Nysti,** Boissy, sp. (fig. 212). — Coquille de très petite taille, ovale turbinée, ventrue, à sommet obtus, spire composée de 4 tours, lisses, très convexes, étroits, séparés par une suture profonde; le dernier grand, globuleux, imperforé à la base. Ouverture grande, ovale, anguleuse antérieurement, un peu oblique, à péristome mince et continu, réfléchi.

Étage Aquitanien, calcaire de Beauce d'Étampes (côte Saint-Martin).

Rissoidæ.

340. **Rissoa plicata,** Desh. (fig. 213). — Coquille ovale oblongue, à spire courte et conique, très pointue au sommet formée de 5 à 6 tours étroits, peu convexes, chargés de petites côtes transverses qui cessent subitement un peu au-dessous de la circonférence du dernier tour. Outre ces côtes, on remarque sur la surface de fines stries longitudinales qui s'effacent presque entièrement en passant sur le sommet des côtes; ces stries se continuent à la base du dernier tour. Ouverture ovale obronde, columelle excavée dans le milieu, bord droit épaissi en dedans et en dehors, portant, chez les vieux individus, un tubercule obtus à la base.

Fig. 213. *Rissoa plicata,* Desh.

Étage Stampien : Etrechy, Jeurres, Morigny, etc.

341. **Keilostoma turricula**, Brug, sp. (fig. 214). — Coquille turriculée, allongée, spire composée de 10 tours réguliers, plans, séparés par une suture un peu canaliculée; ils sont ornés de stries longitudinales fortes et régulières. Ouverture ovale, courte, versante à la base, canaliculée au sommet, entourée par un péristome très épais, continu formant sur le bord externe un bourrelet très épais renversé en dehors et strié parallèlement à son bord.

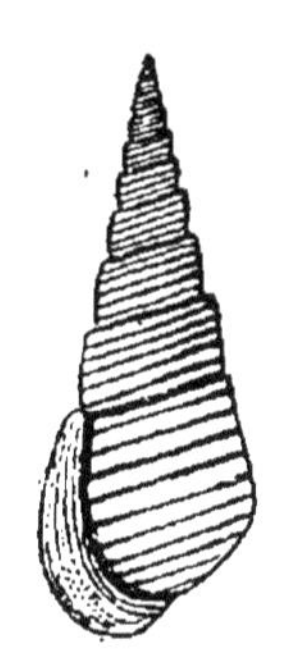
Fig. 214. *Keilostoma turricula*, Brug. sp.

Étage Lutétien : commun dans le calcaire grossier à Chaussy, Grignon, etc.

Littorinidæ.

342. **Littorina clathrata**, Desh. (Pl. XVII, fig. 12). — Belle coquille ovale, oblongue, spire allongée, à sommet obtus, composée de 5 à 6 tours un peu anguleux et plus ou moins convexes, ornés de côtes noduleuses, décurrentes et se croisant à angle droit; dernier tour sinueux à sa partie supérieure, renflé inférieurement. Ouverture ovale, labre externe aigu, l'interne presque renversé; ombilic linéaire.

Étage Hettangien.

Pseudomelaniidæ.

343. **Pseudomelania** (Chemnitzia) **heddingtonensis**, Sow (Pl. XVII, fig. 13). — Grande et belle coquille allongée, turriculée, à spire pointue, composée de 13 à 14 tours, les premiers aplatis, les derniers creusés dans le milieu d'une gouttière superficielle, dont le

bord postérieur est formé d'un bourrelet assez large mais peu saillant, ornés de stries transverses irrégulières correspondant aux accroissements successifs. Ouverture ovale oblongue, élargie en avant, terminée en haut par un angle aigu. Columelle arrondie et se continuant par la base avec le bord externe qui présente une double sinuosité dans sa longueur, de sorte que son extrémité antérieure est un peu projetée en avant.

Étage Oxfordien : Trouville, Neuvizy, etc.

344. **Bayania (Melania) lacteà**, Lmk. (fig. 215). — Coquille turriculée, pointue au sommet, composée de 9 à 10 tours de spire, dont les inférieurs sont lisses, les supérieurs offrant quelques stries longitudinales avec des stries verticales très distinctes. Columelle un peu épaisse et calleuse supérieurement; labre simple, tranchant.

Étage Parisien, espèce très commune dans le calcaire grossier et les sables moyens : Grignon, Courtagnon, Maule, Plaisir, Parnes, Houdan, Lattainville, Mouchy, Ermenonville, Lisy, la Chapelle, Valmondois.

345. **B. (Melania) hordacea**, Lmk. (fig. 216). — Plus petite que la précédente, cette espèce se compose de 8 à 10 tours à peine convexes, séparés les uns des autres par un petit étranglement et ornés chacun de 5 stries longitudinales.

A la base l'ouverture n'est que médiocrement évasée.

Étage Parisien, calcaire grossier : ferme de l'Orme, Grignon, Maulette.

Sables moyens : Triel, Pierrelaye, Tancrou, Beauchamp, Betz, Valmondois, Acy, etc.

346. B. **(Melania) semidecussata**, Lmk. (fig. 217). — Espèce très belle, remarquable par ses stries longitudinales, et par leur croisement sur les tours supérieurs, ainsi que sur la moitié supérieure des autres tours avec des rides transverses qui font paraître la coquille plissée, froncée et comme granuleuse en sa superficie.

Fig. 215.
Melania lactea,
Lmk.

Fig. 216.
Melania hordacea,
Lmk.

Fig. 217.
Melania semidecussata, Lmk.

Ouverture ovale oblongue, bien évasée à la base. 2 à 2,5 centimètres de longueur.

Étage Stampien : sables de Fontainebleau, Pontchartrain, Chavançon, Aumont, Jeurres, Etrechy, Morigny.

Melanidæ.

347. **Melania inquinata**, Defr. (fig. 218). — Coquille allongée, turriculée, à tours de spire convexes anguleux au milieu, et supportant dans cette partie des tubercules déprimés, formant une rangée de dents aiguës; quelquefois les tours portent, en plus, 2 ou 3 petites côtes longitudinales, tantôt simples, tantôt onduleuses et devenant insensiblement granuleuses dans une série assez considérable de variétés. Le dernier tour est strié à la base.

Étage Sparnacien : environs de Soissons, d'Épernay, etc.

348. **M. (Melanoides) Lauræ,** Matheron (fig. 219). — Coquille turriculée, à spire composée d'une dizaine de tours séparés les uns des autres par une suture bien nette, convexes, anguleux vers le premier tiers de leur hauteur, à surface lisse dans cette partie qui offre un contour concave; à partir de l'angle jusqu'à la suture de base, le profil des tours est convexe, la surface porte de grosses côtes transverses, assez espacées, donnant aux tours une section polygonale; elles sont traversées par 4 fortes stries longitudinales qui forment à leur passage sur les côtes 4 rangs de tubercules un peu tranchants. Des marnes aquitaniennes d'Apt.

Fig. 218. *Melania inquinata*, Defr.

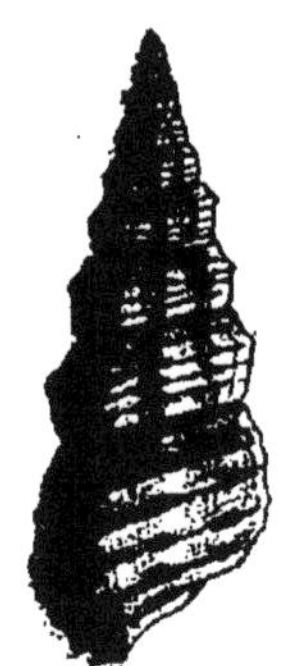

Fig. 219. *Melania Lauræ*. Math.

Fig. 220. *Melanopsis Parkinsoni*. Desh.

349. **Melanopsis Parkinsoni**, Desh. (fig. 220). — Coquille ovale, ventrue, lisse, à spire courte, tours très convexes, sur les premiers il existe une rangée de tubercules obtus qui ne tardent pas à disparaître.

L'ouverture est ovale, oblongue; la columelle, arquée, est à peine tronquée à la base.

Étage Suessonien, sables glauconifères : Cuise-Lamotte, Trosly-Breuil, Laon, Mercin, etc.

Cyclostomidæ.

350. **Cyclostoma antiquum**, Brong. (fig. 221). — Coquille ovale, conique, composée de 5 tours de spire convexes, séparés par une suture profonde, ornés de stries longitudinales, régulières et très fines; le dernier tour, dilaté à la base, présente un ombilic médiocre.

Fig. 221. *Cyclostoma antiquum*, Brong.

Étage Aquitanien : Étampes (côte Saint-Martin) et environs d'Aix-en-Provence.

351. **C. (Ischurostoma) Arnouldi**, Michaud (fig. 222). — Coquille petite, ventrue, conique, solide, imperforée, spire pointue au sommet, composée de 7 tours convexes croissant lentement, à suture distincte, l'avant-dernier est déprimé dans la partie où vient s'appuyer le bord interne de l'ouverture. Celle-ci est subarrondie un peu anguleuse au sommet, les bords sont continus, épaissis par un bourrelet externe évasé. Toute la surface de la coquille est ornée de stries fines obliques, serrées, peu apparentes.

Étage Thanétien : marnes de Rilly-la-Montagne.

352. **C. (Ischurostoma) mumia**, Lmk. (fig. 223). — Coquille cylindracée inférieurement, pointue au sommet, composée de 8 à 9 tours légèrement convexes, ornés de stries transverses et longitudinales peu marquées.

Ouverture ovale arrondie, oblique à bords réunis, à peine réfléchis et épaissis en un petit bourrelet marginal.

Étages Lutétien et Bartonien, calcaire grossier supérieur : la Frileuse, Grignon, Maule, Parnes, etc. ; sables moyens : Saint-Ouen, Ermenonville, Mortefontaine, Senlis, etc.

Fig. 222.
Ischurostoma Arnouldi, Mich.

Fig. 223.
Ischurostoma mumia, Lmk.

Fig. 224.
Ischurostoma formosum, Boub.

353. **C. (Ischurostoma) formosum**, Boubée (fig. 224). — Espèce remarquable par sa grande taille ; sa spire se compose de 5 à 6 tours, assez convexes, lisses, ou ne supportant que de légères stries d'accroissement. Les bords de l'ouverture qui est ronde sont remarquablement épaissis et réfléchis.

Étage Sannoisien : Le Mas-Saintes-Puelles.

Nerineidæ.

354. **Nerinea Mosæ**, Desh. (Pl. XVII, fig. 15). — Coquille pyramidale, large à la base. Tours de spire creusés transversalement en gouttière. Suture placée sur l'endroit le plus saillant de chaque tour et couronnée par de très gros tubercules irréguliers et

comme usés. 5 forts plis à la bouche, 3 columellaires, celui du milieu plus faible, et 2 sur le bord externe, inégaux.

Étage Séquanien : Oyonnax (Ain), Saint-Mihiel, Chatel-Censoir (Yonne).

355. **Nerinea Defrancei**, d'Orb. (Pl. XVII, fig. 16). — Espèce plus élancée que la précédente, une rangée de forts tubercules à la base des tours de spire, au-dessus de la suture qui présente un léger bourrelet parallèle à son bord ; de fines et nombreuses stries onduleuses transverses.

Étage Séquanien : Saint-Mihiel, Commercy, Coulonge-sur-Yonne, Chatel-Censoir, Oyonnax, Veriel, etc.

356. **N. (Itieria) Cabanetiana**, d'Orb. (Pl. XVII, fig. 14). —Coquille en forme de gland dont la spire, peu élevée, à sommet en entonnoir, est formée de tours assez nombreux bas, le dernier très haut, ornée de stries d'accroissement espacées, peu nettes, avec un large ombilic à la base. Bouche en fente avec plis à la base, un à la columelle l'autre au bord externe.

Étage Séquanien : Oyonnax, Valfin, environs de Nantua (Ain).

357. **N. (Cryptoplocus) depressus**, Voltz. (Pl. XVII, fig. 17). — Coquille turriculée, pyramidale, à base large et portant un profond ombilic. Tours de spire nombreux, lisses, portant un fort pli médian à leur plafond. Bouche quadrangulaire, dépourvue de plis.

Étage Séquanien : Valfin, Oyonnax (Ain). Le ravin de Valfin est situé à 3 kilomètres de Saint-Claude (Jura).

Cerithidæ.

358. **Cerithium Boblayei**, Desh. (fig. 225). — Petite espèce conique, courte, acuminée, granuleuse, à tours de spire étroits, presque plans, sillonnés longitudinalement par des stries nombreuses, inégales, fines, granuleuses, séparant 3 rangs de tubercules inégaux; quelques-uns de ces tubercules sont allongés. Dernier tour relativement très grand avec sillons et stries granuleuses alternant. Ouverture petite, oblique, quelquefois atténuée, profondément émarginée à la base, columelle arquée.

Fig. 225. *Cerithium Boblayei*, Desh.

Étage Stampien, sables de Fontainebleau des environs d'Étampes : Pont d'Etrechy, Jeurres, etc.

359. **C. (Campanile) giganteum**, Lmk. (Pl. XIX, fig. 4.). — Coquille très remarquable, par la grandeur qu'elle peut atteindre et qui peut aller jusqu'à 50 centimètres de longueur. Sa spire offre plus de 20 tours garni chacun, près de leur bord supérieur, d'une rangée de gros tubercules qui rendent toute la moitié inférieure de la coquille hérissée de nœuds. La base de ces nœuds s'élargit au-dessous en s'abaissant. Toute la coquille est légèrement striée en travers. La bouche, rarement conservée, est cependant remarquable et prend une ampleur extraordinaire. Les moules internes de cette espèce, que les ouvriers appellent vis ou verrains, sont répandus en telle quantité que la couche du calcaire grossier inférieur qui les renferment a reçu le nom de banc à verrains.

Très répandu aux environs de Paris : Vanves, Issy, Arcueil.

La coquille elle-même se rencontre plus rarement à Grignon, Damery, Montmirail, etc.

360. C. (**Campanile**) **Charpentieri**, Bast. (Pl. XVIII, fig. 15). — Belle et grande espèce à spire allongée, composée d'un grand nombre de tours assez étroits, séparés les uns des autres par une suture peu profonde, ornés chacun de 4 rangs de granulations assez régulières et ne se touchant pas; le premier et le quatrième rang, qui bordent les tours, sont les plus forts, surtout celui de la base; ils ne touchent point la suture et les tubercules qui les composent sont larges, anguleux, ressemblant aux crans d'une roue à engrenage, les 2 autres rangs, médians, sont composés de granulations plus fines, arrondies, régulières. Bouche rarement conservée, présentant un pli obtus à la columelle.

Étage Stampien : commun à Gaas, s'est rencontré aussi à Pierrefitte près d'Étampes.

361. C. (**Potamides**) **Lamarcki**, Brong., sp. (fig. 226). — Coquille allongée, très acuminée, à base dilatée, tours de spire nombreux, convexes, un peu séparés, les premiers striés longitudinalement et à côtes transverses arquées, cancellées ou plissées obscurément; le dernier tour convexe, profondément plissé, à base déprimée. Ouverture ronde à canal court, étroit, terminal; lèvre externe prolongé en avant et profondément sinueuse.

Fig. 226. *Cerithium Lamarcki*, Brong.

Étage Tongrien : Sables de Fontainebleau et meulières de Beauce, Montmorency, Cormeilles, Longjumeau, Jeurres, Morigny, Étrechy, etc.

362. **C. (Potamides) conjunctum**, Desh. (fig. 227). — Espèce allongée, rétrécie, à tours nombreux, étroits, portant 3 sillons longitudinaux granuleux et inégaux, à granules du sillon médian plus petits que les autres, ceux de la base des tours confluents. Dernier tour anguleux sur les bords, à base plane, épaissie.

Étage Stampien : Jeurres, Étrechy, etc.

363. **C. (Potamides) papaveraceum**, Bast. (fig. 228). — Coquille à spire très allongée, composée d'un grand

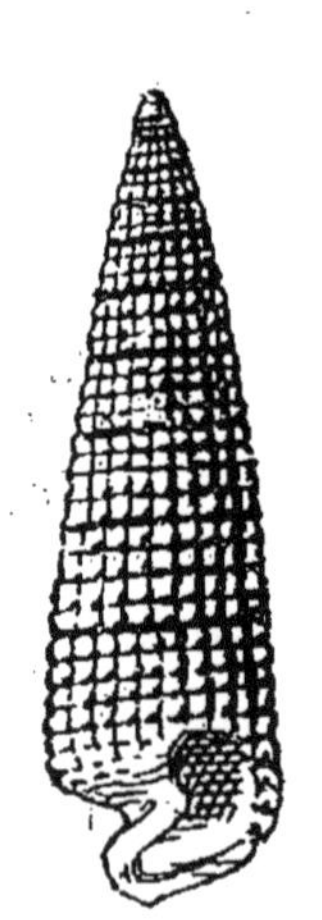

Fig. 227. *Cerithium conjunctum*, Desh.

Fig. 228. *Cerithium papaveraceum*, Bast.

Fig. 229. *Cerithium tricarinatum*, Lmk.

nombre de tours étroits, plans, séparés les uns des autres par une suture assez profonde; chaque tour est régulièrement orné de 3 rangs longitudinaux de granulations régulières, serrées, dernier tour également granuleux à la base. Ouverture ovale, à columelle arquée, canal court, bord externe le plus souvent en mauvais état.

Cette espèce est extrêmement abondante dans les faluns de la Touraine : Manthelan, Pontlevoy, etc.

364. **C. (Potamides) tricarinatum**, Lmk. (fig. 229). — Belle et élégante coquille à spire élevée, très acuminée au sommet et formée de tours nombreux peu élevés, ornés de 3 carènes longitudinales inégales, tuberculeuses et denticulées; les deux supérieures sont fort petites composées de tubercules arrondis tandis que l'inférieure est beaucoup plus grande, crénelée et denticulée. Ouverture courte, oblique, à canal très contourné, le bord externe, chez les vieux individus, s'étale extérieurement et forme, au niveau de la carène, une digitation courte et canaliculée. Canal antérieur net.

Étage Bartonien : très commun à Ermenonville, Mortefontaine, Monneville, le Quoniam, Crènes, etc.

365. **C. (Potamides) mixtum**, Defr. (Pl. XIX, fig. 5). — Espèce à sommet atténué, subulé; tours nombreux, étroits, séparés les uns des autres par une suture canaliculée; portant 3 séries longitudinales de tubercules, les deux premières presque égales, formées de granulations simples, la troisième, plus forte, composée de tubercules moins serrés, plus gros. Ouverture dilatée, anguleuse en haut et en bas; bord externe épais, un peu sillonné à l'intérieur.

Étage Bartonien : sables moyens où il est commun à Acy, Baron, Betz, Chapelle-en-Serval, Ermenonville, Mary, Valmondois.

366. **C. (Potamides) angulosum**, Lmk. (Pl. XIX, fig. 6).

— Spire composée de 12 tours striés longitudinalement et élevés en carène dans leur milieu. Chaque carène est hérissée dans son contour par des angles à pointe courte, qui sont la partie saillante et moyenne d'autant de côtes transversales qui traversent verticalement les tours et qui sont les restes des anciens bords droits de l'ouverture. Cette dernière est presque ronde, et son canal est extrêmement court.

Étages Lutétien et Bartonien, calcaire grossier ; Liancourt, Grignon, Courtagnon ; sables moyens : Acy, Chapelle-en-Serval, Valmondois.

367. **C. (Potamides) cristatum**, Lmk. — Cette espèce est très voisine du C. angulosum, mais elle n'est striée longitudinalement que sur la base de son tour inférieur.

Sur le milieu de chaque tour s'élève une carène longitudinale assez tranchante et dentelée. On voit, à chaque dent, de chaque côté de la carène, l'ébauche d'une petite côte verticale à peine apparente. La coquille n'a que 30 à 35 millimètres.

Var. B. Carène de chaque tour très peu élevée.

Étage Lutétien, calcaire grossier : Grignon, Magny, Parnes, Chaumont.

Fig. 230. *Cerithium trochleare*, Lmk.

368. **C. (Potamides) trochleare**, Lmk. (fig. 230). — Coquille élégante, à spire composée de tours nombreux et étroits, ornés de 2 carènes longitudinales égales et très régulières qui sont placées aux extrémités de chaque tour, laissant entre elles une gouttière profonde, tan-

tôt simple, tantôt pourvue d'une forte strie granuleuse; de plus, des plis nombreux et transverses passent sur les carènes et produisent des ondulations très régulières. Le dernier tour est anguleux à la circonférence, aplati à la base qui est striée longitudinalement.

Étage Stampien : commun dans les sables de Fontainebleau, à Morigny, par exemple.

369. **C. (Potamides) lapidum**, Lmk. (fig. 231). — L'une des espèces les plus communes du calcaire grossier; il y a des rapports nombreux entre cette espèce et le *Cerith. cristatum*. Mais ici les tours de spire ne sont point carénés ou tranchants dans leur milieu. On voit à la place de la carène une rangée longitudinale de tubercules obtus à peine saillants. En outre on observe sur les tours une multitude de côtes verticales arquées, à peine distinctes, et qui ne paraissent que comme des stries imparfaites.

Fig. 231. — *Cerithium lapidum*, Lmk.

Les plus grands individus ont 34 millimètres de longueur. L'ouverture est fort courte et oblique, ainsi que son canal.

On trouve une variété de cette espèce dont les tours de spire offrent 2 ou 3 stries longitudinales tout à fait dépourvues de tubercules. Une autre variété a ses tours régulièrement convexes, sans aucune apparence de tubercules, avec 4 ou 5 stries convexes.

Étage Lutétien : calcaire grossier supérieur. Très commun partout.

370. **C. (Potamides) bidentatum**, Grat. (fig. 232). — Coquille de taille moyenne, un peu fusiforme, formée d'environ 12 tours de spire peu élevés, ornés de sillons transversaux et longitudinaux qui, en se croisant, donnent naissance à des séries de côtes tuberculeuses assez régulières, interrompues sur certains tours, par des varices épaisses sillonnées transversalement. Deux dents assez fortes se distinguent sur la columelle.

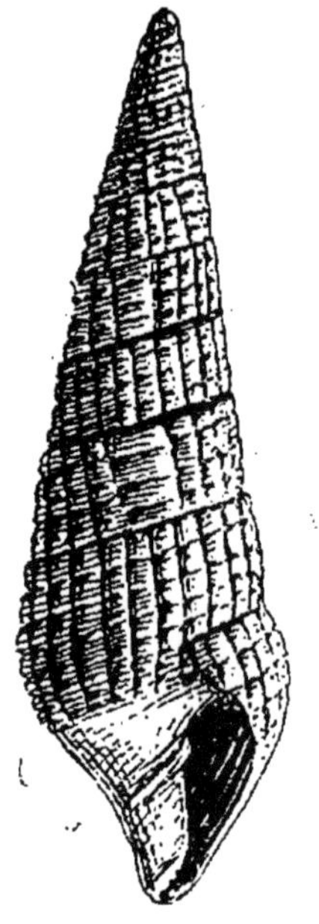

Fig. 232. *Cerithium bidentatum*, Grat.

Étage Aquitanien, faluns du sud-ouest : Bordeaux, Dax, Saint-Paul de Dax, etc.

371. **C. (Tympanotomus) involutum**, Lmk. — Coquille conique, à tours de spire plans, imbriqués, les supérieurs paraissent lisses, n'ayant que quelques stries longitudinales à peine perceptibles; mais, les derniers portent des rangées de stries granulées bien apparentes qui les entourent comme un collier de perles à plusieurs rangs. Columelle torse, bord externe tranchant, un peu émarginé sur le côté.

Étage Suessonien : Cuise-Lamotte, Mercin, Trou du Han, près Trosly-Breuil, etc.

372. **C. (Tympanotomus) turris**, Desh. (fig. 233). — Coquille conoïde, à spire courte, à sommet aigu, tours de spire, aplatis, étroits, anguleux au sommet où ils portent une couronne élégante de tubercules obtus, dernier tour convexe, portant outre sa couronne, 2 ou

3 bourrelets longitudinaux formés de tubercules confluents. Ouverture ovale, un peu canaliculée au sommet, canal de la base court et contourné, labre épais, profondément émarginé sur le côté.

Fig. 233. *Cerithium turris*, Desh.

Étage Suessonien : Trosly-Breuil, Saint-Pierre-en-Châtre, Montbernon, Ay, Épernay, etc.

373. **C. (Tympanotomus) variabile**, Desh. (fig. 234). — Coquille variable, allongée, conique, tours nombreux, étroits; les premiers simples unicarénés, les autres couronnés au sommet par des tubercules variables, quelquefois granuleux; le dernier tour convexe, sillonné à la périphérie, à base épaisse, médiocrement striée. Ouverture minime, oblique, ovale; labre épais, profondément émarginé latéralement, columelle brève, contournée; canal profond, raccourci, élargi.

Étage Sparnacien : Montbernon, Aÿ, Dizy-la-Rivière Cumières, Soissonnais, Noyon.

Fig. 234. *Cerithium variabile*, Desh.

374. **C. (Tympanotomus) serratum**, Brug. (Pl. XVIII, fig. 16). — Très belle et grande espèce à spire, en cône allongé un peu fusiforme, composée d'environ 18 tours présentant 3 rangées longitudinales de denticules; la rangée supérieure, de beaucoup la plus importante, formée de dents presque épineuses, les 2 autres très réduites, plutôt granuleuses et disparaissant même sur certains individus. Ouverture courte, oblique, ainsi que le canal de la base qui est très accentué. Le bord

externe réfléchi présente 4 sillons internes correspondant à l'ornementation de la base du dernier tour. Longueur 8 centimètres.

Fig. 235. *Cerithium mutabile*, Lmk.

Étage Lutétien, calcaire grossier : ferme de l'Orme, Grignon, Courtagnon, Parnes, Mouchy, Houdan, etc.

375. **C. (Tympanotomus) mutabile**, Lmk. (fig. 235). — Cette espèce, voisine de la précédente par son aspect général bien que de beaucoup plus petite taille, se distingue en ce qu'elle présente sur chaque tour 3 rangées longitudinales de granulations dans les tours inférieurs; la rangée supérieure porte des tubercules élevés et écartés qui couronnent le tour, les deux autres étant plus fines, inégales, ponctuées ou granuleuses, enfin en ce que, dans les tours supérieurs de la spire les 3 rangées sont presque égales et simplement ponctuées. Plus grande longueur 34 millimètres.

Fig. 236. — *Cerithium margaritaceum*, Brocc.

Étage Bartonien : très répandu dans les sables moyens à Beauchamps, Ezanville, par exemple.

376. **C. (Tympanotomus) margaritaceum**, Brocc. (fig. 236). — Très belle espèce à spire composée d'une dizaine de tours ornés de rangées longitudinales de tubercules serrées qui forment comme un collier à plusieurs rangs : le premier et le quatrième composés de tubercules fins et

serrés, le cinquième présentant des perles deux fois plus épaisses que les autres, plus espacées et moins arrondies; chez certains individus même, ces tubercules deviennent oblongs et forment presque des épines noduleuses. La bouche quand elle est bien conservée, est remarquable par son bord externe bien développé un peu ailé. Columelle réfléchie.

Fig. 237. *Cerithium subacutum*, d'Orb.

Étage Burdigalien : faluns de l'Aquitaine.

377. **C. (Lampania) subacutum**, d'Orb. (fig. 237). — Espèce allongée, conique, acuminée au sommet, tours de spire un peu convexes, séparés par une suture subcanaliculée, carénés, dentés au milieu, limités des 2 côtés par une côte longitudinale simple, quelquefois tuberculeuse; ouverture ovale subtrigone, columelle étroite fortement contournée, arquée, bord externe très mince, fragile, étroitement émarginé sur le côté. On rencontre d'assez nombreuses variétés de cette epèce.

Étage Yprésien : Cuise-Lamotte, Pierrefonds, Trosly-Breuil.

378. **C. (Lampania) Bouei**, Desh. (fig. 238). — Coquille allongée, acuminée, à stries longitudinales très fines, les tours moyens de la spire sont dentés, carénés ayant à leur base une série de tubercules; le dernier tour porte 3 sillons à la périphérie. Ouverture ovale, arrondie, à canal court, étroit, contourné et à labre mince, fragile, flexueux latéralement.

Fig. 238. *Cerithium. Bouei*, Desh.

Étage Bartonien, sables moyens : Chapelle-en-Serval, Ermenonville, Senlis, Valmondois, Ver, etc.

379. **C. (Lampania) echidnoides**, Lmk. (fig. 239). — Cette coquille représente une pyramide obscurément heptagone et hérissée dans toute sa longueur de tubercules un peu pointus. Sa spire est composée de 12 à 14 tours, munis chacun de 2 et quelquefois de 3 côtes longitudinales inégales et tuberculeuses. Certains individus offrent encore des vestiges de coloration qui consistent en lignes longitudinales d'un rouge orangé.

Fig. 239. *Cerithium echidnoides*, Lmk.

Étage Lutétien : calcaire grossier supérieur, Beynes, Blaincourt, Courtagnon, Damery, Grignon, Houdan, Maulette, Parnes, etc.

380. **C. (Lampania) pleurotomoides**, Lmk. (fig. 240). — Ce cérithe possède un sinus au bord droit de son ouverture, ce qui lui donne des rapports avec les pleurotomes. On distingue souvent sur les tours de spire quelques lignes longitudinales d'un jaune orangé reste de l'ancienne coloration. De plus, ces tours sont ornés de 2 rangées de tubercules obtus qui s'effacent vers le sommet de la spire et dont l'une est beaucoup plus forte que l'autre, dans les derniers tours.

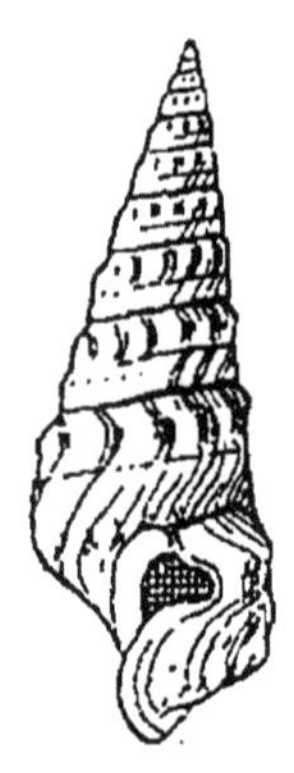

Fig. 240. *Cerithium pleurotomoides*, Lmk.

Étage Bartonien : sables moyens, commun à la Chapelle en Serval et à Ermenonville.

381. **C. (Pirenella) plicatum**, Brug. (fig. 241). —

Coquille allongée, étroite, à tours de spire peu convexes, séparés entre eux par une suture assez profonde, ornés d'un grand nombre de plis transversaux, épais, traversés par 4 sillons longitudinaux, réguliers, simples et assez profonds. Dernier tour très convexe à la base, sillonné dans toute son étendue, à sillons granuleux. Ouverture ovale, régulière, plus haute que large; columelle arquée, bord droit mince et tranchant, un peu sinueux latéralement.

Fig. 241. *Cerithium plicatum*, Brug.

Étage Stampien, très abondant et très caractéristique du niveau inférieur des sables de Fontainebleau : Etrechy, Jeurres, etc.

Aporrhaïdæ.

382. **Aporrhais pespelecani**, Lmk. (fig. 242). — Coquille turriculée à tours de spire moyens anguleux, ornée de nodules; labre palmé présentant 3 digitations aiguës, divariqueuses. Le canal de la base est oblique, presque foliacé et semble former une quatrième digitation au bord droit de l'ouverture.

Étage Plaisancien : marnes de Biot.

383. **Helicaulax ornatus**, d'Orb. (fig. 243). — Coquille fusiforme à tours de spire un peu convexes, costulés transversalement à côtes flexueuses; dernier tour caréné, orné de séries longitudinales de granulations. Ouverture comprimée à lèvre interne calleuse, labre aliforme, recourbé en crochet à partie antérieure décurrente sur la spire et se détachant de celle-ci près du sommet, canal postérieur droit allongé.

Étage Turonien : grès d'Uchaux, Montdragon.

Strombidæ.

384. **Harpagodes Oceani**, Brong. sp. (Pl. XVII, fig. 9). — Coquille ovale allongée, spire fusiforme, allongée,

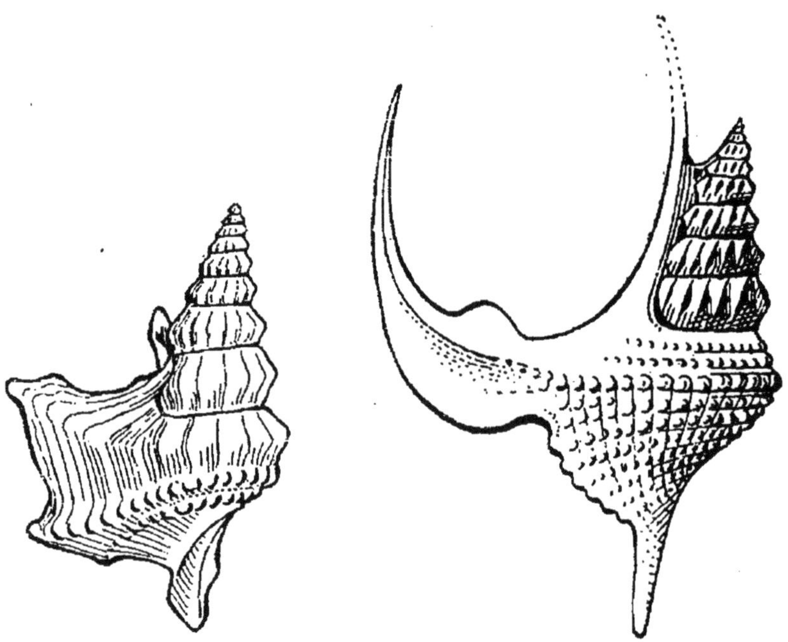

Fig. 242. — *Aporrhais pespelecani*, Lmk.

Fig. 243. — *Helicaulax ornatus*, d'Orb.

aiguë. 8 à 9 tours de spire convexes, les premiers lisses, les autres couverts de côtes transverses, le dernier très grand, ventru, portant 4 grosses côtes ou carènes lisses, arrondies et terminées par des digitations; une cinquième digitation rapprochée de la suture donne naissance à une côte médiocre. Canal allongé, recourbé.

Étage Kimmeridgien : Châtelaillon, Gray, le Havre, Honfleur, Matafelon, Saint-Jean-d'Angély, etc.

385. **Rostellaria dentata**, Grat. (fig. 244). — Coquille allongée, fusiforme, spire subulée. Les premiers tours sont plissés longitudinalement, tous les autres sont lisses, si ce n'est le dernier qui présente à la base des stries et des sillons transverses. Ce dernier tour est court, il se termine à la base en un canal assez long, grêle, pointu. Ouverture ovalaire, atténuée à ses extrémités. De son angle supérieur part un canal latéral, qui remonte jusqu'à la suture de l'avant-dernier tour. La columelle est régulièrement arquée, concave dans sa longueur; elle est pourvue d'une callosité peu épaisse, étroite, qui l'accompagne dans toute sa longueur. Bord droit à peine dilaté; il se renverse en dehors sous forme de bourrelet et se détache à la base par une échancrure large et peu profonde, il est pourvu de 2 dents latérales inégales; il en existe même quelquefois une troisième.

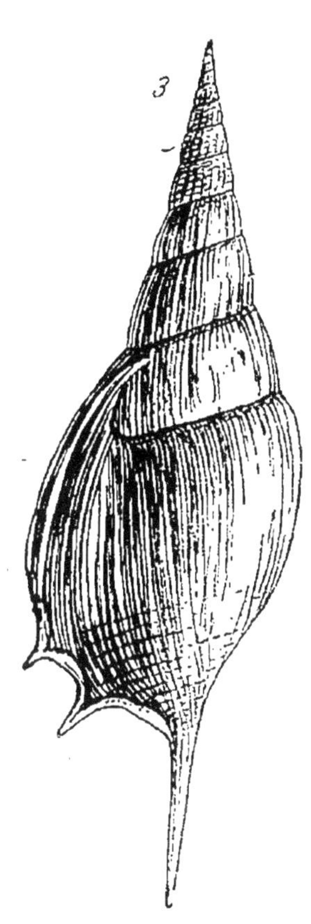

Fig. 244. — *Rostellaria dentata*, Grat.

Étage Burdigalien : commun à Dax, Saint-Paul, etc.

386. **Hippochrenes columbaria**, Lmk. (fig. 245). — Jolie coquille fusiforme à canal postérieur très long et très pointu; bord supérieur de l'aile formant un sinus remarquable qui lui donne l'aspect d'une aile déployée.

Spire lisse, égale, conique, sans aucune convexité sur les tours, munie d'une fissure longitudinale canaliculée.

Étage Lutétien : calcaire grossier de Paris.

387. **Rimella fissurella**, Lmk. (fig. 246). — Coquille turriculée, chargée de côtes longitudinales, tours de spire un peu convexes. Aile fort petite, décurrente en carène fendue sur presque toute la longueur de la spire.

Fig. 245. *Hippochrenes columbaria*, Lmk.

Fig. 246. *Rimella fissurella*, Lmk.

Fig. 247. *Terebellum convolutum*, Lmk.

Étage Lutétien : coquille très commune à Grignon.

388. **Terebellum convolutum**, Lmk. (fig. 247). — Coquille mince, fragile, cylindracée, légèrement ventrue, roulée en cornet de manière que le bord droit de son ouverture s'étend jusqu'au sommet qui est émoussé et ne laisse voir aucune spire.

Étage Lutétien : assez commun dans le calcaire grossier supérieur des environs de Paris.

Cypræidæ.

389. **Cypræa leporina,** Lmk. (fig. 248). — Coquille ovale, atténuée en haut, un peu aplatie en dessous, subgibbeuse en dessus; ouverture submédiane, en forme d'S très allongée, rétrécie, dilatée à la base; labre armé de dents oblongues, en forme de rides, columelle à dents obsolètes; à la base un enfoncement couvert de tubercules irréguliers : échancrure antérieure de l'ouverture peu profonde, la postérieure plus étroite, presque canaliculée.

Commune dans les faluns de la Touraine et du sud-ouest.

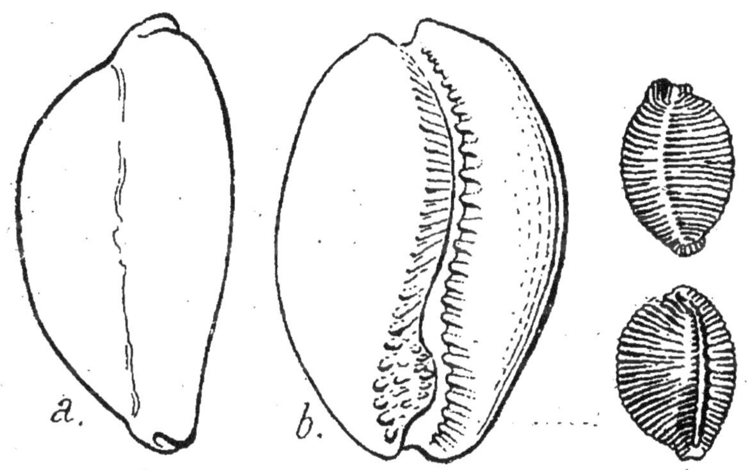

Fig. 248. — *Cypræa leporina,* Lmk. *a.* profil; *b.* dessous.

Fig. 249. — *Trivia affinis,* Duj. Dessus, dessous.

390. **Trivia affinis,** Dujard. sp. (fig. 249). — Espèce de petite taille, ovale globuleuse, ornée de stries transverses le plus souvent simples, rarement rameuses; interrompues par le sillon dorsal et non granuleuses.

Ouverture rejetée vers le bord droit ou externe, rétrécie.

Étage Helvétien : faluns de Touraine, Pontlevoy, Manthelan, Sainte-Maure, Ferrière-l'Arçon.

Cassididæ.

391. **Cassis saburon**, Lmk. (fig. 250). — Coquille ovale, globuleuse, dont les tours de spire sont ornés de stries transversales et assez serrées; la spire est courte, aiguë; l'ouverture est rétrécie; son bord interne s'étale largement sur la columelle et présente à la base un canal très recourbé; le labre est crénelé sur son bord interne.

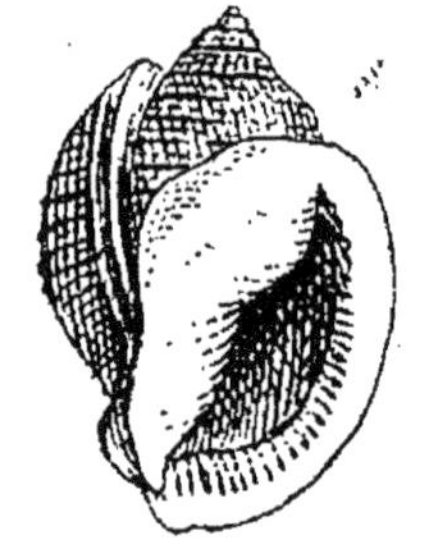

Fig. 250. *Cassis saburon*, Lmk.

Étage Burdigalien : faluns de Dax.

Ficulidæ.

392. **Ficula burdigalensis**, Sow. (fig. 251). — Coquille ovale, oblongue, ficoïde, mince, fragile à tours de spire aplatis supérieurement, anguleux au milieu, noduleux; le dernier très grand grossièrement treillissé par des stries transverses et longitudinales et présentant, de plus, 4 grosses côtes longitudinales sur lesquelles se relèvent des tubercules oblongs, pliciformes; le canal terminal prolonge insensiblement le dernier tour, il est long et grêle, un peu contourné à gauche. Ouverture ovale, oblongue, lisse, bord externe mince, tranchant, finement dentelé dans sa longueur.

Étage Burdigalien : Léognan, Saucats, Dax.

393. **Ficula condita**, Brong. sp. (fig. 252). — Belle et grande espèce, pyriforme, à spire très courte, très obtuse, le dernier tour très grand; ouverture large, prolongée en un canal droit et large; bord interne

Fig. 251.
Ficula burdigalensis, Sow.

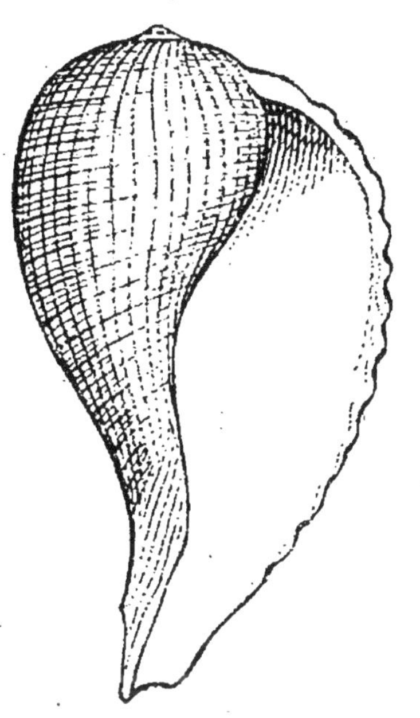

Fig. 252.
Ficula condita, Brong.

simple sinueux, bord externe mince, un peu ondulé par l'ornementation externe qui se compose de côtes longitudinales peu épaisses entre lesquelles on en voit d'autres beaucoup plus fines qui leur sont parallèles; ces côtes sont traversées par de nombreuses stries transverses, onduleuses, qui donnent à la coquille un aspect agréablement réticulé.

Étage Burdigalien : Dax, Saint-Paul, Bordeaux.

Buccinidæ.

394. **Buccinum (Cominella) Andraei**, Bast. (fig. 253). — Coquille allongée, spire conique, acuminée, striée longitudinalement; orné de côtes transverses plus ou moins proéminentes, tours de spire plans, submarginé à la suture; ouverture ovale, rétrécie, columelle contournée, rugueuse, bord externe aigu, sillonné intérieurement.

Étage Bartonien : le Guespelle, Lèvemont, Senlis, Valmondois.

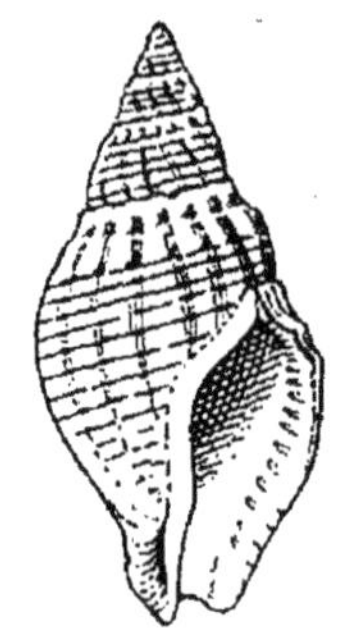

Fig. 253.
Buccinum Andraei, Bast.

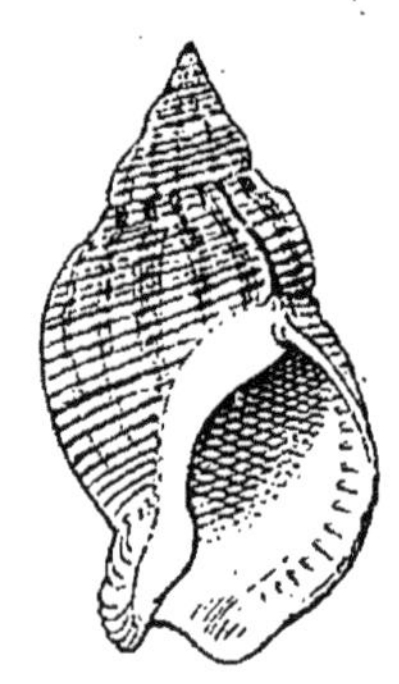

Fig. 254.
Buccinum Gossardi, Nyst.

395. **B. (Cominella) Gossardi**, Nyst. (fig. 254). — Ovale, conique, ventrue, spire assez allongée, conique à sommet obtus, 7 tours de spire accroissant, insensiblement peu convexes, séparés par une suture profonde, au-dessous de laquelle se montre une légère dépression. Surface chargée de côtes longitudinales arrondies et rapprochées, traversées par des stries inégales dont les plus grosses, les plus écartées, sont à la région supérieure des tours, elles sont onduleuses.

Dernier tour très grand, subglobuleux, subitement atténué sur le côté profondément émarginé. Ouverture ovale, labre mince, aigu, avec de fins plis à l'intérieur. Columelle concave, cylindracée.

Étage Stampien : commun dans les sables de Morigny.

396. **Nassa prismatica**, Brocc. sp. (fig. 255). — Très belle espèce, ovale, conique, à spire très pointue, un peu plus longue que le dernier tour; les tours de spire, au nombre de 11, sont convexes, portant un grand nombre de côtes transverses qui descendent un peu obliquement du sommet à la base; quelquefois les côtes sont un peu anguleuses; obtuses dans quelques individus, elles sont souvent un peu tranchantes à leur bord. Outre ces côtes, toute la surface est ornée d'un grand nombre de stries longitudinales, régulières, également espacées, au nombre de 13 ou 14 sur les premiers tours. L'ouverture est régulièrement ovalaire; son bord droit, peu épais, est sillonné en dedans, et le bord gauche, court et mince, sort à peine de l'ouverture pour former une courte callosité lisse et sans rides.

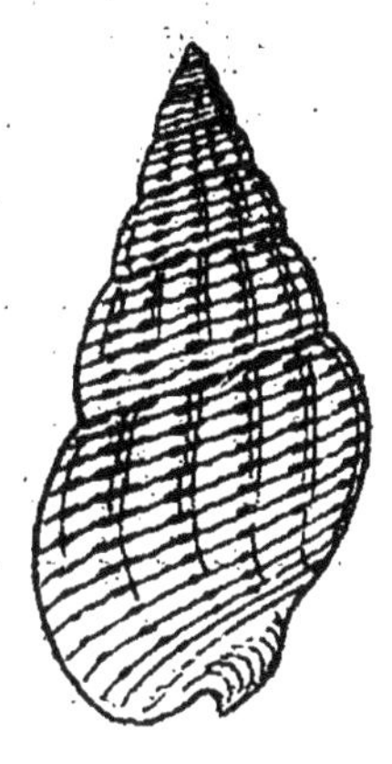

Fig. 255.
Nassa prismatica, Brocc. sp.

Commun dans le Pliocène du Cotentin : Bosq-d'Aubigny, Gourbesville, Ranville-la-Place, Reigneville; et de la Bretagne : Saint-Jean-la-Poterie, environs de Redon, Saint-Gildas-des-Bois, etc.

397. **Nassa semistriata**, Brocchi (fig. 256). — Coquille d'un médiocre volume, ovale, conique. Spire pointue

et un peu plus courte que le dernier tour. Les tours sont médiocrement convexes; les 4 ou 5 premiers sont chargés de petits plis transverses. Les suivants ne présentent plus que des stries longitudinales à leur partie supérieure et l'une d'elles, plus grosse que les autres, forme un bourrelet au-dessous de la suture. Le dernier tour est ovalaire, il est lisse dans le milieu et strié à ses deux extrémités. Ouverture médiocre, ovale, oblongue, atténuée à ses extrémités. Bord droit, mince, tranchant, sillonné à l'intérieur.

Fig. 256. *Nassa semistriata*, Brocc.

Étage Plaisancien : marnes de la vallée du Rhône.

398. **N. (Buccinum) mutabilis**, Lmk. sp. (fig. 257). — Coquille ovale, conique, à spire étirée, plus courte que le dernier tour, à sommet aigu, se composant de tours convexes, les premiers un peu plissés transversalement, les autres simplement marqués de stries longitudinales profondes, distinctes; le dernier très convexe porte les mêmes ornements et est strié à la base. Callosité du bord gauche de l'ouverture très développée, labre tranchant, dentelé intérieurement. Columelle arquée dans le milieu, à callosité mince et étroite, s'étalant sur la partie du ventre qui avoisine le plus l'ouverture et formant ainsi une languette semilunaire.

Fig. 257. *Nassa mutabilis*, Lmk.

Étage Plaisancien : des marnes de Millas (Roussillon).

Fusidæ.

399. **Fusus (Clavella) longævus**, Lmk. (Pl. XVIII, fig. 9). — Coquille fusiforme, ventrue, épaisse, à tours de spire un peu aplatis supérieurement, de manière à former une rampe peu accentuée, bord supérieur obtus arrondi; les premiers tours sont striés longitudinalement et portent de gros plis noduleux transverses. Le dernier tour se termine par une queue longue, grêle, droite, formant un canal en partie recouvert. Cette coquille varie beaucoup avec l'âge et l'on peut en recueillir des séries de formes qui amènent insensiblement à F. Noé (Pl. XVIII, fig. 10).

Étage Lutétien : calcaire grossier des environs de Paris, Grignon.

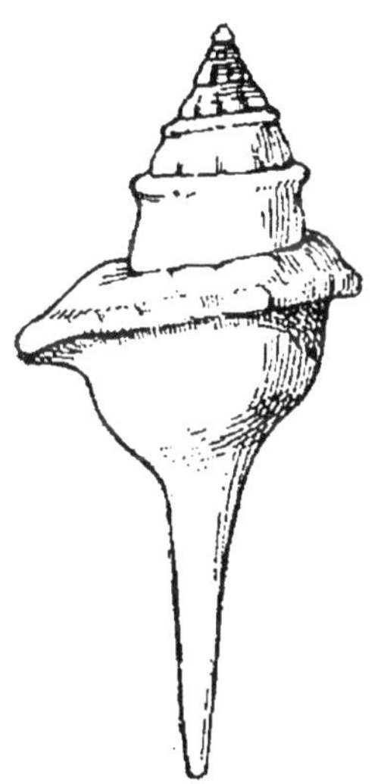

Fig. 258.
Fusus scalaris, Lmk.

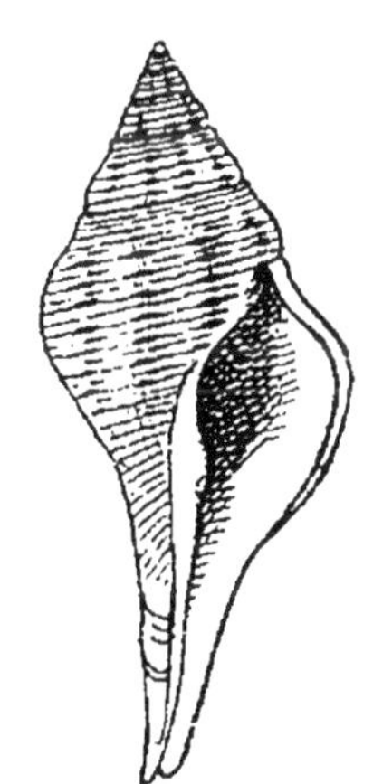

Fig. 259.
Fusus rugosus, Lmk.

400. **F. (Clavella) scalaris**, Lmk. (fig. 258). — Coquille pouvant atteindre une assez grande taille, fusiforme,

ventrue, présentant l'aspect général de la précédente, mais les deux derniers tours de la spire sont fortement scalariformes supérieurement; ils sont lisses tandis que les premiers sont striés longitudinalement et à bord inférieur noduleux. La queue est relativement plus courte que dans F. longœvus.

Étage Bartonien : sables moyens. Acy, Guespelles, Lèvemont, Mary, Senlis, Tancrou, Valmondois.

401. **Fusus (Clavella) rugosus**, Lmk. (fig. 259). — Très élégante espèce à coquille fusiforme, subcancellée, à spire élevée composée de 5 à 7 tours ornés de côtes transverses, espacées, fortes, noduleuses supérieurement, et de stries longitudinales, un peu éloignées les unes des autres. La queue est droite et assez longue; le bord droit de l'ouverture est épaissi.

Commun dans le calcaire grossier à Chaussy, Grignon, etc.

402. **F. (Leiostoma) bulbiformis**, Lmk. (Pl. XVIII, fig. 11). — Coquille ovale fusiforme, ventrue, lisse ou presque lisse, ses stries longitudinales étant presque imperceptibles sur la plupart des individus; spire mucronée, et queue légèrement arquée. Le bord gauche, épaissi dans le haut, rend la columelle calleuse à sa partie supérieure. Cette espèce semble assez variable, quant à la grosseur du ventre et à la longueur de la spire et de la queue.

Étages Lutétien et Bartonien : Très commun dans toutes les localités du calcaire grossier et des sables moyens du bassin de Paris.

403. **F. (Hemifusus) subcarinatus**, Lmk. (Pl. XVIII, fig. 12). — Ce fusus est court, renflé, il a l'aspect d'un

Murex, mais il manque de véritables bourrelets et n'a que des côtes transverses peu élevées, qui, dans leur partie supérieure, forment chacune un angle un peu pointu, presque épineux. Ses tours de spire sont carénés anguleux et un peu aplatis en dessus. Il résulte de cet applatissement une rampe qui tourne en spirale et dont le plan est légèrement incliné et chargé de stries qui se croisent.

Étage Bartonien : très commun dans certaines localités des sables moyens du bassin de Paris, telles que : Ermenonville, la Chapelle-en-Serval, Mortefontaine, etc.

404. **F. (Tritonidea) polygonus**, Lmk. (Pl. XVIII, fig. 8). — Coquille courte, presque ovale, ventrue, ayant sur chaque tour de spire 9 à 12 côtes transversales, obtuses. De plus, elle est fortement ridée longitudinalement et a le bord supérieur de chaque tour élevé et appliqué contre celui qui le précède. Le bord externe de l'ouverture est denté intérieurement.

Étage Bartonien : mêmes localités que le précédent.

405. **F. (Strepsidura) ficulneus**, Lmk. (Pl. XIX, fig. 10). — Coquille ovale, renflée, presque globuleuse, ayant de 3 à 4 centimètres de longueur. Ses côtes transversales sont peu élevées, au nombre de 15 environ, et ressemblant à des plis. Chacune d'elles forme vers les deux tiers de sa longueur un petit angle noueux, qui donne lieu à une rangée longitudinale de tubercules sur le ventre de la coquille. La queue est un peu courte, arquée, striée longitudinalement. Columelle torse présentant un pli oblique.

Étage Bartonien : Betz, la Chapelle-en-Serval, Lizy-sur-Ourcq, Tancrou, Valmondois.

406. **Pyrula (Melongena) Lainei**, Bast. (fig. 260, 1). — Belle coquille ovale, turbinée, atténuée aux deux extrémités; à spire conique formée de tours anguleux; profondément sillonnés supérieurement, et portant sur

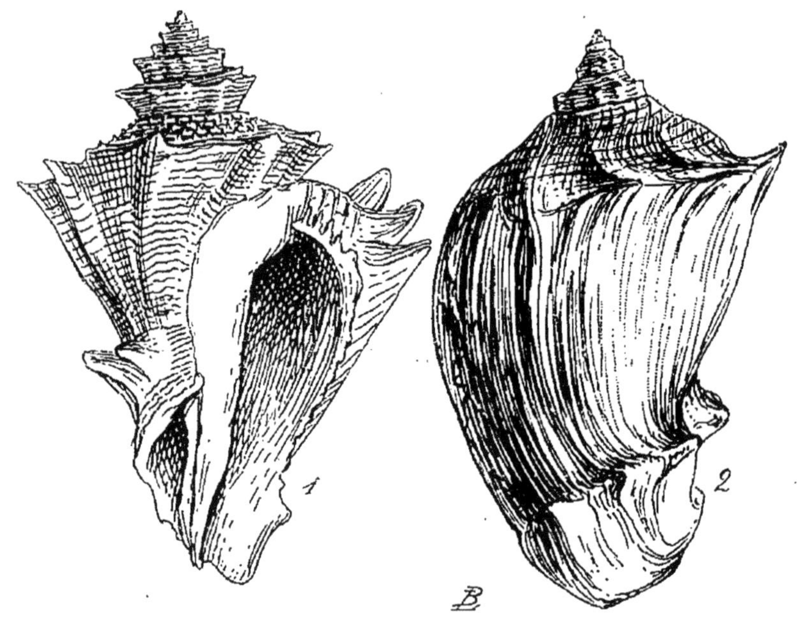

Fig. 260.
1. *Pyrula Lainei*, Bast. 2. *Pyrula cornuta*, Agas.

leur angle une couronne de tubercules épais, en forme d'épines. Le dernier tour est grand, orné de sillons longitudinaux peu marqués et de côtes transverses épaisses correspondantes aux tubercules épineux dont il existe une seconde rangée à la base du tour. L'ouverture est ovale, étroite, à columelle épaisse, à base perforée et à labre denticulée.

Étage Aquitanien : faluns de Saint-Avit, Bazas, Lariey, Martillac, etc.

407. **Pyrula (Melongena) cornuta**, Ag. (fig. 260, 2). — Coquille pyriforme, ventrue, renflée, à suture des tours de spire canaliculée; la spire qui est courte se compose de tours un peu anguleux et ornés de côtes transverses et de stries longitudinales peu marquées. Le dernier tour est grand, quelquefois mutique, le plus souvent orné à sa partie supérieure d'une couronne de tubercules aigus, hérissés; il s'en trouve à la base une seconde rangée où ils semblent imbriqués et sont moins aigus. L'ouverture est lisse.

Même étage et mêmes localités que le précédent.

408. **P. (Melongena) minax**, Soland (Pl. XVIII, fig. 13). — Belle coquille en fuseau court, ventru, strié longitudinalement et armé de longues épines. Spire à tours supérieurs anguleux, couronnés d'une rangée de tubercules aigus, épineux; sur le dernier tour, les tubercules de la couronne sont très prononcés et forment des épines fortes, canaliculées, un peu recourbées; il s'en voit un peu au-dessous un second rang de moins longues et de moins aiguës, puis viennent, occupant toute la base du tour de spire, 8 à 12 sillons longitudinaux dont le premier surtout est très profond. Ouverture ovale avec un fort canal à la base. Queue recourbée ombiliquée, bord externe tranchant, frisé et sillonné intérieurement chez les jeunes.

Étage Bartonien : sables moyens. Acy, Betz, Senlis, Tancrou, Valmondois.

409. **Pyrula (Tudicla) rusticula**, Bast. (fig. 261). — Coquille d'assez grande taille en forme de masse d'arme, se composant d'une spire conique peu élevée, à dernier tour très renflé, portant sur sa plus grande

convexité deux rangées longitudinales de gros tubercules subépineux, séparées l'une de l'autre par un espace un peu concave; au-dessous de cette double couronne, le tour se termine par une queue droite, très forte et très longue. L'ornementation est des plus modestes, elle consiste, sur le méplat supérieur des tours, en rides transverses obliques, et au-dessous en quelques stries longitudinales plus ou moins fortes suivant les échantillons. Bouche ovale à canal très allongé, droit, columelle lisse très arquée, avec un fort pli en avant. Bord externe tranchant.

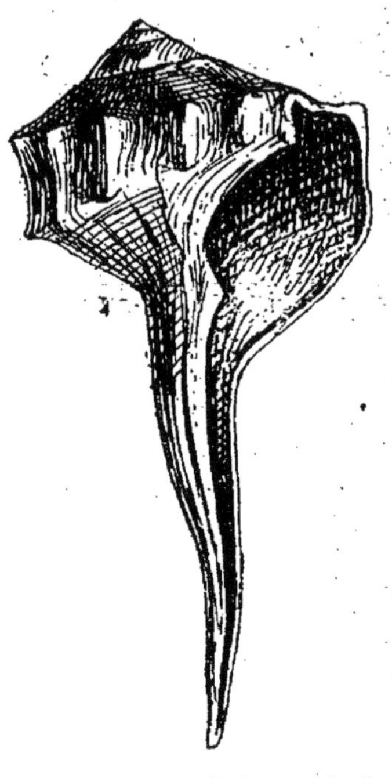

Fig. 261. — *Tudicla rusticula*, Bast. sp.

Étage Burdigalien faluns de Léognan : bois de Léognan, Dax, Saint-Paul, etc.

Muricidæ.

410. **Murex calcitrapa**, Lmk. (fig. 262). — Coquille ovale, composée de 7 à 8 tours étroits, divisés au milieu par un angle fort aigu duquel partent 7 ou 8 épines assez longues se prolongeant en varices peu épaisses et lamelliformes qui se correspondent d'un tour à l'autre. Les tours sont aplatis à la face supérieure et presque lisses dans cette partie; dans les autres ils sont comme ridés; le dernier est sillonné à la base. L'ouverture est ovale, la columelle est ombiliquée à la base

Étage Lutétien : commun dans le calcaire grossier supérieur : Grignon, ferme de l'Orme, etc.

411. **Murex tripteroides**, Lmk. (fig. 263). — Cette espèce est allongée, subfusiforme, trigone, sillonnée longitudinalement; elle présente trois ailes minces, indivisées, entre lesquelles se voient des tubercules grands, épais. L'ouverture est ovale, prolongée à la base en un canal assez long; le labre est crénelé et denté intérieurement.

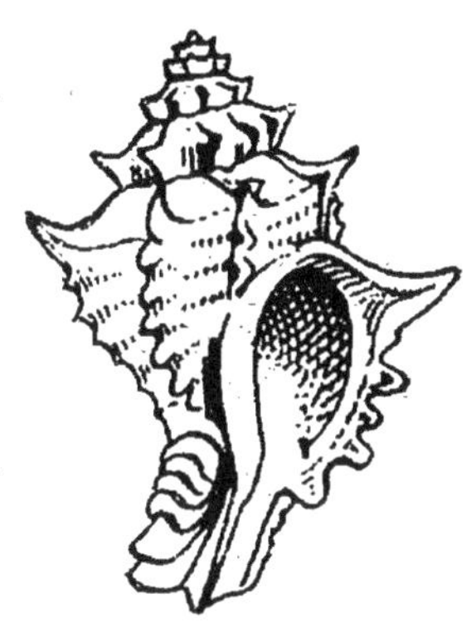

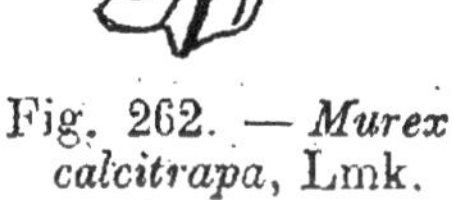

Fig. 262. — *Murex calcitrapa*, Lmk.

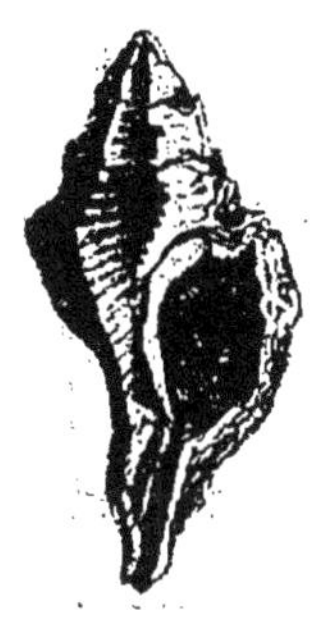

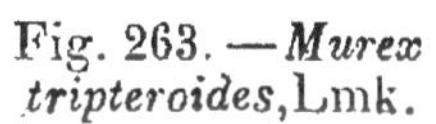

Fig. 263. — *Murex tripteroides*, Lmk.

Fig. 264. — *Murex tricarinatus*, Lmk.

Calcaire grossier : mêmes localités que le précédent.

412. **Murex tricarinatus**, Lmk. (fig. 264). — Ce rocher est moins allongé que le Tripteroïdes et un peu plus ventru, semblant épineux sur chaque tour de sa spire, parce que le bord externe de l'ouverture se prolonge dans sa partie supérieure en une pointe épineuse; il est sillonné transversalement, feuilleté, frangé et denté sur ses angles.

Commun dans le calcaire grossier : avec les deux précédents.

413. **Murex conspicuus**, Braun. (fig. 265). — Coquille

ovale oblongue, fusiforme, à sommet un peu obtus, spire composée de 8 tours, les deux premiers lisses, les autres étroits, convexes, scalariformes, anguleux au milieu; l'avant-dernier porte 4 ou 5 varices, le dernier, triangulaire, pyramidal, à 3 varices et 3 nodules intersticiaux, il est costé et strié longitudinalement, les stries sont fines, un peu rugueuses. Ouverture ovale, se terminant par un canal court, oblique, marge gauche étroite, simple; labre épais, denté intérieurement.

Étage Stampien : Ormoy-la-Rivière, Pierrefitte.

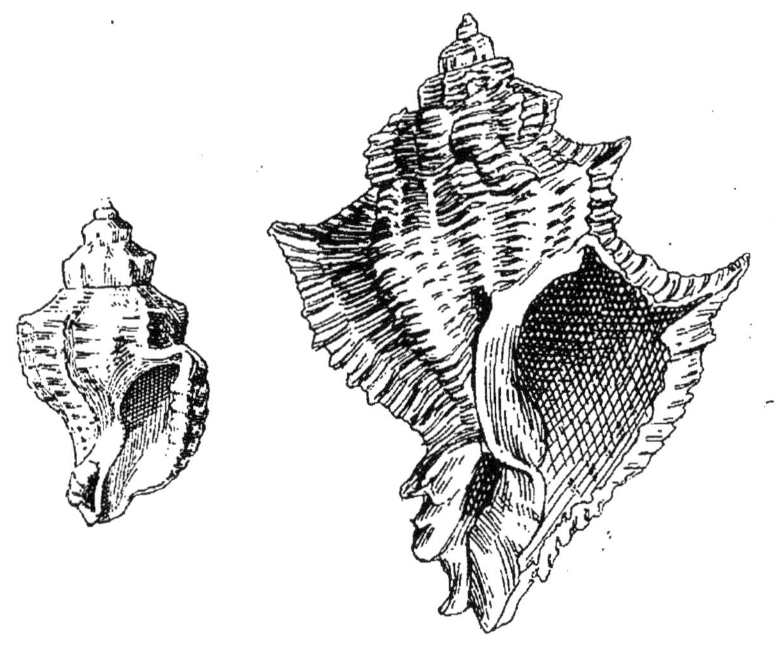

Fig. 265. *Murex conspicuus*, Braun.   Fig. 266. *Murex Turonensis*, Duj.

414. **Murex Turonensis**, Dujard. (fig. 266). — Coquille ovale subfusiforme, plus ou moins longue, ornée de sillons longitudinaux rugueux, anguleux, à interstices

striés granuleux; par tour 3 à 6 varices intermédiaires convexes quelquefois noduleuses. Ouverture anguleuse au sommet terminée par une queue recourbée, présentant un canal en partie recouvert, bord externe plissé, sillonné à l'intérieur.

Étage Helvétien : faluns de la Touraine : Manthelan, Pontlevoy, etc.

Columbellidæ.

415. **Zittelia Sophia**, Ogérien. (fig. 267). — Coquille ovale, ventrue, subglobuleuse, très épaisse, spire acuminée, dernier tour très grand orné de côtes longitudinales composées de tubercules arrondis, réguliers, se correspondant d'une côte à l'autre, laissant ainsi entre eux des sillons transverses. Ouverture en fente, étroite, peu sinueuse, formant un petit canal à la base. Bord interne épaissi, tantôt lisse, tantôt granuleux, bord externe formant un épais bourrelet, lisse en dedans, crénelé au dehors.

Étage Séquanien : couches coraliennes de Valfin, Oyonnax, etc.

Fig. 267. — *Zittelia Sophia*, Og.

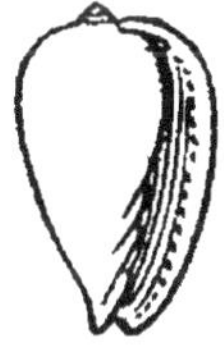

Fig. 268. — *Marginella ovulata*, Desh.

Marginellidæ.

416. **Marginella ovulata**, Desh. (fig. 268). — Coquille petite, ovoïde, lisse, polie, à spire très courte, un peu pointue. La columelle porte 5 ou 6 plis longitudinaux,

le labre présente un bourrelet marginal étroit, peu épais; il est sillonné intérieurement.

Étage Lutétien : calcaire grossier : Grignon, Chaussy, Chaumont, etc.

417. **Volvaria bulloïdes**, Lmk. (fig. 269). — Charmante coquille de taille médiocre (environ 20 millimètres de hauteur pour les plus grands individus), mince, cylindrique, enroulée, présentant à son sommet

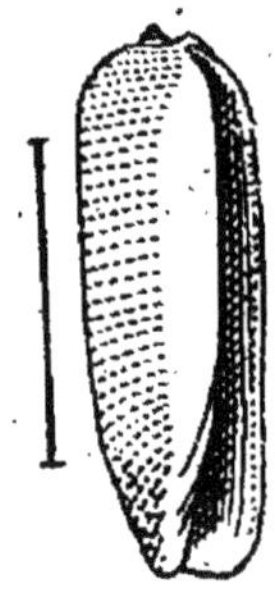

Fig. 269. — *Volvaria bulloides*, Lmk.

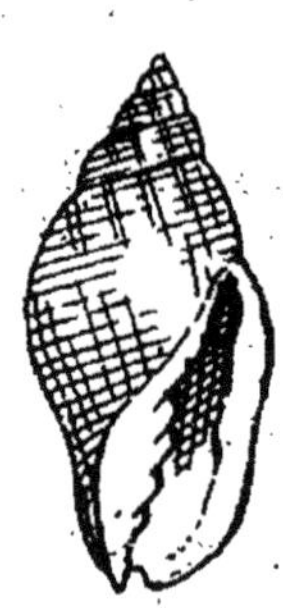

Fig. 270. — *Mitra labratula*, Lmk.

une spire petite, enfoncée ou à peine proéminente; la surface est ornée de stries spirales ponctuées. Ouverture longue, très étroite, échancrée à la base, bord columellaire portant à la base 3 plis obliques, bord externe droit, tranchant.

Étage Lutétien : assez commune dans le calcaire grossier : Chaumont, Courtagnon, Grignon, Mouchy, Parnes, etc.

Mitridæ.

418. **Mitra labratula**, Lmk. (fig. 270). — Coquille ovale, épaisse, presque lisse, à spire aiguë composée de tours peu convexes, les premiers sont légèrement cos-

tulés et ornés supérieurement de stries longitudinales assez fines qui, en croisant les côtes, forment une sorte de treillis, les autres tours sont lisses et ne présentent que des stries d'accroissement. Bouche allongée, columelle présentant 4 plis; bord externe épaissi et portant une callosité à sa partie supérieure.

Étage Lutétien : commune dans le calcaire grossier à Chaumont, Grignon, Mouchy, Parnes, Saint-Félix, le Tomberay, etc.

Volutidæ.

419. **Voluta (Musica) musicalis**, Lmk. (fig. 271). — Très belle et grande espèce ovale, pointue, à spire conique et muriquée. Son dernier tour, un peu turbiné, est muni de côtes transversales qui se terminent à leur sommet par autant de tubercules épineux; en outre, il est finement strié transversalement et en même temps treillissé par des rides écartées et longitudinales. La columelle présente 4 grands plis à sa partie inférieure; le bord externe de la bouche est sinueux supérieurement.

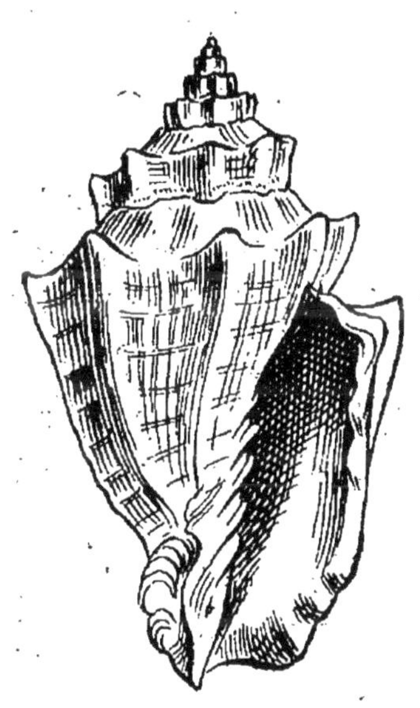

Fig. 271.
Voluta musicalis, Lmk.

Étage Lutétien : calcaire grossier de Courtagnon, Grignon, ferme de l'Orme, etc.

420. **V. (Scapha) muricina**, Lmk. (Pl. XIX, fig. 8). —

Grande et belle espèce dont la spire est saillante, pyramidale, tous les tours sont hérissés, à leur partie antérieure de grands tubercules spiniformes. Le pli inférieur de la columelle est grand et séparé des autres par un sillon assez large.

Étage Lutétien : Chaumont, Courtagnon, Grignon, Mouchy, Parnes, etc.

421. **V. (Aurinia) Lamberti,** Sow. (fig. 272). — Coquille d'assez grande taille, allongée, étroite, ventrue dans le milieu; spire allongée, conique, obtuse au sommet, composée de 5 à 6 tours à peine convexes, à suture simple; le dernier tour s'atténue vers la base et se termine par un canal dont l'extrémité est à peine échancrée. L'ouverture est allongée, étroite, rétrécie à ses extrémités. Le bord externe est simple, la columelle est droite et présente dans le milieu 4 plis subtransverses dont l'un est effacé et ne se voit bien que quand la coquille est cassée.

Fig. 272. — *Voluta Lamberti*, Sow.

Étage Helvétien de la Touraine et du Sud-Ouest : Pontlevoy, Salles, Cazenave, etc.

422. **V. (Volutilithes) ambigua,** Lmk. (fig. 273). — Coquille ovale oblongue striée longitudinalement, supportant des côtes transverses, tours de spire anguleux vers le haut, à angle simplement denté, spire brève, courte, conique, aiguë, lèvre externe sillonnée intérieurement, columelle à 3 ou 4 plis.

Étage Yprésien : sables glauconifères, Cuise-Lamotte, Trosly-Breuil, etc.

423. **V. (Volutilithes) spinosa**, Linn. (Pl. XVIII, fig. 14). — Élégante espèce de taille moyenne, turbinée, la base du dernier tour est striée longitudinalement et la partie supérieure, ainsi que toute la spire, porte des côtes transverses fortes, espacées, qui, se terminant en pointe, forment une couronne épineuse au sommet des tours; près de la suture se voit une seconde couronne d'épines moins fortes.

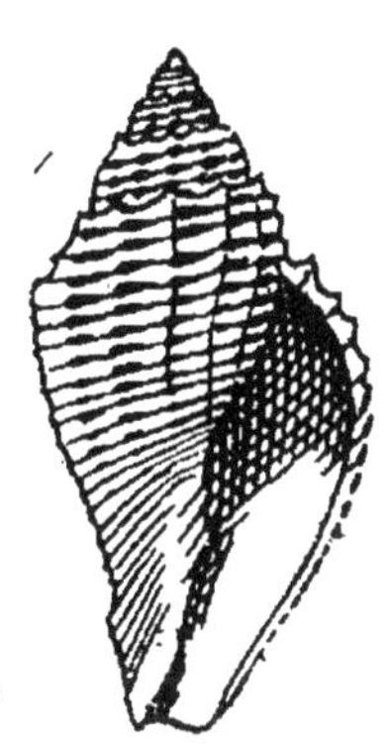

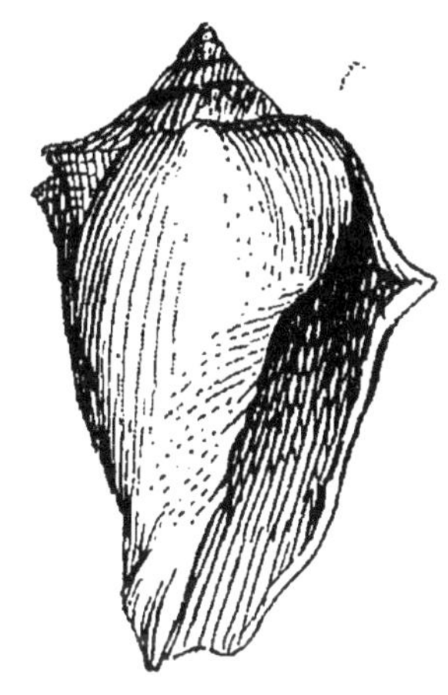

Fig. 273. — *Voluta ambigua*, Lmk. Fig. 274. — *Voluta rarispina*, Lmk.

Calcaire grossier : très commune à Grignon et dans les autres localités du calcaire grossier glauconieux.

424. **V. (Volutilithes) labrella**, Lmk. (Pl. XIX, fig. 7). — Coquille courte, turbinée, ventrue, carénée à la base de la spire. Columelle calleuse dans sa partie supérieure et munie de 5 à 6 plis dont les 2 inférieurs sont les plus grands. La coquille est sillonnée longitudinalement.

Sables bartoniens du bassin de Paris, niveau inférieur. Auvers, Mary, etc.

425. **V. (Athleta) rarispina**, Lmk. (fig. 274). —

Coquille à base transversalement sillonnée, n'offrant sur le sommet de son dernier tour que 2 ou 3 épines distantes. Spire très courte, presque nulle, ne présentant qu'une pointe très aiguë. Labre épais strié intérieurement, columelle calleuse étalée, avec 3 forts plis.

Étage Burdigalien : commune dans les faluns de ce niveau à Dax, Saint-Paul et autres localités du Sud-Ouest.

426. **V. (Athleta) athleta**, Sow. (fig. 275). — Coquille ovale, turbinée, en forme de pyrule, spire conique à tours supérieurs étroits, costulés transversalement et sillonnés longitudinalement, ce qui leur donne un aspect treillissé. Les deux derniers portent supérieurement une couronne d'épines qui deviennent de plus en plus longues au fur et à mesure que l'on se rapproche de l'ouverture qui est allongée, étroite à columelle triplissée et calleuse supérieurement, bord externe, simple, mince et tranchant.

Fig. 275. — *Voluta athleta*, Sow.

Étage Bartonien : commune dans les sables moyens, Monneville, le Ruel, etc.

Harpidæ.

427. **Harpopsis stromboides**, Lmk. sp. (Pl. XIX, fig. 9). — Buccinum stromboïdes, Lmk. — Coquille ovale oblongue, lisse, à tours de spire convexes, la base du dernier est légèrement sillonnée longitudinalement.

Le bord droit, ample, lui donne l'aspect d'un strombe, ce bord est lisse en dedans.

Espèce très commune dans le calcaire grossier des environs de Paris.

Olividæ.

428. **Oliva Branderi**, Sow. (fig. 276). — Coquille glandiforme, ovale oblongue, à spire courte, conique, pointue, composée de 6 ou 7 tours étroits et aplatis, canal de la suture très profond. Le dernier tour est grand, un peu conoïde dans les vieux individus, et terminé à la base par une échancrure large et profonde. Cette base est enveloppée sous une surface calleuse, divisée en deux parties inégales par un sillon profond. Ouverture ovale oblongue plus large dans le milieu qu'aux extrémités. Columelle terminée par un gros bourrelet oblique, tordu et divisé en 2 parties égales par un sillon assez profond. Deux stries se voient sur la partie supérieure, trois sur l'inférieure. Le bord droit est tranchant, épaissi à sa partie supérieure, et profondément détaché de l'avant-dernier tour.

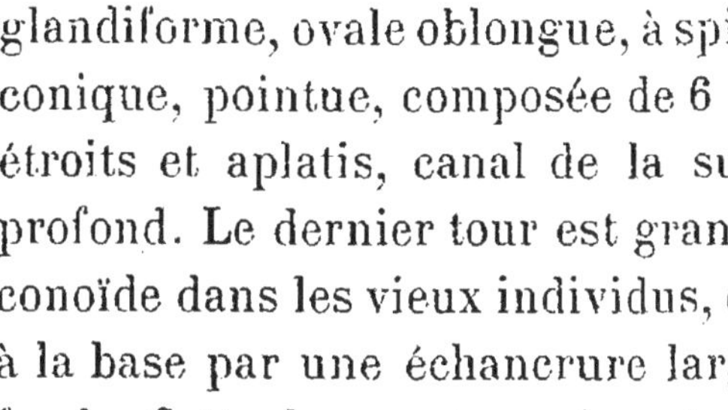

Fig. 276. — *Oliva Branderi*, Sow.

Étage Bartonien : commun dans les sables moyens inférieurs du bassin de Paris : Acy-en-Multien, Auvers, Valmondois.

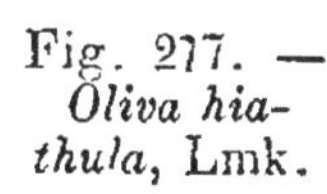

Fig. 277. — *Oliva hiathula*, Lmk.

429. **Oliva hiathula**, Lmk. (fig. 277). — Coquille allongée cylindro-conique, spire aiguë, très courte, columelle plissée longitudinalement, à plis

très obliques. Ouverture ample et très large à la base.

Faluns burdigaliens du Sud-Ouest : Léognan, Saucats, la Cassagne, etc.

430. **Ancillaria buccinoides**, Lmk. (fig. 278). — Coquille ovale pointue au sommet, ressemblant beaucoup à un buccin, mais sa columelle offre inférieurement une callosité oblique et striée. La spire et la base sont polies, luisantes.

Calcaire grossier des environs de Paris.

Fig. 278.—*Ancillaria buccinoides*, Lmk.

Fig. 279. —*Ancillaria canalifera*, Lmk.

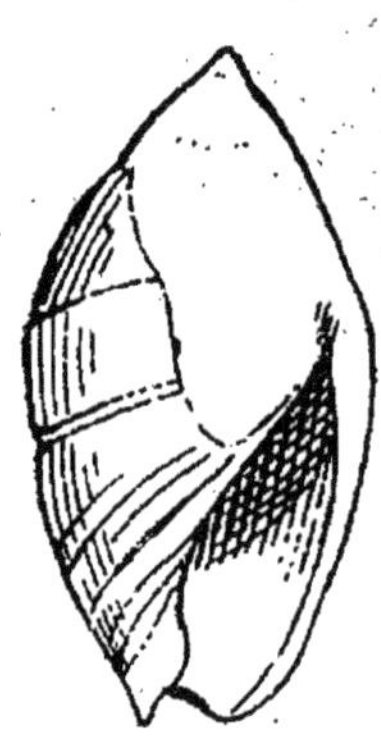

Fig. 280. — *Ancillaria glandiformis*, Lmk.

431. **Ancillaria canalifera**, Lmk. (fig. 279). — Coquille allongée, cylindracée, mucronée au sommet, un peu déprimée inférieurement. Le sommet du bord droit offre une gouttière ou petit canal à son point de jonction avec la spire. Stries d'accroissement apparentes, un peu sinueuses ou irrégulières.

Calcaire grossier.

432. **Ancillaria glandiformis**, Lmk. (fig. 280). — Coquille oblongue, légèrement ventrue, un peu pointue au sommet, calleuse en dessous, et en quelque sorte glandiforme. Elle est lisse, sauf les sillons obliques

de sa partie postérieure, et semble un peu déprimée. Ses sutures sont fondues et effacées.

Étage Burdigalien : commune dans les faluns de Cabrières.

Cancellariidæ.

433. **Cancellaria acutangula**, Bast. (fig. 281). — Coquille ovale aiguë, ventrue, subombiliquée, striée longitudinalement, ornée de côtes transverses obliques, tours de spire anguleux supérieurement, aplatis en dessus, l'angle de la partie supérieure des tours est couronné de dents assez fortes; columelle avec 3 plis, quelquefois deux seulement; canal de la base à peu près nul.

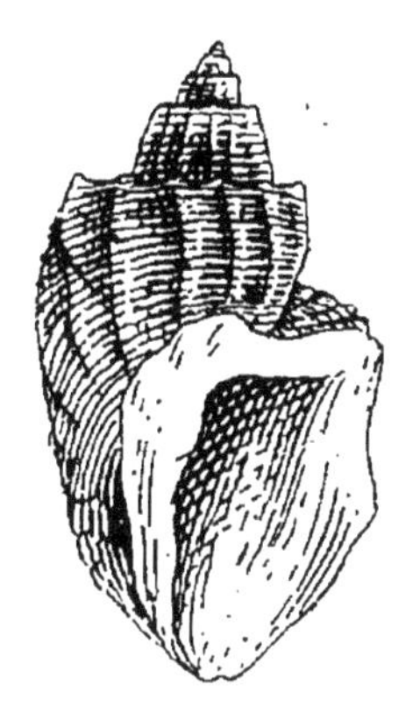

Fig. 281. — *Cancellaria acutangula*, Bast.

Étage Burdigalien : faluns supérieurs de Saucats, Coquillat, la Cassagne, Gieux, Léognan, Pont-Pourquey, etc.

Pleurotomidæ.

434. **Pleurotoma (Cryptoconus) filosa**, Lmk. (fig. 282). — Coquille ovale fusiforme, ventrue, sillonnée longitudinalement, sillons réguliers, élevés, spire composée de tours convexes, bordés, le dernier allongé, ventru, à base finement striée, à ouverture étroite, élargie au milieu, labre un peu en forme d'aile.

Étage Lutétien, commun dans le calcaire grossier à Courtagnon, Grignon, Mouchy et Parnes, etc.

435. **P. (Cryptoconus) lineolata**, Lmk. — Coquille allongée, subfusiforme, ventrue au milieu, lisse, polie, spire composée de 10 à 11 tours, un peu convexes, les premiers striés longitudinalement, les autres lisses ornés de lignes ponctuées rouge orange; le dernier tour assez court, à base sillonnée, sillons quelquefois bifides. Ouverture étroite, columelle lisse arquée, calleuse à la base, labre mince, aigu, émarginé supérieurement.

Var. α ornée de lignes continues
— β — très fines, interrompues
— γ — rares et espacées.
— δ — de points en lignes.

Espèce extrêmement commune dans le calcaire grossier à Grignon, par exemple.

Fig. 282. — *Pleurotoma filosa*, Lmk.

Fig. 283. — *Pleurotoma dentata*, Lmk.

Fig 284. — *Pleurotoma textiliosa*, Desh.

436. **P. (Surcula) dentata**, Lmk. (fig. 283). — Espèce allongée, fusiforme, terminée à la base par un canal prolongé, spire composée de 12 à 13 tours anguleux, dentés au milieu, ornés de stries très fines longitudinales, se croisant avec des stries transverses inégales.

Ouverture étroite, à labre mince, fragile, profondément émarginé au sommet.

Étage Lutétien : commun dans le calcaire grossier.

437. **P. (Surcula) textiliosa**, Desh. (fig. 284). — Coquille allongée, fusiforme, étroite; spire composée de 11 à 12 tours anguleux au milieu, dentés, tuberculeux, costulés transversalement; toute la surface, excepté la partie supérieure des tours, est ornée de grosses stries assez régulièrement espacées, entre lesquelles on en remarque de beaucoup plus fines, toutes sont traversées par d'autres verticales, courbées, irrégulières, qui ressemblent à une trame très fine dans une toile grossière.

Étage Bartonien : commune dans les sables moyens au Guespelle, Ermenonville, etc.

438. **P. (Surcula) Belgica**, Münst. (fig. 285). — Belle coquille allongée fusiforme, acuminée au sommet, spire composée de 11 tours croissant régulièrement, un peu rétrécis, divisés au milieu par un angle obtus, un peu concaves, et déclive au-dessus de cet angle, convexes au-dessous, suture superficielle ascendante; ces tours sont lisses ou striés très finement en travers, les premiers quelquefois traversés par des stries longitudinales assez fortes, dernier tour allongé, oblong, terminé par un canal long et grêle. Ouverture semi-ovale, rétrécie, à bord externe mince et tranchant, coupé en arc de cercle, très développé et détaché de la spire par une échancrure large et profonde.

Étage Stampien : caractérise les sables de Fontainebleau de l'horizon de Morigny.

439. **P. (Surcula) dimidiata**, Brocc. (fig. 286). — Ce

pleurotome ressemble un peu au *P. dentata* du calcaire grossier, il est cependant plus allongé, plus étroit; sa spire se compose de tours assez élevés, anguleux au milieu, à carène couronnée de granules aigus, un peu convexes au-dessous de cette carène, excavés au-dessus; leur surface est ornée d'élégantes stries longitudinales assez fines. La bouche se termine par

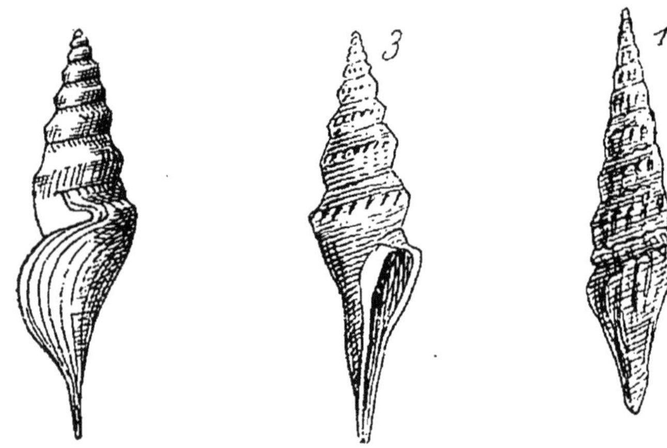

Fig. 285. — *Pleurotoma Belgica*, Münst. Fig. 286. — *Pleurotoma dimidiata*, Brocc. Fig. 287. — *Pleurotoma multinoda*, Grat.

un canal droit, allongé, le bord externe est mince et tranchant.

Étage Tortonien : commun dans les faluns de Saubrigues.

440. **P. (Drillia) multinoda**, Grat. (fig. 287). — Coquille fusiforme à spire très allongée, composée de tours nombreux, anguleux, obtus vers le haut, séparés par une suture onduleuse; le dernier terminé par une queue épaisse, ces tours sont ornés de côtes transverses, obliques, un peu tuberculeuses sur l'angle et traversées sur toute leur hauteur par des stries

longitudinales fines assez régulières. Echancrure du labre étroite et profonde.

Étage Tortonien : répandu dans les marnes tortoniennes de Saubrigues.

441. **P. (Clavatula) asperulata**, Lmk. (fig. 288). — Belle espèce subturriculée, à spire composée de tours

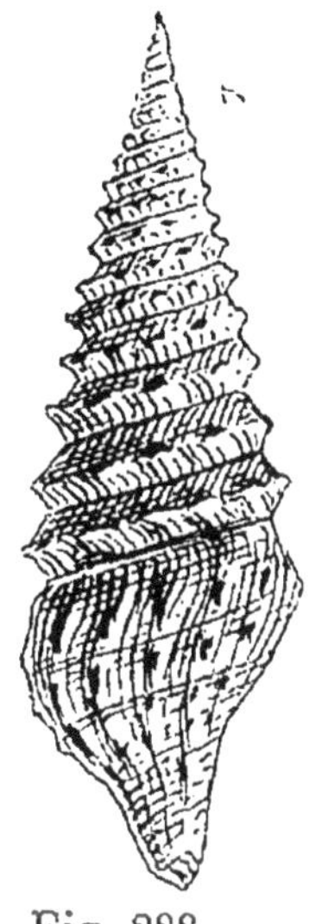

Fig. 288.
Pleurotoma asperulata, Lmk.

Fig. 289.
Pleurotoma cataphracta, Brocc.

nombreux, un peu scalariformes, anguleux à leur partie supérieure qui est ornée d'une couronne de tubercules aigus un peu déprimés, écartés; au-dessous de cette couronne les tours sont plans et présentent à la base au-dessus de la suture qu'elle ondule des côtes transverses obliques qui s'effacent à la moitié de la hauteur du tour; ceux-ci sont de plus ornés de nombreuses rides qui reproduisent le contour de la partie sinueuse du labre. Le dernier tour est hérissé à la base de 2 ou 3 rangs de tubercules distincts. L'ouverture se termine par un canal relativement court.

Étage Tortonien : marnes de Saubrigues.

442. **P. (Dolichotoma) cataphracta**, Brocc. sp. (fig. 289). — Coquille turriculée, un peu ventrue, à spire composée de tours séparés les uns des autres par une suture profonde, divisés en deux parties inégales par une carène forte, crénelée; la partie située au-dessus de cette carène et qui est la plus large est un peu concave, l'autre est étroite, convexe; les tours sont ornés sur toute leur hauteur par des stries granuleuses serrées qui les entourent comme un collier de perles à plusieurs rangs. Le dernier tour se termine par une queue courte, épaisse; le bord externe de l'ouverture présente un sinus large et peu profond.

Étage Tortonien : marnes de Saubrigues.

Conidæ.

443. **Conus deperditus**, Brug. (fig. 290). — Coquille conique, rétrécie vers la base, striée longitudinalement mais plus faiblement dans sa moitié supérieure que dans l'inférieure. Spire un peu élevée, pointue, en rampe d'escalier et composée de 9 ou 10 tours anguleux un peu canaliculés, striés circulairement et même un peu treillissés par les stries d'accroissement qui se croisent avec les autres.

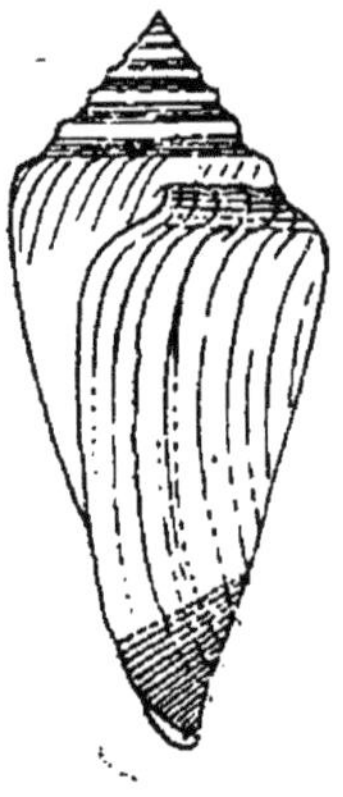

Fig. 290. *Conus deperditus*, Brug.

Étage Lutétien : assez fréquent dans le calcaire grossier à Grignon, Parnes, etc.

444. **Conus Mercatii**, Brocc. (fig. 291). — Coquille turbinée, à spire courte, conique, à profil légèrement

concave, composée de 11 à 12 tours plans, conjoints dont les premiers sont finement striés en travers tandis que les 2 ou 3 derniers sont presque lisses. Ouverture étroite à bords presque parallèles, l'externe mince et tranchant se détache de l'avant-dernier tour par une échancrure peu profonde; angle supérieur des tours fort obtus.

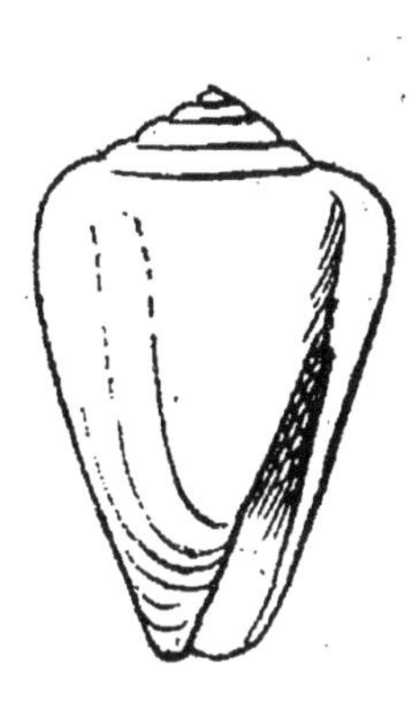

Fig. 291.
Conus Mercatii, Brocc.

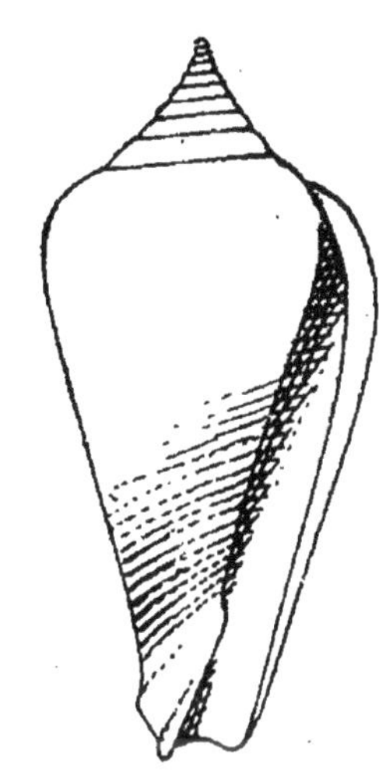

Fig. 292.
Conus Tarbellianus, Grat.

Étage Helvétien : faluns de la Touraine : Ferrière l'Arçon, Manthelan, Pontlevoy.

445. **Conus Tarbellianus**, Grateloup (fig. 292). — Cette espèce est conique, allongée, la spire haute et très accuminée au sommet présente un profil un peu concave; le dernier tour est élevé, régulièrement arrondi au sommet, peu rétréci à la base qui se termine par un canal un peu oblique, lisse ou presque dans sa moitié supérieure, ce tour montre sur l'autre moitié, au-dessus du canal, des sillons longitudinaux obliques

assez accusés. Ouverture étroite, à bord droit tranchant.

Étage Tortonien : marnes de Saint-Jean-de-Marsacq.

OPISTOBRANCHES

Actæonidæ.

446. **Actæonina Darmoisiana**, d'Orb. (fig. 293). — Coquille fusiforme, imperforée à la base, à spire allongée, composée de tours nombreux, presque plans et un peu anguleux près de la suture; elle est plus courte que le dernier tour qui est très haut, et rétréci à la base, Ouverture allongée, étroite au sommet, élargie et un peu arrondie à sa partie inférieure. Columelle lisse, arquée, épaissie; bord externe simple et tranchant. Surface des tours unie ou marquée seulement de stries transverses très légères.

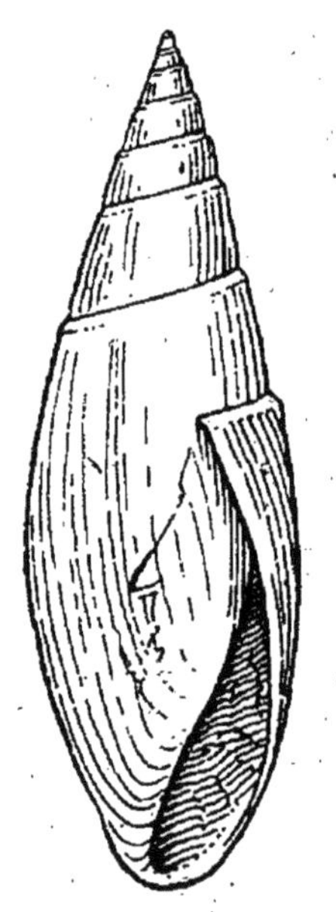

Fig. 293. — *Actæonina Darmoisiana*, d'Orb.

Étage Kimmeridgien : environs de Nantua, Oyonnax, Saint-Mihiel, Tonnerre, Valfin, etc.

447. **Avellana cassis**, d'Orbigny (fig. 294). — Coquille ovale, ventrue, petite, angle spiral de 4°, tours de spire convexes, le dernier grand, portant 27 côtes longitudinales fines entre lesquelles se voient des stries transverses très régulières et très profondes. Ouverture grande, bord externe épais,

réfléchi, sinueux antérieurement, plissé intérieurement, plis égaux, columelle portant 5 plis.

Étage Cénomanien : craie chloritée : Cassis (Bouches-du-Rhône), La Malle, Rouen, etc.

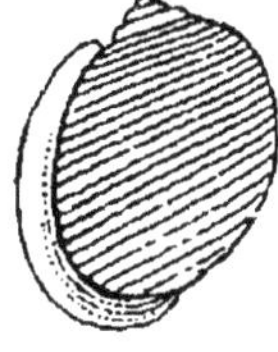

Fig. 294. — *Avellana cassis*, d'Orb.

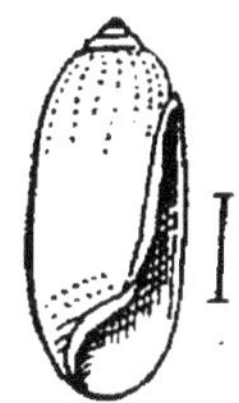

Fig. 295. — *Bullina exerta*, Desh.

Bullidæ.

448. **Bullina exerta**, Desh. (fig. 295). — Coquille de très petite taille, ovale, oblongue, cylindracée, un peu convexe, spire un peu découverte composée de 4 tours étroits, courts, convexes séparés par une suture étroite et profondément canaliculée; le dernier tour grand, orné à sa partie supérieure d'un petit nombre de stries longitudinales, fines, écartées et peu marquées. Ouverture allongée, rétrécie, dilatée antérieurement, columelle très courte, avec un seul pli, labre fortement arqué, simple, mince.

Étage Stampien : commun dans les sables d'Ormoy : Ormoy, Pierrefitte, etc.

PULMONÉS

Limnæidæ.

449. **Limnæus arenularius**, Brard. (fig. 296). — Petite espèce ovale allongée, lisse à spire aiguë plus

courte que le dernier tour, elle se compose de 7 tours un peu convexes, lisses. Ouverture ovale, oblongue, pli columellaire peu saillant, très tordu.

Étage Bartonien : assez commune au niveau supérieur des sables de Beauchamps : Beauchamps, Pierrelaye, etc.

Fig. 296. — *L. arenularius* Brard.

450. **Limnæus longiscatus**, Brong. (fig. 297). — Plus grand que le précédent, allongé, subturriculé, étroit, très lisse, spire aiguë composée de 7 ou 8 tours rapprochés, peu bombés, séparés par une suture peu profonde. Ouverture ovale, allongée, un peu dilatée à la base, rétrécie supérieurement ; la columelle est bordée, son pli est peu saillant, petit, arrondie, le bord externe de l'ouverture est mince et tranchant.

Fig. 297. — *Limnæus longiscatus*, Brong.

Étages Bartonien et Ludien : Très abondamment répandu dans le calcaire de Saint-Ouen et les marnes blanches de Pantin.

451. **Limnæus pachygaster**, Thomæ (Pl. XVIII, fig. 6). — Coquille ovale, ventrue, mince, à spire très courte et aiguë, composée de 6 tours modérément convexes, séparés par une suture linéaire ; le dernier tour, très ample occupe les quatre cinquièmes de la hauteur totale. Ouverture oblique, ovale ; columelle épaisse, déprimée, un peu contournée, à bord réfléchi, bord externe tranchant ; la surface des tours est quelquefois comme martelée.

Étage Aquitanien : calcaire lacustre d'Aurillac.

452. **Limnæus corneus**, Brong. (fig. 298). — Coquille ovale, ventrue, à spire courte et pointue, le dernier

tour formant à lui seul les deux tiers de la coquille, il est très renflé. Ouverture très grande, ovalaire, à pli columellaire large, peu saillant, cette espèce peut atteindre 35 mètres de longueur.

Étage Aquitanien : très commune dans les meulières des environs de Paris : Longjumeau, Massy, Montfort-l'Amaury, Montmorency, Trappes, etc.

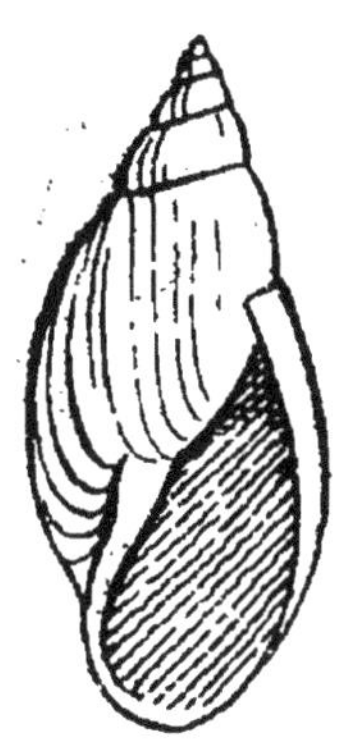

Fig. 298. *Limnœus corneus*, Brong.

Fig. 299. *Limnœus inflatus*, Brong.

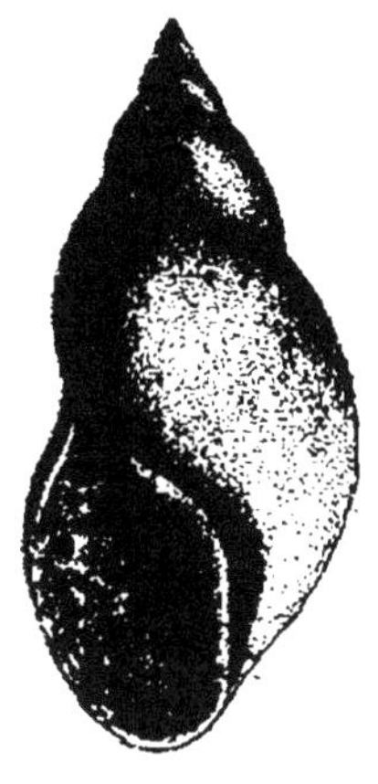

Fig. 300. *Physa gigantea*, Mich.

453. **Limnæus inflatus**, Brong. (fig. 299). — Petite coquille ovale globuleuse, très ventrue, toute lisse à spire courte et pointue, composée de 5 tours dont le dernier, très convexe, fait à lui seul la motié de la hauteur totale. Ouverture ovale dilatée à la base, à columelle très oblique et muni à son tiers postérieur d'un pli peu saillant et peu tordu de 8 à 10 millimètres de longueur.

Étage Aquitanien : même formation et mêmes localités que l'espèce précédente.

454. **Physa gigantea**, Michaud (fig. 300). — Coquille

grande, senestre, oblongue, épaisse, à spire aiguë composée de 7 à 8 tours convexes, le dernier très grand, à suture distincte. Ouverture oblongue, anguleuse supérieurement, arrondie inférieurement. Columelle épaisse, lisse, presque droite; bord externe simple et épais.

Étage Thanétien : calcaire de Rilly, où elle est très abondante.

455. **Physa columnaris**, Desh. (fig. 301). — Coquille allongée, turriculée, très mince, très fragile, toute lisse, senestre. L'ouverture est ovale, atténuée postérieurement, le bord droit est très mince et la columelle tordue dans le milieu et un peu aplatie à sa base est suivie d'un bord gauche étroit et très mince. Les grands individus atteignent 6 centimètres de longueur.

Étage Sparnacien : environs d'Épernay, Cuis, Mont-Bernon, etc.

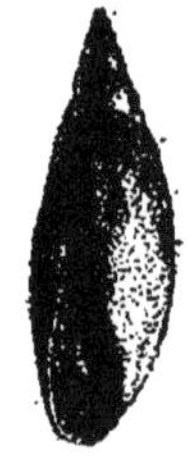

Fig. 301.
Physa columnaris, Desh.

Fig. 302.
Planorbis rotundatus, Brong.

456. **Planorbis rotundatus**, Brong. (fig. 302). — Coquille discoïdale, presque plate en dessus, concave en dessous, presque également ombiliquée de chaque côté. Les tours de spire au nombre de 6 sont en-dessous anguleux au pourtour de l'ombilic. Ouverture presque

circulaire, peu modifiée par l'avant-dernier tour. Sur les individus bien conservés on voit sur les tours de nombreuses stries d'accroissement.

Étage Bartonien : commun dans le calcaire de Saint-Ouen.

457. **Planorbis cornu**, Brong. (fig. 303). — Espèce de plus petite taille que le précédent, discoïdale, presque plane en dessus, profondément ombiliquée en dessous, 4 tours de spire, lisses, le dernier très grand.

Étage Aquitanien : commun dans les meulières de Beauce : Longjumeau, Massy, Montmorency, Palaiseau, Saint-Prix, Trappes, etc.

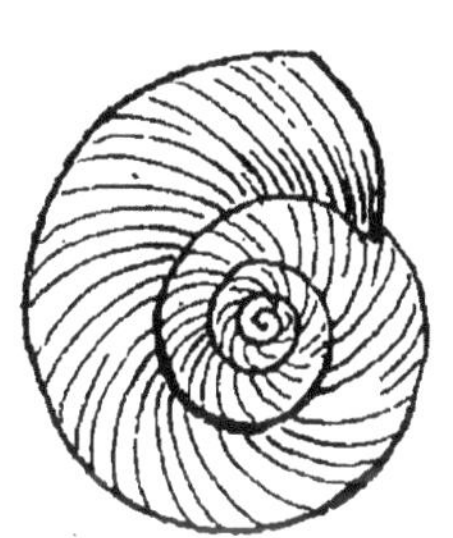

Fig. 303.
Planorbis cornu, Brong.

Fig. 304.
Planorbis solidus, Thom.

458. **Planorbis solidus**, Thomæ (fig. 304). — Coquille grande, discoïde, déprimée supérieurement, un peu concave au milieu, un peu convexe en dessous; ombilic large, modérément excavé; lisse ou plus ou moins striée obliquement; spire composée de 6 tours, les premiers comprimés enveloppant, les autres élargis, un peu convexes, à suture profonde; le dernier grand, cylindracé, aplati en dessus, plus convexe en dessous, Ouverture oblique un peu dilatée, ovale circulaire, à bords simples et tranchants.

Étage Aquitanien : calcaires de Beauce : **Aurillac**, Marigny, Orléans, Pontournois, Pithiviers, Rambouillet, etc.

Testacellidæ.

459. **Glandina Naudoti**, Desh. (fig. 305). — Belle et grande espèce ovoïde à spire pointue composée de tours lisses, convexes, le dernier très ventru. Ouverture ovale allongée, aiguë en haut, arrondie et échancrée inférieurement; columelle lisse tronquée, bord externe simple et tranchant.

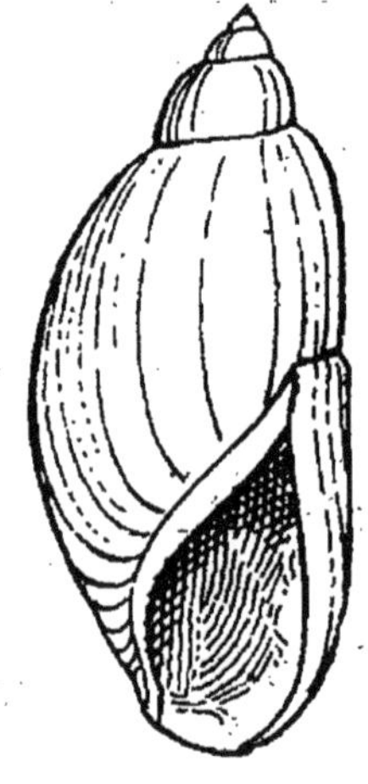

Fig. 304.
Glandina Naudoti, Desh.

Fig. 306.
Lychnus Matheroni, Req.

Étage Lutétien : couches d'eau douce du calcaire grossier supérieur : Longpont, Provins, Saint-Parres (Aube), etc.

Helicidæ.

460. **Lychnus Matheroni**, Requien. (fig. 306). — Coquille assez grande, hélicoïde à spire composée de 4 tours, les premiers étroits formant une petite colonne, le dernier très grand, recouvrant les autres en partie

jusqu'au sommet se courbant ensuite obliquement et en dehors de façon que la bouche se trouve sur le plan de la base qui est convexe et présente une fente ombilicale semi-circulaire. Ouverture ovale, transverse, sans dents, à péristome réfléchi en dehors.

Étage Danien : caractéristique des calcaires dits à Lychnus de Rognac, les Baux près d'Arles, Vitrolles, au Cengle, etc.

461. **Helix hemisphærica**, Mich. (fig. 307). — Coquille orbiculaire, subglobuleuse, solide, à ombilic large et profond, spire courte, obtuse, composée de 5 tours convexes, le dernier très grand, globuleux; suture bien marquée, toute la surface de la coquille est ornée de stries transverses, très fines, obliques et régulières. Ouverture subovale à bord externe simple, un peu réfléchi.

Étage Thanétien : très commun dans le calcaire de Rilly : Rilly-la-Montagne.

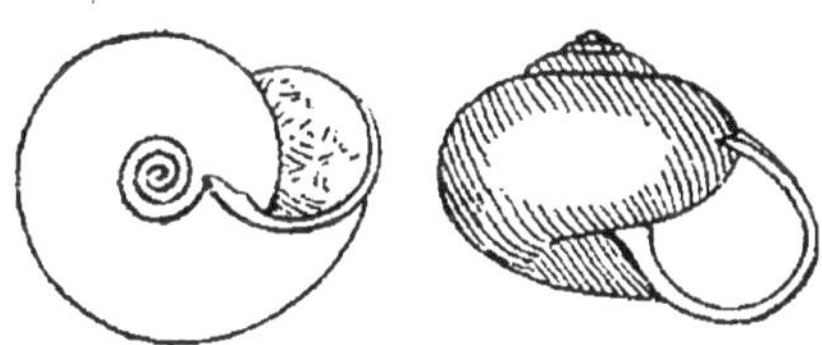

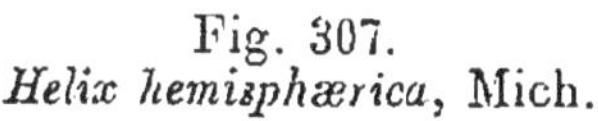

Fig. 307.
Helix hemisphærica, Mich.

Fig. 308. — *Helix Arnouldi*, Mich. (Grossie et gr. nat.)

462. **Helix Arnouldi**, Mich. (fig. 308). — Espèce de très petite taille, orbiculaire, déprimée, lenticulaire, imperforée, planoconvexe en dessus, un peu bombée en dessous, spire composée de 6 à 7 tours presque plans, croissant régulièrement, le dernier comprimé à

la périphérie et orné d'une carène épaisse et proéminente, suture peu profonde. Comme la précédente, cette espèce est ornée très élégamment par des stries fines, régulières, obliques. Ouverture subtriangulaire, oblique, à ombilic calleux, columelle présentant deux dents, labre aigu.

Étage Thanétien : Rilly-la-Montagne.

463. **Helix Ramondi**, Brong. (Pl. XVIII, fig. 7). — Belle espèce globuleuse, à spire assez saillante, composée de 5 ou 6 tours convexes, ornés de stries obliques, flexueuses, régulières, plus ou moins nombreuses selon les individus, le dernier tour est développé et convexe en dessous. Ouverture semi-lunaire, le bord est très épais et forme une forte saillie interne, à la base.

Étage Aquitanien : très commune dans le conglomérat de cet âge, visible à la gare de Dijon, se trouve aussi dans l'Aude et dans les Basses-Alpes.

464. **Helix Lemani**, Brong. (fig. 309). — Espèce peu volumineuse, subglobuleuse, déprimée, spire courte

Fig. 309. — *Helix Lemani*, Brong.

Fig. 310. — *Helix Tristani*, Brong.

et conique composée de 5 tours convexes, lisses, le dernier percé au centre d'un petit ombilic. Diamètre 10 millimètres.

Étage Aquitanien : environs d'Orléans, et plus rarement dans les meulières des environs de Paris à Palaiseau, aux Bruyères de Sèvres, etc.

465. **Helix Tristani**, Brong. (fig. 310). — Coquille de petite taille, déprimée, lisse, à spire conique, légèrement convexe. Le dernier tour un peu anguleux à la périphérie est à peine convexe en dessous et subombiliqué. Ouverture simple subtriangulaire.

Fig. 311. *Clausilia lævolonga*, Boub.

Étage Aquitanien : commune dans les calcaires d'eau douce de l'Orléanais : environs d'Orléans et de Pithiviers.

466. **Clausilia (Bulimus) lævolonga**, Boubée, sp. (fig. 311). — Coquille grande, fusiforme, allongée, à spire composée de tours nombreux, étroits, lisses, un peu convexes ; le dernier, malheureusement souvent incomplet, présente dans les individus bien conservés une ouverture piriforme, à péristome continu ; la columelle est pourvue d'une lame basale (*L*) enroulée sur toute la longueur de l'axe de la coquille.

Étage Sannoisien : calcaires lacustres du Mas Saintes-Puelles (Aude).

PTÉROPODES

Hyalæidæ.

467. **Conularia pyramidata**, Deslongc (fig. 312). — Coquille mince, pouvant atteindre jusqu'à 15 centi-

mètres de longueur, en forme de pyramide à sommet arrondi, à 4 faces limitées par des carènes présentant un sillon dans toute leur longueur. Chaque face est également partagée en deux parties égales par un sillon longitudinal. L'ouverture qui correspond à la section transversale est par conséquent quadrangulaire, les bords sont presque toujours détruits, quand ils existent les faces se terminent en lames triangulaires infléchies en dedans et séparées par des fentes sur les angles.

Fig. 312. — *Conularia pyramidata*, Desl.

Étage Ordovicien : très commun dans le grès de May (Calvados).

§ 3. — Céphalopodes.

Les céphalopodes ont une très grande importance pour le géologue, car c'est à ce groupe qu'appartiennent les fossiles les plus caractéristiques des couches qui se déposèrent pendant les ères primaires et secondaires. Les ammonés qui pullulèrent à l'époque mézozoïque, dans toutes les mers du globe et dont on retrouve aujourd'hui, à des niveaux bien caractérisés, les restes d'espèces particulières, sur de nombreux points des continents actuels, très éloignés les uns des autres sont surtout, dans certains cas, de précieux jalons pour le stratigraphe.

Les céphalopodes, d'après des considérations anatomiques ont été divisés en trois groupes que nous examinerons successivement.

1° Les Tétrabranches;
2° Les Ammonés;
3° Les Dibranches.

TÉTRABRANCHES

Représentés aujourd'hui par le seul genre Nautilus (fig. 313) montraient aux temps primaires une grande

Fig. 313. — *Nautilus*.
Coupe transversale montrant l'animal en place.

richesse de formes, certains genres possédant soit une coquille droite comme Orthocéras (fig. 314) ou simplement arquée (Cyrtocéras) soit une coquille complètement enroulée et à tours plus ou moins embrassants comme Nautilus (fig. 313).

Que la coquille soit droite ou enroulée elle présente les mêmes parties principales, on peut les observer en faisant une coupe médiane de la coquille ; ce sont :

La chambre ou loge d'habitation occupée par l'animal (partie grise sur le dessin).

Ensuite une série de loges (L) ou chambres à air séparées les unes des autres par des cloisons qui sont *concaves*, à bords simples et traversées par un canal arrondi : le siphon (*s*). Au contact du siphon les cloisons présentent un bourrelet qui peut être dirigé en avant (prosiphonata), ou en arrière (retrosiphonata) suivant les genres. C'est le goulot siphonal.

Dans les espèces enroulées, on appelle la partie cintrée externe des tours : côté ventral. Le côté dorsal est celui qui circonscrit l'ombilic, c'est-à-dire la partie qui, au centre de la spire, laisse voir les premiers tours.

En général, sur les moules fossiles, le bord des cloisons est représenté sur la surface externe des tours par des lignes simples plus ou moins sinueuses.

On trouve souvent à l'état fossile des becs de Nautiles auxquels on applique le nom général de Rhyncholithes.

Orthoceratidæ.

468. **Orthoceras gregarioides**, d'Orb. (fig. 314). — Cette espèce est remarquable par la grande taille qu'elle peut atteindre (1 mètre de longueur environ); l'angle d'ouverture de la coquille est de 6°, les cloisons sont larges; extérieurement, cette espèce est absolument lisse, régulièrement arrondie; et ne présentant

aucun renflement. Se rencontre le plus habituellement à l'état de moule.

Étage Gothlandien : Saint-Sauveur (Manche).

469. **Orthoceras bohemicum**, Barr. (fig. 315). — De

Fig. 314.
Orthoceras gregaroides, d'Orb.
Coupe longitudinale.

Fig. 315.
Orthoceras bohemicum, Barr.

taille beaucoup plus petite que la précédente, cette espèce en diffère également par l'angle de son ouverture qui est beaucoup plus ouvert et surtout par la forme de ses contours alternativement renflés et rétrécis, surface externe sans aucun ornements. Assez commun dans les calcaires noirs à *Cardiola interrupta*.

Étage Gothlandien des Pyrénées. Lez, près de Saint-Béat, Marignac, les Pales de Burat, Vénasque, etc.

Nautilidæ.

470. **Nautilus striatus,** Sow. (fig. 316). — Coquille épaisse, largement ombiliquée, à spire peu embras-

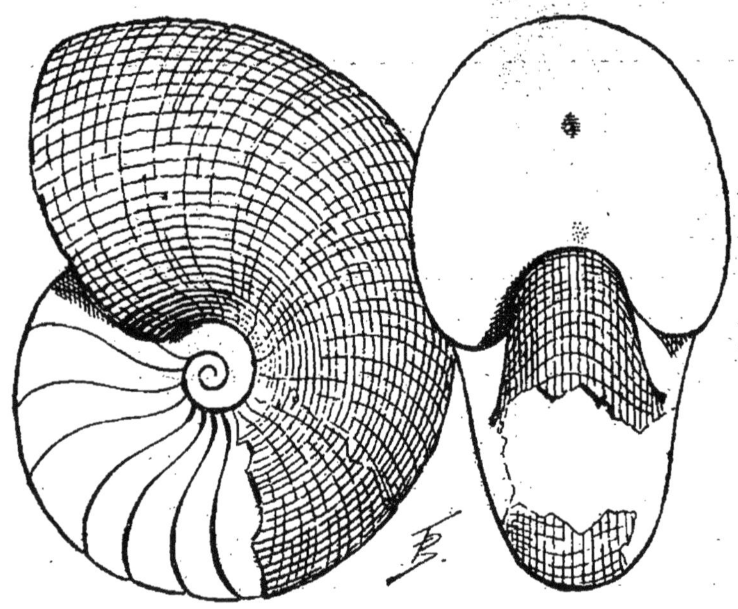

Fig. 316. — *Nautilus striatus,* Sow.

sante, laissant apercevoir les tours dans l'ombilic ; ces tours sont convexes, arrondis, fortement striés en long sur toute leur largeur ; ces stries, dans le jeune âge, forment, en se croisant avec les stries d'accroissement une sorte de treillis. Bouche arrondie. Cloisons peu flexueuses, simplement arquées convexes en avant sur le dos ; elles montrent toujours une dépression contre le retour de la spire. Siphon placé au 3/5 antérieur de la hauteur des cloisons.

Étage Liasien : Dijon, Fontenay (Vendée), environs de Lyon et de Nancy.

471. **Nautilus giganteus**, d'Orb. (fig. 317). — Coquille comprimée, discoïde, lisse, largement ombiliquée, à tours de spire non embrassants, comprimés, aplatis

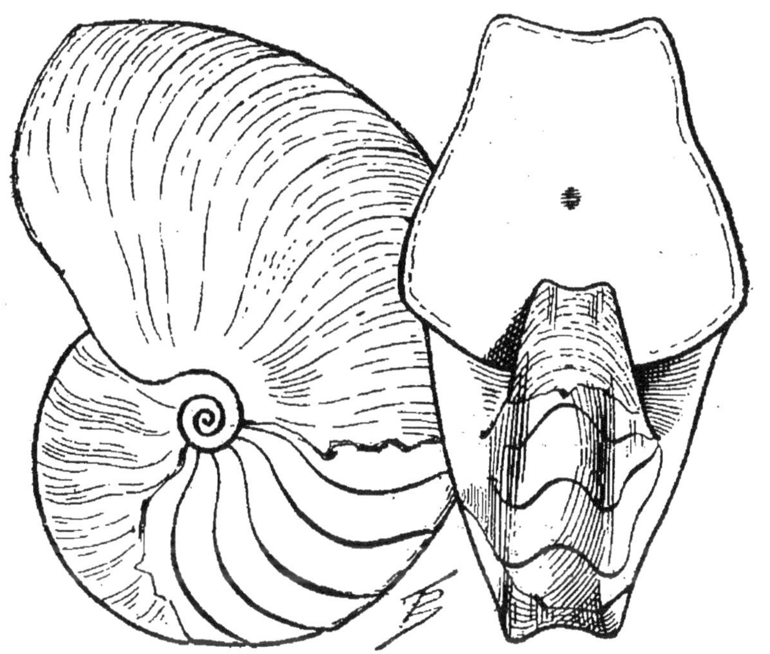

Fig. 317. — *Nautilus giganteus*, d'Orb.

sur les côtés, excavés sur le milieu et carénés aux parties latérales du ventre ; très renflés au pourtour de l'ombilic. Ouverture presque carrée, échancrée en haut, aplatie sur les côtés. Cloisons très profondément excavées au milieu, onduleuses. Siphon très large placé au quart interne de la largeur des tours.

Oxfordien supérieur : Trouville, Saint-Mihiel, Chatel-Censoir, Lifol, etc.

472. **Nautilus Bouchardi**, d'Orb. (fig. 318). — Coquille

très renflée presque aussi large que haute, lisse, polie avec quelques indices de lignes d'accroissement, partie dorsale très arrondie. Bouche plus large que haute, légèrement échancrée inférieurement. Cloisons très espacées, peu arquées, avec une faible dépression près

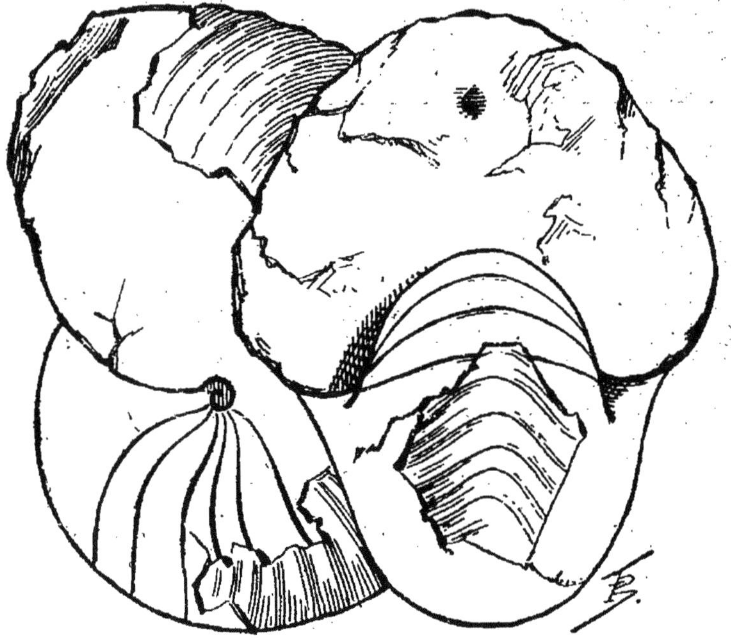

Fig. 318. — *Nautilus Bouchardi*, d'Orb.

du retour de la spire. Siphon petit, placé au milieu de la cloison, pourtant un peu plus près du bord antérieur que du retour de la spire.

Étage Albien : Boulogne-sur-Mer, Clar (Var), Novion (Ardennes), Wissant (Pas-de-Calais).

473. **Nautilus radiatus**, Sow. (fig. 319). — Coquille peu comprimée, à dos arrondi, ornée de côtes transversales régulièrement espacées, arquées, dirigées en arrière et sinueuses sur la partie ventrale et dispa-

raissant entièrement à la région ombilicale. Ombilic large, laissant voir tous les tours. Cloisons très arquées pourvues contre le retour de la spire d'une dépression arrondie et profonde. Bouche arrondie plus

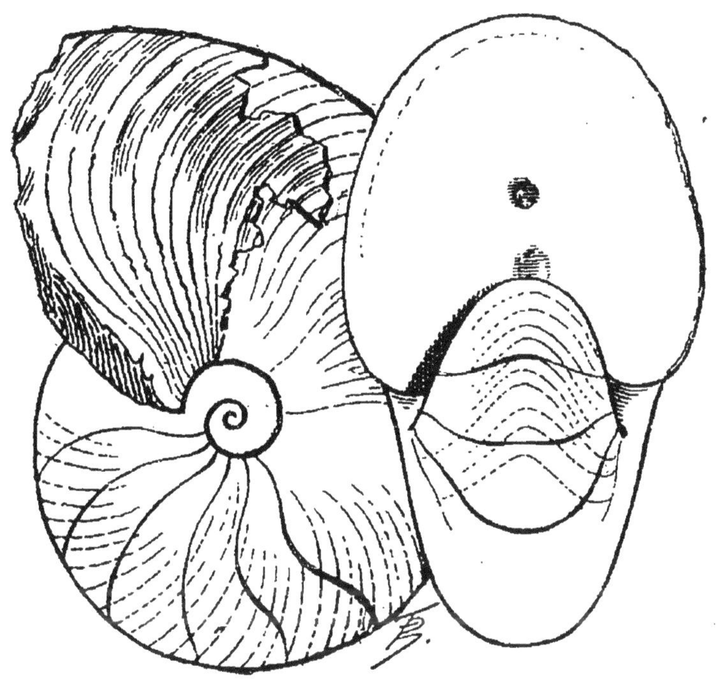

Fig. 319. — *Nautilus radiatus*, Sow.

haute que large; siphon petit, placé au tiers interne des cloisons tout près du retour de la spire.

Étage Cénomanien : craie chloritée de Rouen, côte Sainte-Catherine, environ de Vernon, etc.

474. **Nautilus elegans**, Sow. (fig. 320). — Coquille globuleuse très renflée, marquée en travers de sillons profonds, arqués, inclinés postérieurement sur la partie ventrale où ils forment un très léger sinus arrondi; ombilic non ouvert mais seulement pourvu

d'une légère dépression. Bouche plus large que haute, arquée en croissant, à côtés antérieurs légèrement comprimés. Cloisons simples, concaves, peu arquées au dehors. Siphon placé au tiers extérieur des cloisons, plus près du bord que du retour de la spire.

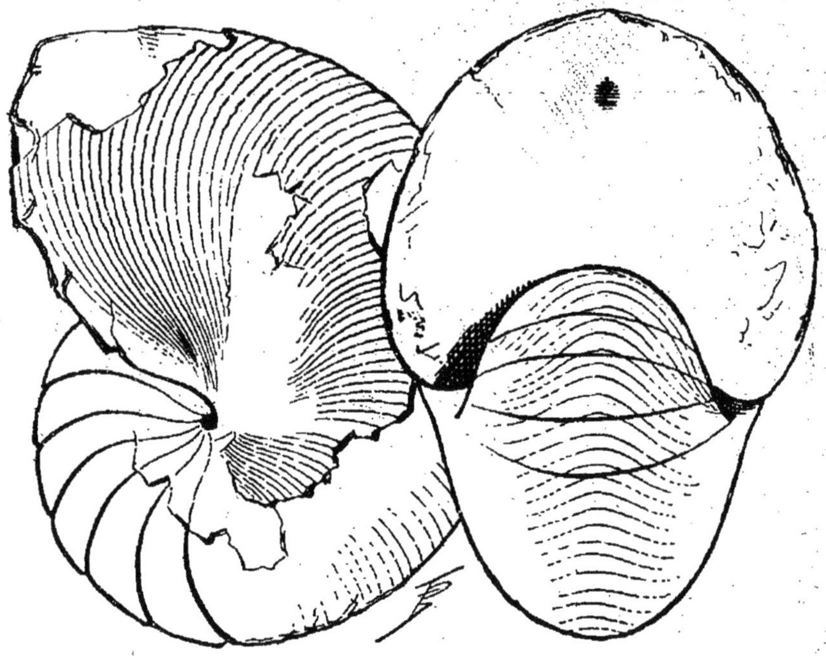

Fig. 320. — *Nautilus elegans*, Sow.

Étage Cénomanien : Cassis (Bouches-du-Rhône), Guilbault (Orne), Orange (Vaucluse), Rouen, etc.

475. **Nautilus Lamarcki**, Desh. (fig. 321). — Par sa forme générale, la grandeur et la disposition de son ombilic, cette belle espèce ressemble beaucoup au *N. Pompilius* (Nautile flambé) actuel; elle en diffère cependant par une double sinuosité des cloisons, et par la position plus postérieure de son siphon, dont

le diamètre est beaucoup plus petit que dans l'espèce vivante.

Étage Lutétien : calcaire grossier : Arcueil, Babeuf, Courcelles-lès-Gisors, Courtagnon, Gentilly, Grignon, Meudon, Parnes, Pont-Sainte-Maxence, Vanves, etc.

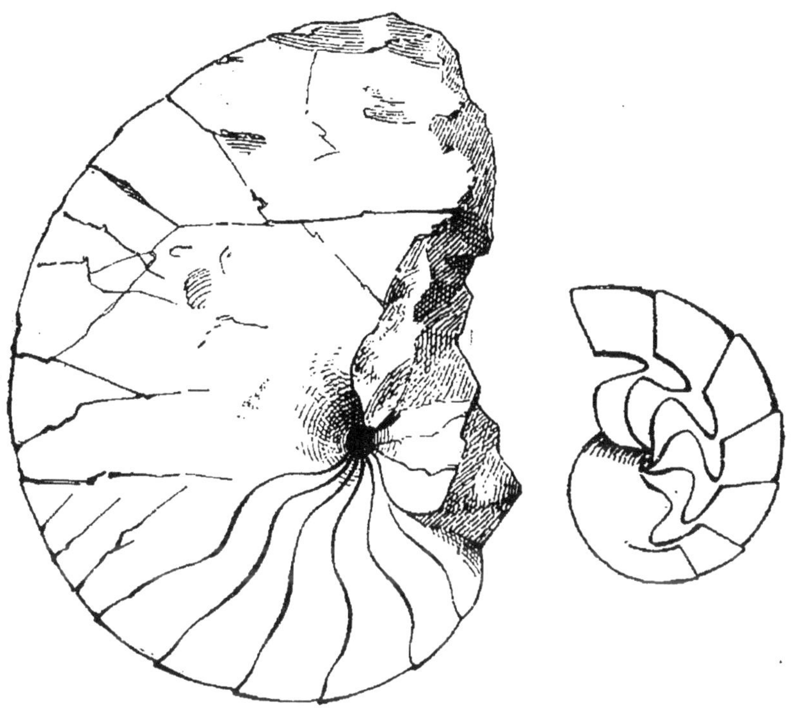

Fig. 321. — *Nautilus Lamarcki*, Desh.

Fig. 322. — *Aturia Aturi*, Bast.

476. **Aturia Aturi**, Basterot sp. (fig. 322). — Coquille à tours complètement recouvrants, non ombiliquée, à cloisons arquées et formant sur chaque flanc un lobe latéral profond et pointu; siphon dorsal, c'est-à-dire placé sur le bord interne des tours, ses parois sont épaisses et formées par de longs goulots en forme de cornets, allant d'une cloison à l'autre et s'emboîtant l'un dans l'autre.

Se rencontre assez fréquemment, à l'état de fragments plus ou moins importants, dans les faluns de la Touraine et du Sud-Ouest : Bazas, Mérignac, Saint-Avit, Sainte-Croix-du-Mont, etc.

AMMONÉS

Groupe constitué par des formes aujourd'hui entièrement éteintes, dont les caractères anatomiques devaient tenir à la fois de ceux des Dibranches et de ceux des Tétrabranches, et dont les restes fossiles, très abondamment répandus dans les dépôts de l'ère secondaire, sont représentés, pour la plus grande partie, par les coquilles appelées communément Ammonites.

La coquille des ammonés qui peut être droite, plus ou moins arquée ou enroulée en spirale ou en hélice, se compose toujours des mêmes parties internes (fig. 323) que celle des Nautiles, c'est-à-dire d'une chambre d'habitation (*ch*) plus ou moins étendue, suivie de loges à airs (*ll'*) séparées les unes des autres par des cloisons *convexes*, à bords très découpés, également traversées par un siphon (*s*) qui, au lieu d'être chez l'adulte central comme dans le Nautile, est alors ventral, c'est-à-dire placé sur le bord externe des tours.

Extérieurement on remarque (fig. 324) : la bouche (*b*) dont les bords sont rarement conservés et présentent quelquefois des appendices latéraux plus ou moins prononcés (fig. 336); au centre de la spire, l'ombilic (*o*) formé par l'enroulement des tours, le côté de ceux-ci bordant l'ombilic s'appelle bord interne (*bi*), l'autre prenant le nom de bord externe (*be*) ou ventral (1). Sur la surface des tours apparaissent les lignes suturales (*cc'*) représentant le bord plus ou moins découpé en lobes (*l*) et en selles (*s*) des cloisons internes (fig. 325 *a*).

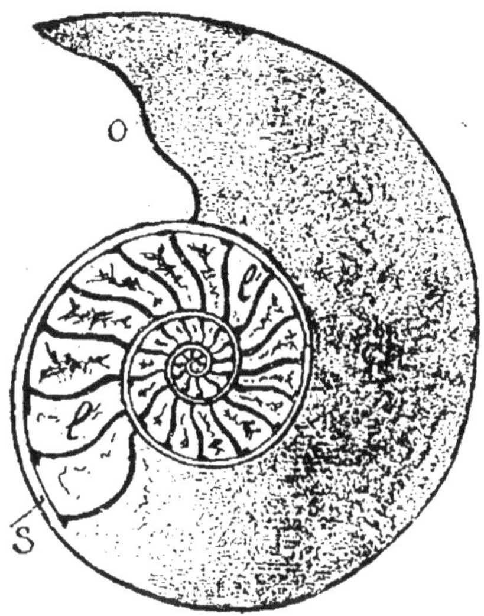

Fig. 323. — *Hoplites falcatus*, Mant. — Coupe médiane ; *o*, ouverture ; *ch*, chambre d'habitation; *ll'*, loges aériennes ; *s*, siphon.

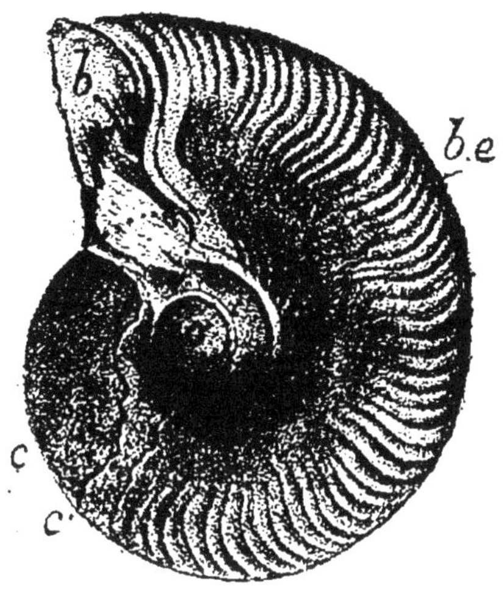

Fig. 324. — Le même vu de profil. — *b*, bouche avec son bord intact ; *o*, ombilic ; *bi*, bord interne des tours ; *be*, bord externe ou ventral ; *cc'*, lignes suturales.

On rencontre quelquefois, soit dans la dernière loge des ammonites, soit le plus souvent isolées des pièces calcaires particulières (*Aptychus*), simples ou composées de deux parties symétriques, ayant appartenu à ces animaux. Ces pièces, qui furent probablement des opercules, se présentent sous des aspects assez variés,

(1) Certains auteurs, au contraire, nomment cette partie : bord dorsal, ou plus simplemrnt dos.

tantôt lisses (fig 326 *a*), tantôt ornées soit de granulations plus ou moins fortes, soit de côtes (fig. 326 *b*); on les a classées en différents groupes, suivant leur mode de structure et d'ornementation. Nous ne citerons que deux de ces aptychus.

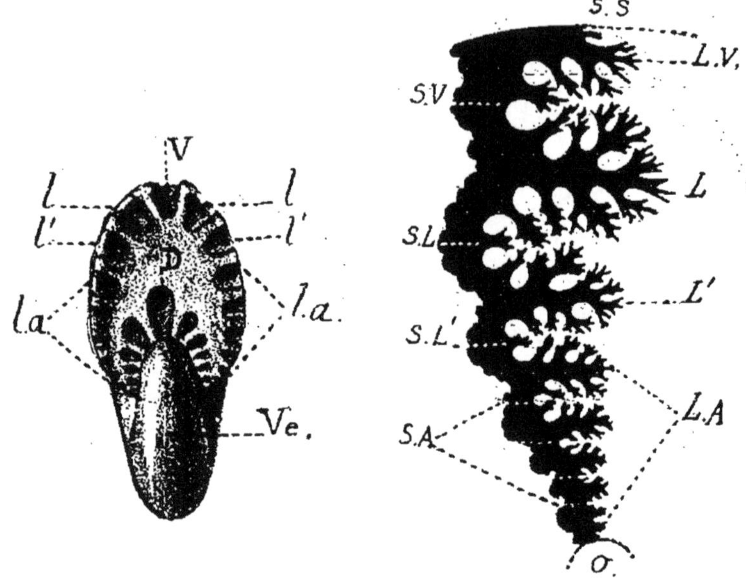

Fig. 325. — Ammonites vu de face. — *V*, lobe ventral; *D*, lobe dorsal; *l*, *l'*, lobes latéraux; *la*, lobes auxiliaires; *Ve*, le ventre.

Fig. 325 *a*. — Une cloison suturale de *Phylloceras heterophyllum*. — *SS*, selle siphonale; *SV*, selle ventrale; *SL*, *SL'*, selles latérales; *SA*, selles auxiliaires; *LV*, lobe ventral; *L*, *L'*, lobes latéraux; *LA*, lobes auxiliaires; *O*, ombilic.

477. **Aptychus lævis**, v. Meyer (fig. 326 *a*) provenant d'*Aspidoceras*, *Orthoceras* et qui se compose de deux pièces réunies par une ligne médiane, bombées d'un côté, à surface finement ponctuée, concave de l'autre, où elles sont ornées de stries concentriques comme les valves de certains acéphalés.

Étage Kimeridgien : très commun dans les argiles à Gryphées, virgules des falaises de la Hève et du Boulonnais.

478. **Aptychus lamellosus**, Parkins. sp. (fig. 326). — Cet aptychus appartient à *Oppelia lingulata* comme le

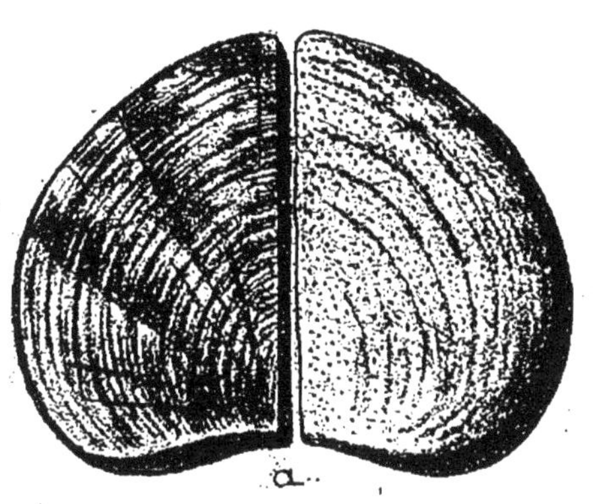

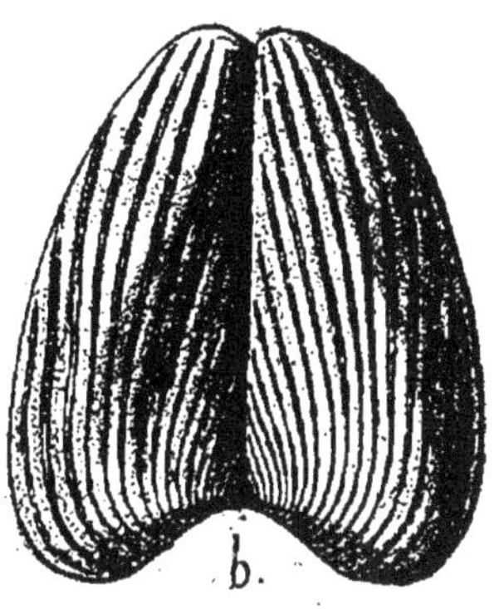

Fig. 326.
a. *Aptychus lævis*, v. Mey. b. *Aptychus lamellosus*, Park.

précédent; il est composé de deux pièces, celles-ci beaucoup plus trigones et ornées à la face externe de sillons obliques et un peu flexueux; très accentués.

Cet organe se rencontre communément dans le tithonique de la Provence et du Dauphiné.

Goniatitidæ.

479. **Tornoceras retrorsum**, v. Busch. sp. (fig. 327). — De taille médiocre, assez épaisse, tours très embrassants, ne laissant entre eux qu'un ombilic étroit, ils sont lisses, ne portant que trois ou quatre sillons flexueux, espacés; ligne suturale composée d'une selle latérale grande, arrondie, selle externe simple, lobe ventral petit, lobe latéral arrondi. Siphon placé au-

dessous du côté externe des tours qui est arrondi.

Étage Frasnien : Cabrières, Neffiez (Hérault).

Ceratitidæ.

480. **Ceratites nodosus**, de Haan (fig. 328). — Coquille un peu comprimée sur les côtés; les flancs

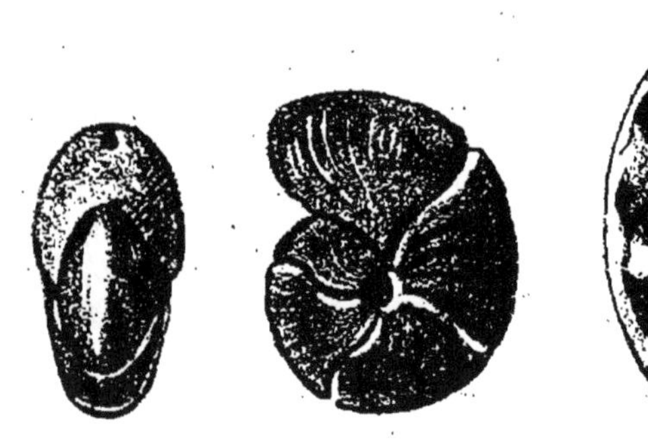

Fig. 327. — *Tornoceras retrorsum*, v. Buch. sp.

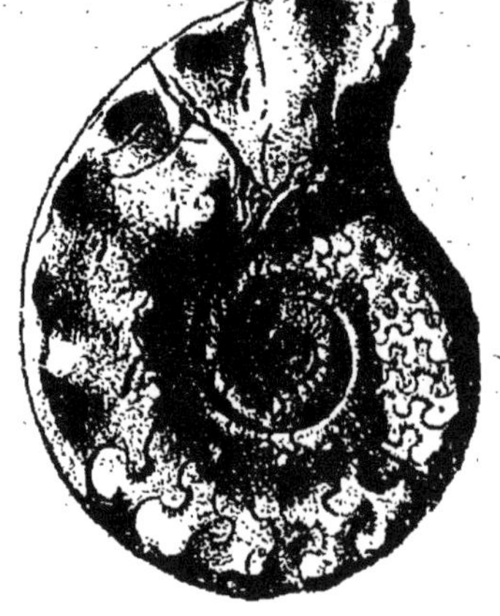

Fig. 328. — *Ceratites nodosus*, de Haan.

des tours de spire sont ornés de grosses côtes peu courbées, espacées, remplacées le plus souvent par deux rangées concentriques de gros tubercules mousses; une située autour de l'ombilic, près du bord interne des tours, l'autre sur le bord externe formant alors de chaque côté du ventre, qui est lisse et presque plat, une carène noduleuse. Les selles de la ligne suturale sont arrondies et à bords simples en avant, les lobes faiblement dentés en arrière.

Caractéristique du Muschelkalk : environs de Lunéville.

Phylloceratidæ.

481. **Phylloceras heterophyllum**, Sow. sp. (fig. 329). — Coquille comprimée, tours de spire convexes, ornés de très petites côtes et stries transverses, rayonnantes, un peu en faisceau; ventre convexe arrondi. Ouverture comprimée arrondie en haut; ombilic très étroit, cloisons latérales à dix lobes formés de parties impaires.

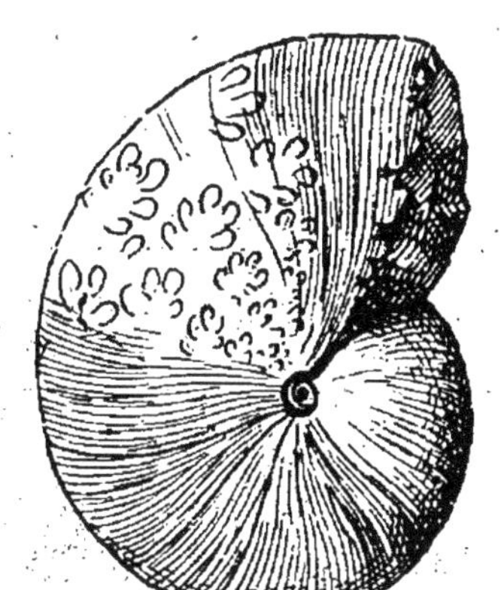

Fig. 329. — *Phylloceras heterophyllum*, Sow. sp.

Étage Toarcien : très répandu un peu partout. Beaumont (Basses-Alpes), Croisilles (Calvados), Charolles (Saône-et-Loire), Semur (Côte-d'Or), Thouars (Deux-Sèvres).

482. **Phylloceras viator**, d'Orb. (Pl. XXIV, fig. 7). — Coquille à tours convexes, embrassants, lisses près de l'ombilic, costulés au pourtour, côtes inégales, arrondies, espacées, ventre très convexe, ombilic très étroit. Ouverture ovale semi-lunaire.

Étage Callovien : Chaudon (Basses-Alpes), Provence.

483. **Phylloceras ptychoicum**, Quenst. sp. (Pl. XXIV, fig. 5). — Coquille composée de tours épais, arrondis, très larges, ne laissant paraître, au centre de la spire, qu'un ombilic enfoncé, très étroit, leur surface est presque entièrement lisse et on ne remarque, comme ornements, que quelques plis transverses, espacés, étroits, presque tranchants, un peu courbés en avant

qui sont surtout élevés sur le ventre et s'évanouissent vers le tiers externe du côté des tours.

Étage Portlandien : Berrias, Crussol, etc.

484. **Phylloceras semisulcatum**, d'Orb. (fig. 330). — Coquille comprimée dans son ensemble, très arrondie à son pourtour, très lisse, ornée autour de l'ombilic, et seulement sur la moitié interne de la largeur de

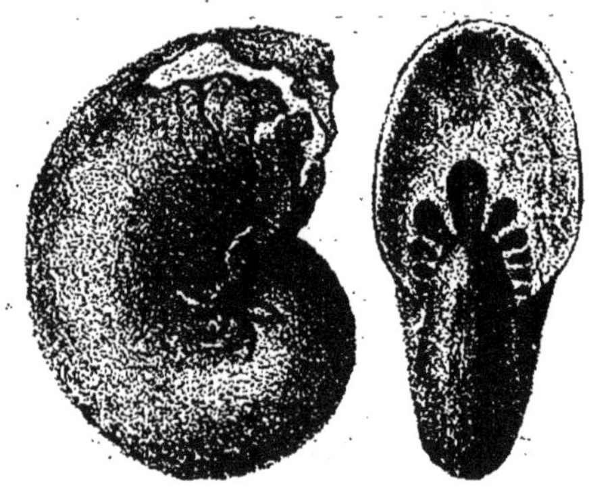

Fig. 330. — *Phylloceras semisulcatum*, d'Orb.

chaque tour, de cinq sillons profonds, très courbés en avant, ombilic étroit. Ouverture ovale, plus haute que large, cloisons divisées sur les côtés en neuf lobes formés de parties impaires.

Étage Néocomien : Anglès (Basses-Alpes), Berrias (Ardèche), environs de Castellane, Gigondas, Sisteron, etc.

Lytoceratidæ.

485. **Lytoceras cornucopiæ**, Young et Bird. (Pl. XXIV, fig. 3). — Coquille à ventre large, arrondi; tours de spire larges, déprimés, côtelés transversalement et longitudinalement; les côtes sont petites, irrégulières,

ridées, festonnées, les lamelles transverses sont élevées; ouverture déprimée, cloisons latérales à 3 lobes et à selles formées de parties paires.

Étage Toarcien : Saint-Amand (Cher), Clapier (Aveyron), Charolles (Haute-Saône), Fressac (Gard), Lyon, Mende, Niort, Thouars, la Verpillière (Isère).

Fig. 331. — *Lytoceras tripartitum*, Rasp.

486. **Lytoceras tripartitum**, Rasp. (fig. 331). — Coquille comprimée, l'ombilic est large, tours de spire cylindriques avec trois ou quatre sillons transversaux, profonds, flexueux; ouverture circulaire, entière, cloisons latérales profondément digitées, divisées en deux lobes de chaque côté.

Étage Callovien : Aix (Bouches-du-Rhône), la Palud et Blaches (Basses-Alpes), environs de Gap, etc.

487. **Macroscaphites Yvani**, d'Orb. sp. (Pl. XXV, fig. 34). — Coquille commençant comme une ammonite, à dernier tour disjoint se projetant en une partie un peu flexueuse terminée par une crosse recourbée assez régulièrement. Les tours sont ornés de côtes transverses, droites, simples, au milieu desquelles, sur trois points de chaque tour, on en remarque deux plus élevées, séparées par un sillon profond et ne suivant pas toujours la même direction que les autres. Ventre arrondi, convexe.

Étage Barrêmien : Barrême, Saint-Julien-en-Beauchêne, etc.

488. **Hamites attenuatus**, Sow. (Pl. XXV, fig. 1). —

Coquille allongée, amincie, formant dans son ensemble une spire très elliptique. Toute la coquille est ornée en travers de côtes annulaires très élevées sur le dos atténuées sur le ventre, très obliques d'arrière en avant. Bouche légèrement ovale souvent presque circulaire, cloisons symétriques.

Étage Albien : Perte du Rhône, Wissant.

489. **Turrilites Bergeri**, Brong. (fig. 332). — Coquille turriculée, spire senestre ou dextre, conique, formant un angle de 33 à 38°, tours convexes, ornés en travers, par tour de 20 à 32 côtes flexueuses, sur lesquelles sont quatre tubercules, deux supérieurs très rapprochés, les autres également espacés, le plus supérieur caché par le retour de la spire. Ces quatre tubercules figurent autant de lignes longitudinales. Bouche comprimée, un peu quadrangulaire.

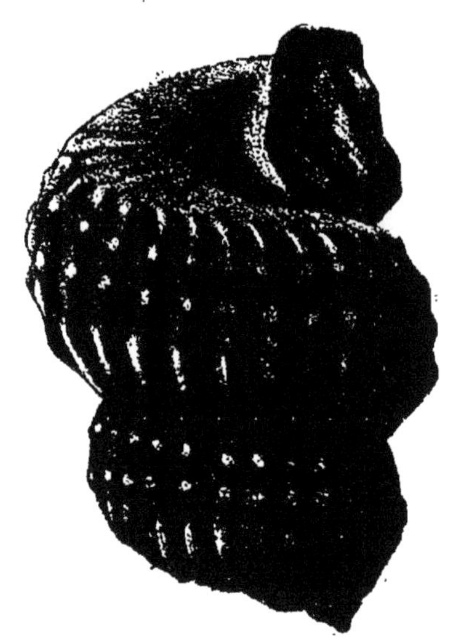

Fig. 332. — *Turrilites Bergeri*, Brong.

Étage Albien : Aiglun, Saint-Paul-Trois-Châteaux, etc.

490. **Turrilites costatus**, Lmk. (Pl. XXV, fig. 5). — Coquille turriculée, médiocrement allongée, spire senestre, conique, formant un angle de 25°. Tours convexes carénées un dessous, ornés de côtes transverses, tuberculeuses à leur extrémité; elles sont surmontées de deux rangées longitudinales de tubercules

aigus en nombre égal à celui des côtes, la rangée supérieure étant plus petite que l'autre. Ombilic droit, ouverture ovale, subrétrécie. Cloisons très compliqués, très obliques, lobes et selles formés de parties paires.

Étage Cénomanien : Cassis (Bouches-du-Rhône), Escragnolle (Var), Guilbaud (Orne), etc.

491. **Baculites anceps**, Lam. (Pl. XXV, 2 à 2 *a*). — Coquille droite, comprimée, lisse ou portant des ondulations transverses, ventre presque aigu, le dos s'élargissant et formant une partie très obtuse. Ouverture oblique, allongée dans la partie supérieure, aiguë, sinueuse sur les côtés. Les cloisons sont symétriques, composées de selles et de lobes paires (le ventral excepté), peu profonds.

Calcaire à baculites des environs de Valognes.

Psiloceratidæ.

492. **Psiloceras planorbis**, Sow. sp. (Pl. XXV, fig. 6). — Coquille discoïdale, à ombilic large, à tours croissant lentement, presque lisses, ornés seulement sur les côtés de fines stries transversales onduleuses; ventre arrondi, ouverture un peu contractée, avec un lobe ventral arrondi, proéminent. Cloisons à lobe siphonal bifide, plus profond que le lobe latéral, deuxième lobe latéral peu différent des lobes auxiliaires.

Étage Hettangien : le Bleymard, Chalindrey; Basses-Alpes, etc.

Harpoceratidæ.

493. **Arietites bisulcatus**, Brug. = A, Bucklandi, auct. (Pl. XXV, fig. 9, 9 *a*). — Coquille com-

primée, tricarénée, à tours subquadrangulaires, portant 34 côtes sur les côtés, pour un tour. Côtes subcarénées aiguës, épaissies extérieurement, tuberculeuses, subépineuses, ventre caréné avec deux sillons. Ouverture subquadrangulaire, bisinuée antérieurement, cloisons latérales découpées de chaque côté en trois lobes et trois selles formées de parties impaires.

Étage Sinémurien : environs de Lyon, Semur, Avallon, Salins, etc.

494. **A. Conybeari**, Sow. (fig. 333). — Discoïdale très comprimée, fortement carénée et pourvue sur le ventre d'une quille obtuse et large bordée de sillons profonds circonscrits au dehors par une autre carène; les tours de spire sont ornés en travers par de côtes simples, obtuses, étroites, légèrement arquées, s'achevant sur le bord externe près d'un sillon ventral. Bouche comprimée. Cloisons latérales découpées en deux ou trois lobes formés de parties presque paires.

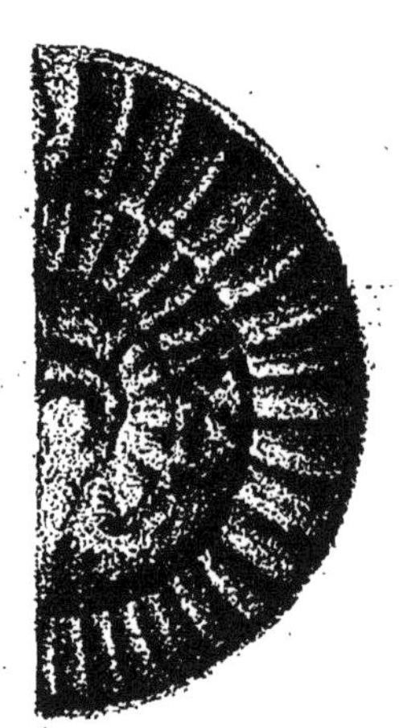

Fig. 333. — *Arietites Conybeari*, Sow.

Étage Sinémurien : Cotentin, Saint-Amand, Salins, Lyon, Nancy, Semur, Pouilly, Vieux-Pont, Fontaine-Étoupefour, etc.

Harpoceratidæ.

495. **Harpoceras (Hildoceras) bifrons**, Brug. (Pl. XXV, fig. 7, 8.) — Coquille à tours aplatis latéralement, ornés sur les côtés d'un sillon longitudinal et profond

occupant le tiers interne de la largeur des tours; le côté interne du sillon est déclive et presque lisse, le côté externe chargé de côtes transverses arquées, concaves en avant. Le ventre est tricaréné, les carènes latérales étant obtuses et celle du milieu élevée en forme de quille. Ouverture comprimée, bisinuée antérieurement. Cloisons latérales divisées en trois lobes formés de parties impaires et en trois selles dont les deux externes ont des parties paires.

Étage Toarcien : commun dans toutes les localités où cet étage est observable : Thouars, Chaudon, etc.

496. **H. (Grammoceras) serpentinum**, Rein. sp. (Pl. XXIV, fig. 4). — Tours aplatis latéralement, larges avec un méplat interne, à nombreuses côtes transversales rugueuses, très flexueuses, en accent circonflexe. Ventre pourvu d'une quille saillante, élevée, étroite, presque tranchante. Ouverture oblongue, plane ou évidée sur les côtés, carénée antérieurement. Cloisons latérales découpées en quatre lobes formés de parties impaires.

Étage Toarcien : Thouars, Niort, Landes (Calvados), Fontenay (Vendée), Chevillé (Sarthe), Clapier (Aveyron), Mende (Lozère), Saint-Amand (Cher), la Verpillière (Isère).

497. **H. (Ludwigia) opalinum**, Rein. sp. (fig. 334). — Comprimée, anguleuse à tours un peu convexes sur les côtés, non tronqués au bord interne, ornés de stries onduleuses transversales; stries inégales, flexueuses, en faisceau au bord ombilical, ventre aigu, tranchant. Ouverture comprimée en forme d'ogive. Cloisons latérales découpées en quatre lobes formés de parties impaires.

Étage Toarcien : avec le précédent.

498. **H. (Ludwigia) aalense,** Ziet. sp. (fig. 335). — Espèce très variable et voisine de la précédente, ventre tranchant, mais sans quille, côtes inégales, plus épaisses et moins nombreuses que dans *H. opalinum*. Cloisons formées de trois lobes composés de parties impaires.

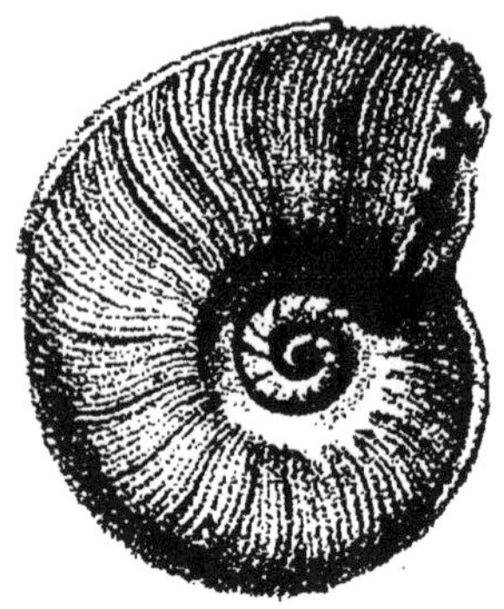

Fig. 334. — *Harpoceras opalinum*, Rein. sp.

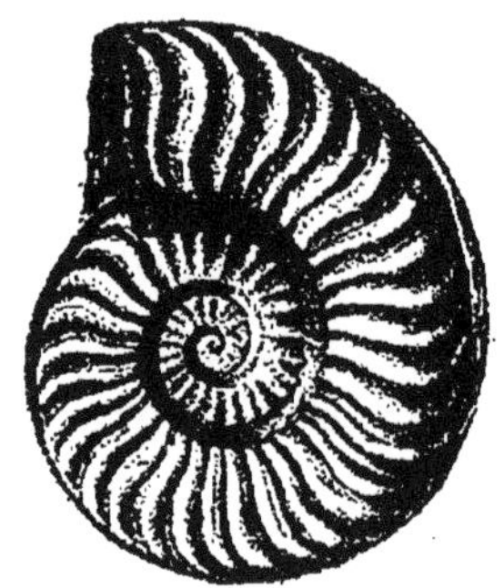

Fig. 335. — *Harpoceras aalense*, Ziet. sp.

Étage Toarcien : Fontenay (Vendée), Saint-Maixent, Saint-Quintin (Vendée) et Saint-Rambert (Ain).

499. **H. (Ludwigia) Murchisonæ,** Sow. (Pl. XXIV, fig. 1). — Coquille à tours comprimés, anguleux sur le bord interne, aplatis sur les côtés, ornés de côtes transverses inégales, bifurquées, onduleuses, ventre subcaréné ou anguleux. Ouverture sagittée, comprimée latéralement, subanguleuse au sommet. Cloisons latérales divisées en cinq lobes formés de parties impaires.

Étage Bajocien : Aresches, Bayeux, Moutiers, Niort, etc.

500. **Oppelia serrigera,** Waag. (fig. 336). — Espèce très comprimée sur les côtés, à ventre caréné en

biseau des deux côtés de la carène; tours de spire croissant rapidement, lisse sur la plus grande partie de leur largeur et ne présentant qu'une rangée de gros tubercules très aplatis, près du bord ventral. Ouverture présentant une languette latérale spatuliforme un peu concave.

Étage Bathonien : Montreuil-Bellay, Pougues, Tronsanges, etc.

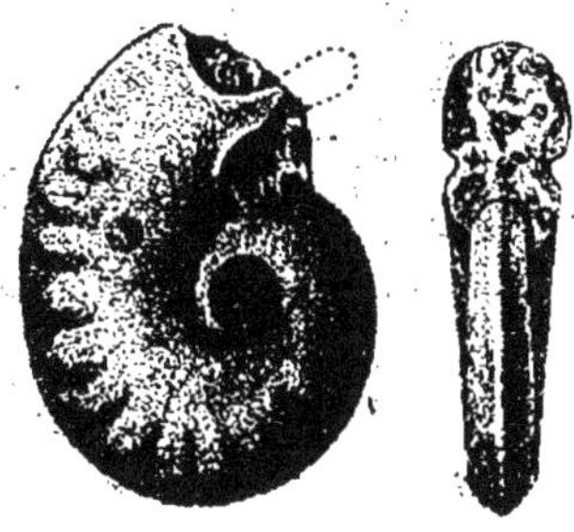

Fig. 336. — *Oppelia serrigera*, Waag.

Fig. 337. — *Oppelia crenata*, Brug. sp.

501. **Oppelia crenata**, Brug. sp. (fig. 337). — De petite taille, à ombilic étroit, à tours très comprimés, lisses, ou ornés de quelques stries flexueuses, à peine indiquées, crénelés sur le bord externe; ventre comprimé, aigu, ouverture sagittée aiguë au sommet, ornée sur les côtés de languettes en spatules, quand elle est complète. Cloisons à quatre lobes.

Étage Oxfordien de la Franche-Comté, des environs de Niort et de Saint-Jean-d'Angély.

Ægoceratidæ.

502. **Ægoceras (Microceras) planicosta**, Sow. (fig. 338). — Coquille discoïde, tours de spire arrondis sur le

ventre et les côtés, ornés chacun de 20 à 25 côtes simples, espacées, très épaissies, continues sur le ventre. Ouverture orbiculaire ou déprimée. Cloisons latérales découpées en trois lobes et en trois selles formés de parties impaires.

Étage Charmouthien : Chavagnac, Nancy, Pouilly, Vieux-Pont, etc.

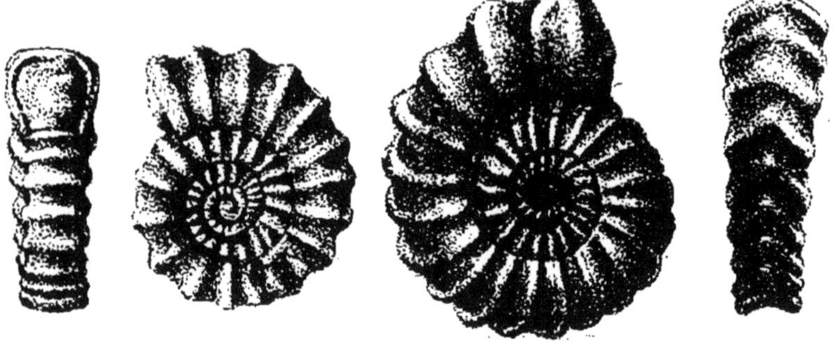

Fig. 338. — *Ægoceras planicosta*, Sow. Fig. 339. — *Ægoceras capricornus*, Schlot.

503. **Æ. (Microceras) capricornus**, Schloth. (fig. 339). — Tours de spire subquadrangulaires, arrondis, ornés de 17 à 20 côtes simples, espacées, épaissies extérieurement, mucronées sur le côté, ventre large, convexe. Ouverture déprimée, un peu carrée. Cloisons découpées en trois lobes, dont les deux externes sont formés de parties paires.

Étage Charmouthien : Marsais (Berry), etc.

504. **Æ. (Deroceras) Davœi**, Sow. (fig. 340). —Coquille comprimée, non carénée, à tours de spire arrondis, avec des côtes transversales, tuberculeuses ; tubercules obtus ronds placés près du bord externe, de 8 à 12 sur chaque tour; ventre arrondi, costulé. Ouverture

subarrondie, à peine échancrée par le retour de la spire. Cloisons latérales découpées de chaque côté en trois lobes et en selles formés de parties presque impaires.

Étage Charmouthien : Lyon, Pouilly, Vieux-Pont, etc.

505. **Schlotheimia angulata**, Schl. sp. (fig. 341). — Coquille comprimée, carénée, à tours de spire ornés

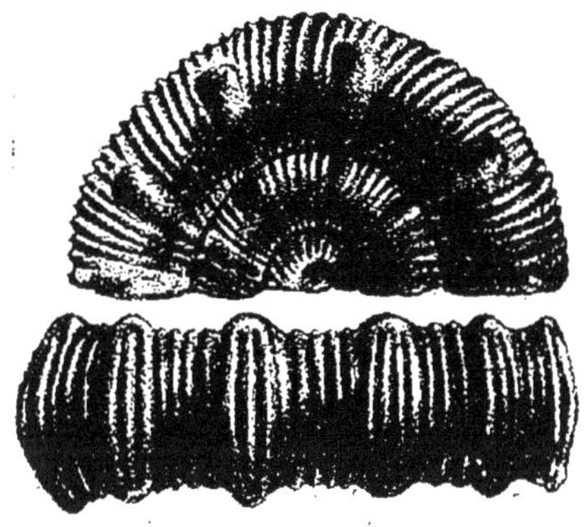

Fig. 340. — *Ægoceras Davœi*, Sow.

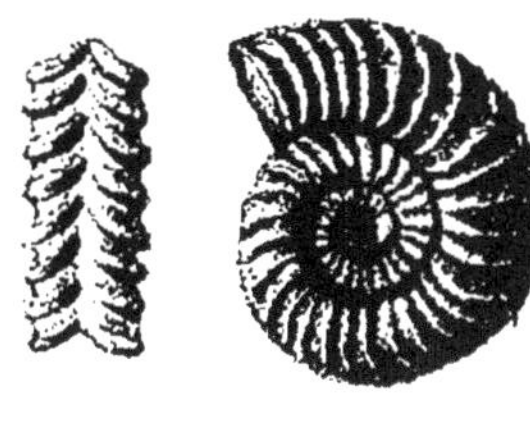

Fig. 341. — *Schlotheimia angulata*, Schl. sp.

de 19 à 25 côtes transverses simples, élevées, droites, tranchantes, infléchies en avant vers le dos et ornées avant l'inflexion d'un tubercule épineux qui disparaît quelquefois dans le moule. Ventre très excavé, pourvu au milieu d'une quille crénelée par de petites côtes en chevron. Bouche carrée un peu évidée sur les côtés; quand elle est complète, elle montre une longue languette projetée en avant. Cloisons latérales divisées en trois lobes et en trois selles formés de parties impaires.

Étages Hettangien, Liasien : Croisilles, Curcy, Fontaine-Étoupefour, Salins, Saint-Amand, Vieux-Pont, etc.

Amaltheidæ.

506. **Amaltheus margaritatus**, Schloth. (fig. 342). — Coquille très comprimée, à tours un peu convexes sur les côtés ornés de côtes transversales, rayonnantes, flexueuses, ventre caréné, étroit, pourvu sur la carène de petits chevrons en relief dont la convexité est en avant. Ouverture comprimée, cordée, à sommet aigu. Cloisons latérales, à six lobes formés de parties impaires.

Étage Liasien : environs de Bayeux, de Nancy, de Lyon, de Semur, de Saint-Amand, de Mende, d'Avallon, etc.

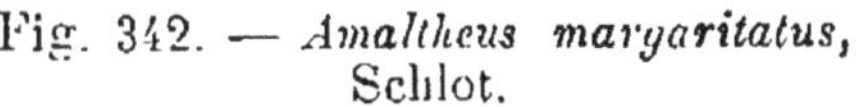

Fig. 342. — *Amaltheus margaritatus*, Schlot.

Fig. 343. — *Cœloceras centaurum*, d'Orb.

Stephanoceratidæ.

507. **Cœloceras centaurum**, d'Orb. (fig. 343). — Coquille de petite taille, discoïdale, renflée, épaisse, à tours de spire subquadrangulaires, déprimés, ornés de 16 à 20 côtes droites, élevées, terminées sur le

pourtour par une pointe plus ou moins aiguë. Ventre aplati, à peine renflé au milieu, ridé en travers. Ouverture déprimée presque carrée, cloisons latérales découpées en deux lobes et en selles formées de parties impaires.

Étage Charmouthien : commun, surtout aux Chauttards, dans le Berry.

508. **Stephanoceras Humphriesianum**, Sow. sp. (Pl. XXIII, fig. 2). — Coquille à tours de spire plus épais que larges, arrondis, avec côtes latérales trifurquées, tubercules vers le bord externe; ventre arrondi transversalement costulé. Ouverture ovale, déprimée, transverse non anguleuse sur les côtés. Cloisons latérales à trois ou quatre lobes formés de parties impaires; selles presque paires.

Étage Bajocien : Bayeux, Moutiers, Niort, Saint-Maixent, etc.

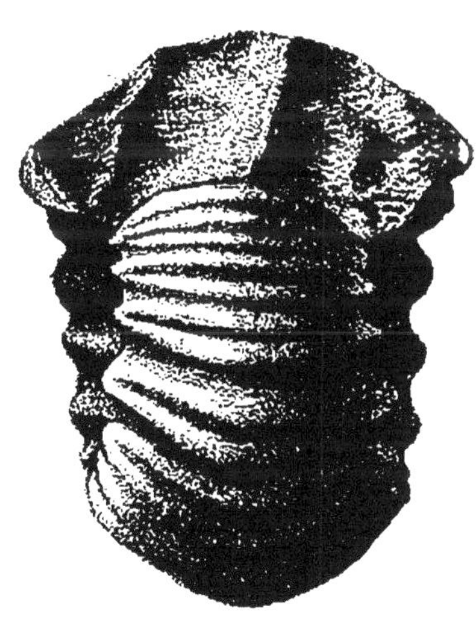

Fig. 344. — *Stephanoceras coronatum*, Schl. sp.

509. **Stephanoceras coronatum**, Schloth. sp. (fig. 344). — Coquille renflée, tours déprimés, larges, anguleux au bord interne avec 15 tubercules par tour; au bord externe 26 à 32 côtes arrondies. Ventre convexe, large. Ouverture transverse, convexe en dehors, anguleuse sur les côtés. Cloisons latérales à trois lobes et en selles formés de parties impaires.

Étage Callovien : Chaumont, Clucy (Jura), Dun-le-Roi, Digne, Lafarre (Vaucluse) Lifol, Marolles, Mémont, Nevers, Niort, Villers, la Voulte, etc.

510. **Macrocephalites macrocephalus**, Schlot. sp. (fig. 345). — Discoïde, enflé, tours se recouvrant presque entièrement, ombilic étroit; les tours arrondis portent 42 côtes étroites, flexueuses. se bifurquant vers le milieu des côtés des tours, se continuant sur le ventre qui est rond, convexe. Ouverture semi-lunaire, profondément échancrée par le retour de la spire. Cloisons symétriques, découpées de chaque côté en lobes formés de parties impaires.

Étage Callovien : Chaumont, Lifol, Monsigny (Vendée), Marolles (Sarthe), Oiron, Pizeux, etc.

Fig. 345. — *Macrocephalites macrocephalus*, Schl.

Fig. 346. — *Cardioceras Lamberti*, Sow.

511. **Cardioceras Lamberti**, Sow. (fig. 346). — Coquille comprimée, tours subanguleux chez l'adulte, lisses chez le jeune, ornés de côtes transverses inégales, étroites, flexueuses, extérieurement bifurquées vers le milieu, entre ces côtes et le bord ventral en paraissent

d'autres, courtes, petites, en faisceau de deux ou trois. Ventre anguleux chez les jeunes, arrondi chez les vieux individus. Bouche subsagittée, cloisons latérales découpées de chaque côté en quatre lobes formés de parties impaires.

Étage Callovien : Grand-Montmirail (Vaucluse), Marolles (Sarthe), Memont (Doubs), Vésaignes près de Langres (Haute-Marne), très commune à Villers.

512. **Cardioceras cordatum**, Sow. (Pl. XXIV, fig. 6). — Coquille comprimée ou renflée, ornée de dix-huit à vingt côtes élevées, bifides au milieu, quelquefois tuberculeuses, obliques, tours à demi embrassants; convexes sur les côtés, ventre caréné, à carène comprimée, crénelée par les côtes. Ouverture cordiforme. cloisons latérales divisées en quatre lobes et en selles formées de parties impaires.

Étage Oxfordien : Trouville, Neuvizy, Is-sur-Tille, Darois, Ecommoy, Blaches, Salins, Fontenelay, Besançon, Niort, Nantua, Gigondas, Créné, Rians, Etivez, etc.

513. **Perisphinctes arbustigerus**, d'Orb. sp. (Pl. XXIII, fig. 1). — Coquille à tours arrondis, larges, convexes sur les côtés, ornés de côtes indécises peu apparentes au pourtour de l'ombilic, se triplant et devenant plus marquées près du ventre sur lequel elles passent sans s'interrompre. Ventre rond, plus convexe que les côtés. Ouverture oblongue, comprimée. Cloisons latérales à cinq lobes et selles formées de parties impaires.

Étage Bathonien : Culoz (Ain), la Clape, la Palud (Basses-Alpes), Mansigny, Rânville (Calvados), Saint-Maixent (Deux-Sèvres).

514. **Perisphinctes plicatilis**, Sow. (fig. 347). — Coquille à tours un peu carrés, se recouvrant peu, aplatis sur les côtés avec de nombreuses côtes droites, simples sur la plus grande largeur des tours, en partant de l'ombilic, se bifurquant vers le bord externe et passant ainsi sur le ventre qui est convexe, costulé en travers. Ouverture un peu carrée, peu échancrée par le retour de la spire. Cloisons découpées en quatre lobes formés de parties impaires.

Fig. 347. — *Perisphinctes plicatilis*, Sow.

Étage Oxfordien : Barrême, Besançon, Cirey-le-Château, Escragnolles, Gap, Gigny, Nantua, Neuvizy, Niort, Rians, Trouville, Villers.

515. **Holcostephanus portlandicus**, de Loriol (Pl. XXIII, fig. 7). — De grande taille, légèrement comprimée dans son ensemble, à tours réguliers très convexes déprimées, bien plus haut que large, non carénés mais subanguleux, présentant 18 grosses côtes, droites, qui se bifurquent et passent sur le ventre qui est rond. Bouche déprimée, semi-lunaire, arrondie sur les côtés.

Étage Portlandien : Auxerre, Bouzancourt (Haute-Marne), Cirey-le-Château, Montperthuis, etc.

516. **Holcostephanus Astieri**, d'Orb. sp. (Pl. XXIII, fig. 8). — Coquille assez convexe à ventre arrondi, tours à côtés convexes, ornés d'un grand nombre de petites côtes aiguës, droites, simples, passant sur le ventre et se réunissant, par faisceaux de cinq à six, à

des tubercules aigus, au nombre de 16 à 19 par tour, qui entourent l'ombilic et se continuent ensuite en côtes légères vers la suture. Bouche ovale, arrondie en avant, élargie en arrière.

Étage Néocomien : Berrias (Ardèche), Escragnolles (Var), Noseroy (Jura).

517. **Reineckia anceps**, Rein. (Pl. XXIII, fig. 4). — Tours déprimés ou comprimés, ornés sur les côtés de 14 à 17 tubercules aigus, placés à peu de distance de l'ombilic, d'où sortent comme des faisceaux trois ou quatre côtes rondes, infléchies en avant, interrompues sur le milieu du ventre et rejoignant en faisceau le tubercule du côté opposé. Ventre convexe subcanaliculé. Bouche large, arrondie en avant, en pointes de chaque côté. Cloisons découpées de chaque côté en quatre lobes et en selles formés de parties impaires.

Étage Callovien : très caractéristique et très commune : Chaufour, Marolles (Sarthe), Niort, Rians, Tournus, la Voulte, etc.

Aspidoceratidæ.

518. **Aspidoceras longispinum**, Sow. (fig. 348). — Coquille à tours de spire un peu carrés, aussi hauts que larges, lisses ou marqués de quelques lignes d'accroissement transverses, ornés sur les côtés de deux rangées de tubercules épineux, souvent très longs. Ventre arrondi. Bouche un peu carrée, convexe en dessus. Cloisons latérales à trois lobes peu allongés.

Étage Kimmeridgien : Saint-Jean-d'Angély, Ruelle, Tonnerre, Avallon, Boulogne, etc.

519. **Peltoceras transversarium**, Quenst. (fig. 349). —

Coquille à tours arrondis, présentant un ombilic assez large, les tours sont ornés de côtes assez fortes, flexueuses, falciformes sur le dernier, quelques-unes sont simples, d'autres se bifurquent vers la moitié de la largeur des tours et passent toutes sur la région ventrale qui est arrondie. L'ouverture est subogivale, échancrée postérieurement par le retour de la spire.

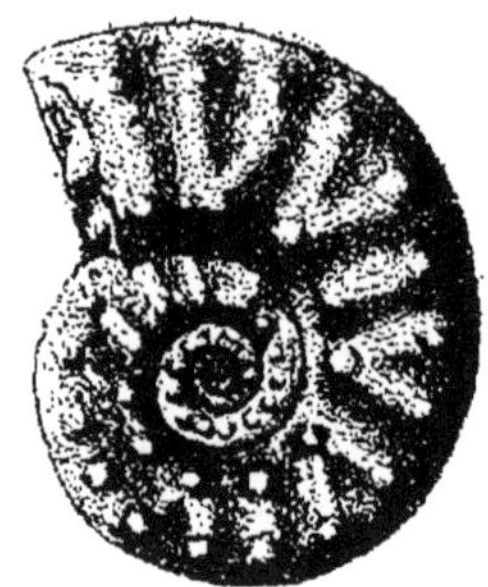

Fig. 348. — *Aspidoceras longispinum*, Sow.

Fig. 349. — *Peltoceras transversarium*, Quenst.

Étage Argovien : commun à Druyes (Yonne), au Pouzin (Ardèche), à Rians (Provence), Sévérac (Tarn), etc.

520. **Peltoceras athleta**, Phillips. (Pl. XXII, fig. 1). — Coquille comprimée formée de tours étroits, carrés, ornés de 14 à 16 grosses côtes transverses, élevées vers le pourtour de l'ombilic, puis s'atténuant peu à peu sur le milieu des tours, s'élevant à nouveau sur les côtés du ventre où elles forment une forte pointe obtuse. Ventre aplati, souvent même déprimé entre les tubercules des côtes ; celles-ci ne s'interrompent point, mais, s'abaissant, elles se séparent en deux et vont rejoindre le tubercule du côté opposé. Bouche carrée presque aussi haute que large. Cloisons latérales découpées en quatre lobes formés de parties impaires.

Étage Callovien : Beuzeval, Chaumont (Haute-Marne), Dives, la Clappe, Marolles (Sarthe), Nantua, Némont, Niort, Saint-Maixent, etc.

521. **Peltoceras bimammatum**, Quenst. (Pl. XXIV, fig. 8, 9). — Espèce à tours assez épais, anguleux à la périphérie portant sur les côtés de fortes côtes transverses qui débutent, autour de l'ombilic, par une rangée de gros tubercules. Ces côtes se terminent sur les côtés du ventre, qui est un peu concave, par deux rangées de tubercules qui se correspondent assez régulièrement d'un côté à l'autre. L'ombilic est largement ouvert.

Étage Argovien : commun dans les marnes à spongiaires de Venesmes (Berry).

Desmoceratidæ.

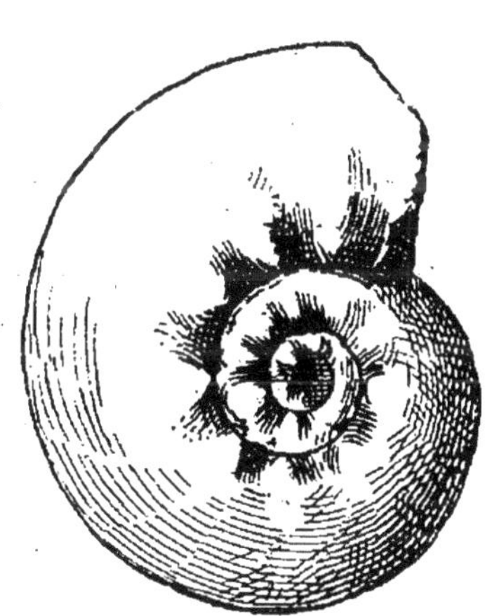

Fig. 350. — *Pachydiscus peramplus*, Mant.

522. **Pachydiscus peramplus**, Mant. (fig. 350). — Coquille discoïdale, renflée, lisse, tours convexes ornés de 14 côtes simples, larges, très obtuses, commençant par un tubercule situé près de la suture ombilicale, puis s'abaissant et s'élargissant de façon à ne présenter sur les côtés qu'une simple ondulation qui s'évanouit près du bord externe. Ouverture arrondie, un peu comprimée. Cloisons latérales peu distinctes, on compte néanmoins trois ou quatre lobes de chaque côté.

Étage Turonien : Uchaux, Montrichard, Courtenay, Saumur.

Cosmoceratidæ.

523. **Parkinsonia Parkinsoni**, Sow. sp. (Pl. XXIII, fig. 3). — Tours de spire étroits, aplatis sur les côtés, ornés de 35 à 50 côtes transverses, aiguës, égales, arquées, tuberculeuses et bifurquées vers le bord externe, infléchies en avant; ventre étroit, en biseau sur les côtés, lisse au milieu, excavé dans le moule. Bouche oblongue, anguleuse supérieurement, fortement échancrée par le retour de la spire. Cloisons latérales à cinq lobes formés de parties impaires.

Étage Bajocien : Bayeux (Calvados), Chaudon, Conlie (Sarthe), Genisceaux, Longwy, Moutiers, Nantua, Niort, la Palud, Semur, Vezelay, etc.

524. **P. Garantiana**, d'Orb. (fig. 351). — Coquille à tours larges, un peu convexes sur les côtes, portant de 34 à 48 côtes aiguës, égales, droites, bifurquées vers la moitié de la largeur des tours et se continuant sans s'infléchir jusqu'aux côtes du ventre où elles se terminent par des tubercules très régulièrement espacés. Ventre étroit, convexe, creusé au milieu d'une dépression lisse bordée par les tubercules terminaux des côtes. Bouche ovale, tronquée en haut, échancrée en bas. Cloisons découpées en quatre lobes formés de parties impaires.

Étage Bajocien : Digne (Basses-Alpes), Fontaine-en-Duesmois (Côte-d'Or), Longwy (Moselle), Moutiers, (Calvados), Niort (Deux-Sèvres), Saint-Vigor (Calvados).

525. **Hoplites interruptus**, Brug. (fig. 352). — Co-

quille plus ou moins convexe ou déprimée, à ombilic assez largement ouvert, les tours de spire sont ornés de fortes côtes qui, partant d'une certaine distance du pourtour ombilical, s'élèvent en un tubercule comprimé, saillant, puis s'abaissent et s'infléchissent en avant; entre chacune de ces côtes, un peu en dehors du

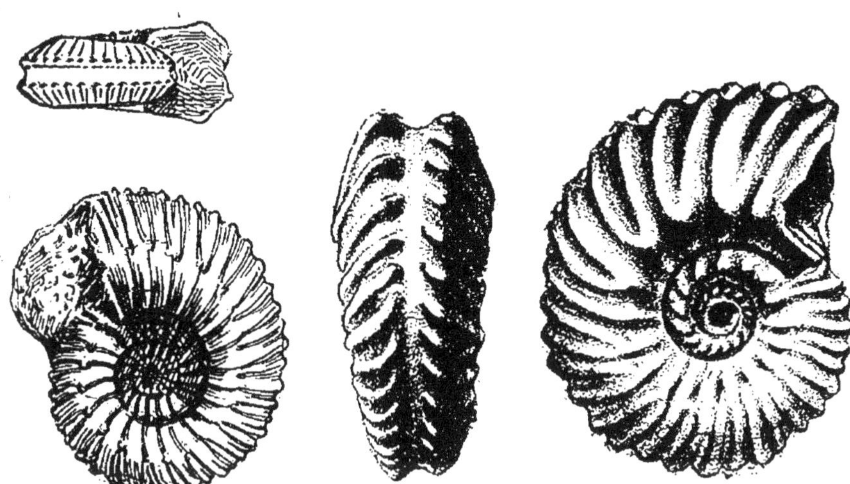

Fig. 351. — *Parkinsonia Garantiana*, d'Orb. Fig. 352. — *Hoplites interruptus*, Brug.

tubercule, il en apparaît une autre qui semble se bifurquer avec les premières, qu'elle égale en hauteur et en distance. Toutes viennent former des crénelures transverses alternes sur les côtés du ventre qui est plus ou moins creusé au milieu. Bouche toujours tronquée ou échancrée au sommet, anguleuse sur les côtés. Cloisons latérales profondément découpées en six lobes formés de parties impaires.

Étage Albien : très caractéristique du Gault : Ervy, Escragnolles, Gasty, Geraudot (Aube), Machéromesnil, Maurepaire, Morteau, etc.

526. **Hoplites radiatus**, Brug. (Pl. XXIII, fig. 5). — Coquille à pourtour tronqué, légèrement convexe au milieu, marqué sur les angles saillants latéraux de tubercules plus ou moins aigus ; côtés un peu convexes, ornés de sillons transverses droits, élevés, interrompus, commençant un peu en dehors de l'ombilic et s'avançant vers le tiers extérieur des tours, les deux extrémités marquées d'un tubercule souvent très prononcé ; le tour de l'ombilic reste lisse. Bouche aussi haute que large, anguleuse. Cloisons assez fortement digitées présentant trois lobes de chaque côté.

Étage Néocomien : Escragnolles, Morteau, Robion, Vandeuvre, etc.

527. **Hoplites Deshayesi**, d'Orb. (fig. 353). — Coquille très comprimée sur les côtés, obtuse à son pourtour, ornée de 40 à 44 côtes droites, flexueuses en avant, dont la moitié part de l'ombilic, et se continue jusqu'à

Fig. 353. — *Hoplites Deshayesi*, d'Orb.

Fig. 354. — *Hoplites lautus*, Park.

l'autre côté, tandis que l'autre moitié alterne régulièrement avec la première, mais ne part que de la moitié de la largeur de chaque tour. Ventre rétréci. Ouver ture comprimée, obtuse, rétrécie au sommet. Cloisons latérales égales, profondément découpées, divisées sur les côtes en trois lobes formés de parties impaires.

Étage Aptien : Villeneuve près Troyes, Baudrecourt près Wassy, environs d'Auxerre et d'Ervy (Aube).

528. **Hoplites lautus**, Park. (Pl. XXIII, fig. 6 et 354). — Coquille plus ou moins comprimée sur les côtés, ornée de côtes transversales, tuberculeuses au pourtour de l'ombilic, crénelées à la périphérie. Ventre profondément canaliculé, portant de chaque côté une rangée de tubercules alternes comprimés. Bouche comprimée, rétrécie en avant, où elle est échancrée par le canal ventral. Cloisons très découpées, symétriques, formées de six lobes divisés en parties impaires.

Étage Albien : Géraudot, Machéromesnil, Morteau, Perte du Rhône, Saulces, Wissant, etc.

529. **Hoplites Neocomiensis**, d'Orb. (fig. 355). — Coquille composée de tours de spire très comprimés sur les côtés, tronqués sur le dos qui est lisse, anguleux, à angles tuberculeux; ces tours sont striés transversalement, les stries sont inégales, bifurquées au pourtour de l'ombilic, flexueuses et formant de chaque côté du dos une rangée de légers tubercules paires. Bouche comprimée sur les côtés, tronquée en avant. Cloisons profondément découpées, divisées en quatre lobes latéraux formés de parties impaires.

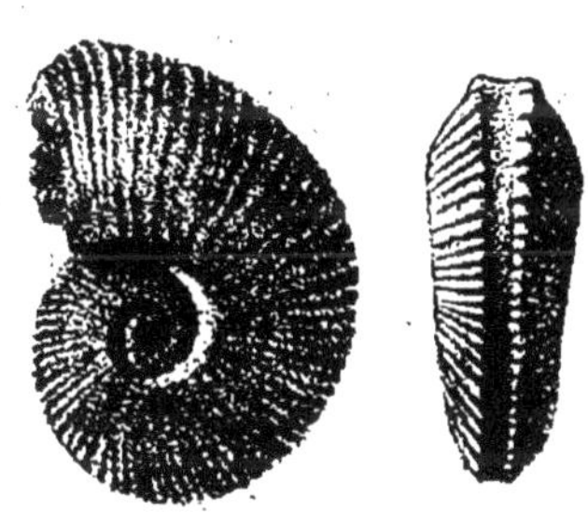

Fig. 355. — *Hoplites Neocomiensis*, d'Orb.

Étage Néocomien : environs de Carpentras (Vaucluse),

de Cheiron et de Léons (Basses-Alpes), Saint-Julien (Hautes-Alpes).

530. **Acanthoceras mammillaris**, Schloth. (Pl. XXII, fig. 6). — Coquille renflée, épaisse, costulée transversalement, côtes égales ou inégales formées par des séries longitudinales de tubercules ou d'épines; ventre arrondi, excavé. Bouche semi-lunaire, plus large que haute, arrondie en avant où elle est échancrée. Cloisons latérales, découpées en trois lobes divisés en parties impaires.

Étage Albien : très commun dans le Gault ; Escragnolles, Géraudot, Machéromesnil, Morteau, Perte du Rhône, Varennes, Wissant, etc.

531. **Acanthoceras Lyelli**, d'Orb. (Pl. XXII, fig. 4 et Pl. XXV, fig. 10). — Coquille comprimée, costulée et tuberculeuse transversalement, tubercules obtus, disposés en sept séries longitudinales. Ventre arrondi, supportant trois des séries de tubercules; tours de spire convexes, plus larges qu'épais. Ouverture ovale, déprimée. Cloisons latérales inégales, divisées en trois lobes formés de parties impaires.

Étage Albien : Clansayes, Clars, Ervy, Escragnolles, Géraudot, Morteau, Varennes, etc.

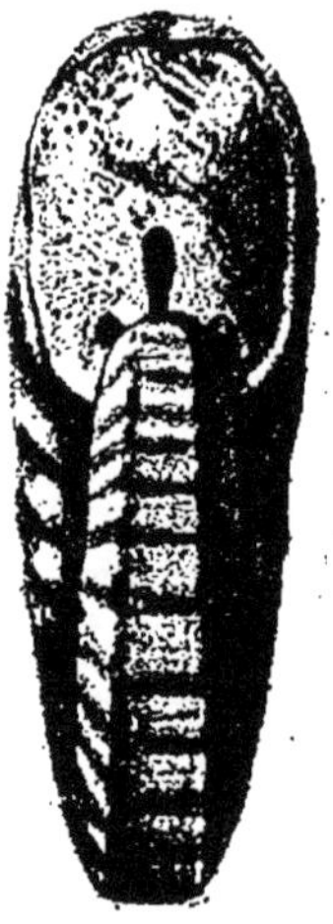

Fig. 356. — *Acanthoceras Mantelli*, Sow.

532. **Acanthoceras Mantelli**, Sow. (Pl. XXII, fig. 5 et fig. 356). — Coquille plus ou moins renflée, ornée en travers de côtes épaisses, inégales, des longues alternant avec de plus courtes; ventre élargi ou rétréci, tuber-

culeux; tours de spire arrondis. L'ouverture est dilatée ou comprimée, cloisons latérales, divisée de chaque côté en trois lobes et en trois selles composés de parties paires.

Étage Cénomanien : Excessivement répandu en France : Barrême, le Havre, la Malle, Pont-Saint-Esprit, Rochefort, Sainte-Croix (Sarthe), Saint-Paul-Trois-Châteaux, Uzès, Villers près Pont-l'Évêque.

533. **Acanthoceras Rotomagensis**, Defr. (Pl. XXII, fig. 2, 3). — Coquille plus ou moins renflée, à tours de spire quadrangulaires ornés de grosses côtes simples, chez les adultes, souvent bifurquées au point de départ dans l'ombilic chez les jeunes; elles sont tuberculeuses sur le bord externe des tours et sur le ventre qui est large et où elles forment trois séries; bouche souvent plus large que haute, carrée, pourvue de quatre à cinq pointes en avant, peu échancrée en arrière. Cloisons latérales découpées de chaque côté en lobes dont l'un est composé de parties paires, l'autre impaires, et de trois selles composées de parties paires.

Étage Cénomanien : Cassis, la Malle, Orange, Rouen, Thaulanne, etc.

534. **Acanthoceras Woolgari**, Sow. (Pl. XXII, fig. 7 et 8) = *A. papalis*, *auct.* — Coquille élevée, à tours de spire enflés, ornés de trois séries longitudinales de tubercules aigus : une sur le ventre qui est par conséquent caréné, les deux autres sur les côtés : une sur la périphérie formée de forts tubercules arrondis, l'autre près de la suture ombilicale, ces tubercules sont parfois réunis par des côtes grandes, bifides, plus ou moins

accentuées. Ouverture subquadrangulaire, anguleuse supérieurement. Cloisons latérales divisées de chaque côté par deux lobes presque pairs, et par trois selles non symétriques.

Étage Turonien : Bourré, Montrichard, Poncé, Tourtenay, Uchaux, etc.

535. **Scaphites æqualis**, Sow. (fig. 357). — Spire et crosse très rapprochées l'une de l'autre, la première composée de tours déprimés, presque embrassants, montrant un large ombilic oblong, striés transversalement présentant quelquefois des côtes latérales, côtes élevées, ventre arrondi. Ouverture déprimée, semi-lunaire. Cloisons latérales divisées en trois lobes composés de parties presque paires.

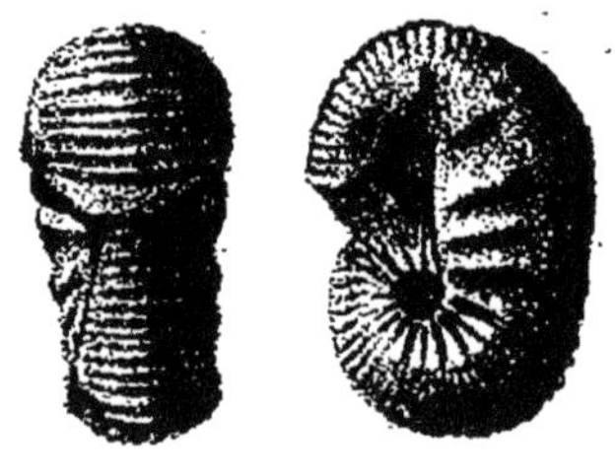

Fig. 357. — *Scaphites æqualis*, Sow.

Étage Cénomanien : Anglès, la Malle, le Mans, Rouen, Uchaux, etc.

536. **Crioceras Duvali**, Léveillé (fig. 358). — Coquille un peu comprimée, discoïde, à spire composée de quatre tours au plus, tous séparés, peu comprimés, ornés de côtes transverses inégales; les plus élevées, épaissies, non interrompues sur le ventre, avec six à dix côtes simples intermédiaires sur le ventre qui est rond, les grosses côtes seulement sont pourvues de deux rangées de pointes peu aiguës. L'ouverture est entière, ovale, bianguleuse au sommet.

Étage Néocomien : Castellane, Chamateuil, Cheiron, Escragnolles, Sisteron, etc.

537. **Ancycloceras Matheronianum**, d'Orb. (fig. 359). — Coquille oblongue dans son ensemble, la spire et la crosse étant très séparées l'une de l'autre. La spire et tout le reste de la coquille sont ornés de côtes trans-

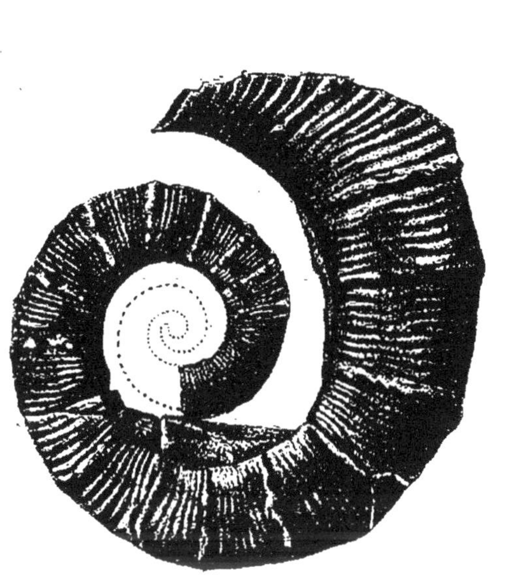

Fig. 358. — *Crioceras Duvali*, Léveil.

Fig. 359. — *Ancyloceras Matheronianum*, d'Orb.

verses un peu obliques élevées sur les côtés, interrompues sur la partie interne des tours et pourvues latéralement de gros tubercules arrondis, rangés en trois séries distinctes; entre chacune de ces côtes à tubercules, il en existe deux ou trois simples. Ventre arrondi, pourvu de deux séries de tubercules coniques, aigus. Ouverture ovale, comprimée. Cloisons très divisées.

Étage Aptien : Barrême, Cassis, la Bédoule, etc.

Pulchellidæ.

538. **Placenticeras Nisus**, d'Orb. (fig. 360). — Coquille ovale très comprimée, tranchante et entière à son pourtour, ombilic rétréci par les tours qui sont presque complètement embrassants, aplatis, carénés. Ouverture en fer de flèche, très comprimée, anguleuse au sommet. Cloisons assez profondément divisées en cinq lobes formés de parties impaires.

Étage Aptien : Blieux (Basses-Alpes), Gargas (Vaucluse), Saint-Dizier, Villeneuve (Aube).

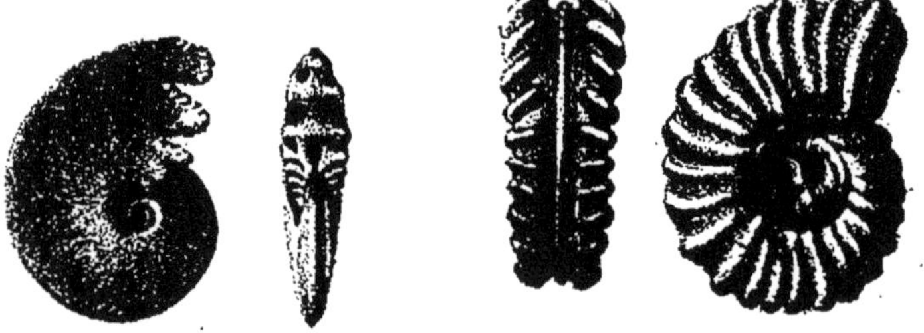

Fig. 360. — *Placenticeras Nisus*, d'Orb. Fig. 361. — *Schlœnbachia inflata*, Sow.

539. **Schlœnbachia inflata**, Sow. (fig. 361). — Coquille un peu comprimée, carénée, costulée transversalement, côtes s'élevant de suite en tubercules ridés transversalement, qui se bifurquent en deux côtes qui s'abaissent et qui sont finement tuberculeuses ou ridées. Le ventre est large, évidé de chaque côté, orné au milieu d'une carène en quille, saillante et étroite. Ouverture subquadrangulaire. Cloisons formées de deux lobes divisés en parties impaires et de trois selles à parties paires.

Étage Albien : Wissant, Perte du Rhône, la Hève, le Havre, Géraudot, Escragnolles, etc.

540. **Schlœnbachia varians**, Sow. (fig. 362). — Coquille comprimée ou renflée, costulée ou tuberculeuse; tours de spire ornés de tubercules allongés obliques qui

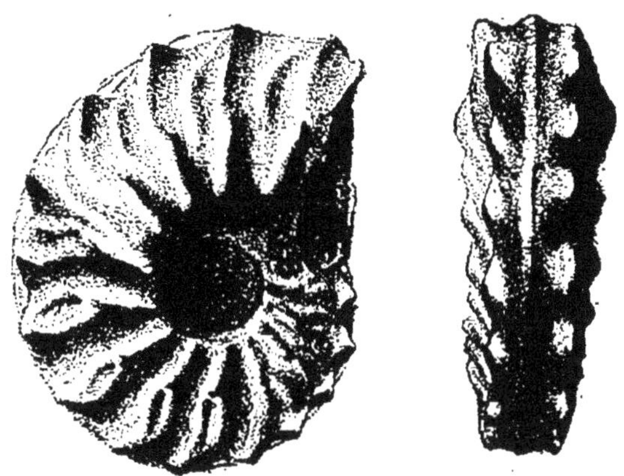

Fig. 362. — *Schlœnbachia varians*, Sow.

partent du pourtour de l'ombilic et viennent environ jusqu'à la moitié de la largeur des tours, là diminuent un peu d'épaisseur, se bifurquent et viennent se réunir sur le bord externe en tubercules tranchants qui forment une carène crénelée de chaque côté du ventre qui est peu convexe et caréné au milieu. Bouche quadrangulaire chez les individus comprimés, hexagone chez les renflés. Cloisons latérales formées de trois lobes divisés en parties impaires et de quatre selles à parties presque paires.

Étage Cénomanien : Auxon, Cap Blanc-Nez, le Havre, Orange, Rouen, Sénéfontaine, etc.

541. **Schlœnbachia Noueli**, d'Orb. sp. (Pl. XXIV, fig. 2). — Coquille voisine de S. varians, mais pourvue

de côtes simples, et d'une carène dorsale bordée de deux sillons.

Étage Sénonien : Cangey, Saint-Paterne (Indre-et-Loire), etc.

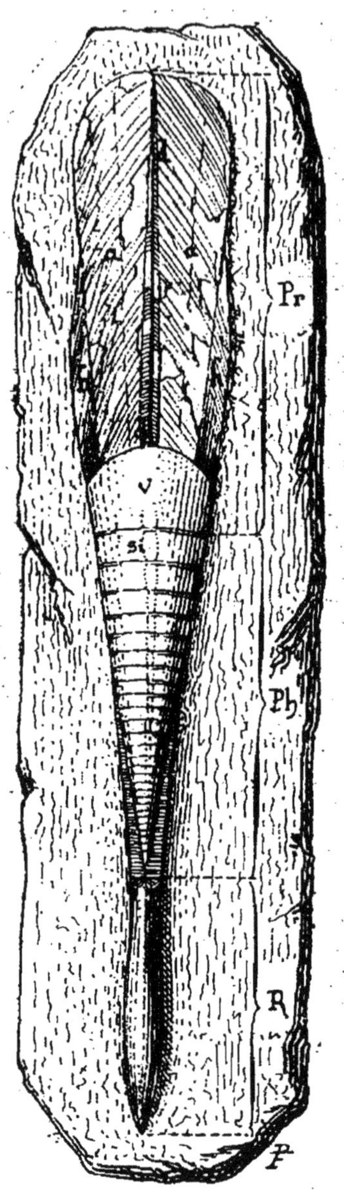

Fig. 363. — *Belemnites.*

DIBRANCHES

Les représentants de ce groupe les plus importants à connaître pour le géologue sont ceux qui constituent la famille des Belemnitidæ, dont la partie la plus solide de la coquille interne, le Rostre, se rencontre quelquefois à profusion dans certains sédiments, et a reçu le nom de Bélemnites ; quelquefois cependant on rencontre des restes plus complets, c'est pourquoi nous croyons utile de montrer dans la figure 363 les parties principales qui constituent la coquille de ces organismes.

1° Le proostracum (Pr) avec ses 4 zones : la ventrale (v), la dorsale (d) et les latérales qui se divisent en région à stries hyperbolaires (h) et région des asymptotes (a). Cette première partie est très rarement conservée.

2° Le phragmocône (Ph). traversé par le siphon (si). Cette portion est le plus souvent en partie détruite (fig. 363).

3° Le rostre (R) constituant ce que l'on appelle communément une Bélemnite.

Ce groupe, très répandu dans différentes formations des systèmes Jurassique et Crétacé, comprend un grand nombre de genres et d'espèces parmi lesquels nous citerons

Acuarii.

542. **Belemnites (Pachyteutis) acutus**, Mill. (Pl. XX, fig. 8). — Rostre court, conique, fortement comprimé, acuminé régulièrement, en une pointe conique médiane. Aucune trace de sillons, coupe ovale, centre peu excentrique. Cavité alvéolaire très prolongée en dehors du rostre, et en occupant les trois quarts.

Étage Sinémurien : Villefranche (Rhône), Semur, Mende, environs de Besançon et de Nancy, etc.

543. **B. (Pachyteutis) excentralis**, Young. (Pl. XX, fig. 2). — Rostre court, renflé, élargi en avant, légèment arqué vers son extrémité qui est inclinée en dessous, presque mucronée. Ouverture subtétragone, cavité alvéolaire occupant les deux tiers supérieurs de la longueur du rostre; son ouverture est ronde, son angle de 19°.

Étage Oxfordien : les Vaches-Noires (Calvados), Marquise et le Waast (Pas-de-Calais).

544. **B. (Megateuthis) niger**, List. (fig. 364). —

Rostre allongé, subconique, comprimé, acuminé en arrière, évasé à sa partie antérieure par l'alvéole, marqué de sillons latéraux peu prononcés et de quelques stries longitudinales. Coupe ovale à la partie antérieure, en trèfle à la pointe, cavité alvéolaire occupant plus de la moitié de la longueur du rostre à ouverture ovale à angle de 22 à 25°.

Étage Liasien : très caractéristique : Evrecy, Lyon, Mont-de-Lans, Niort. Semur, etc.

Fig. 364. — *Belemnites niger*, List.

545. **B. (Megateuthis) paxillosus**, Schloth. (Pl. XX, fig. 1). — Rostre allongé, subcylindrique, arrondi ou un peu carré, acuminé postérieurement, portant trois sillons à la partie antérieure qui est dilatée, alvéole beaucoup plus courte que la moitié de la longueur du rostre, à ouverture subquadrangulaire, angle de 20°.

Étage Charmouthien : Vieux-Pont, environs de Lyon, de Semur, d'Avallon, de Saint-Maixent, Saint-Amand, etc.

546. **B. (Megateuthis) umbilicatus**, Blainv. (Pl. XX, fig. 6). — Rostre allongé, subcylindrique, dilaté antérieurement; déprimé en dessous, pointe acuminée, quelquefois obtuse et subombiliquée; cavité alvéolaire, occupant moins du tiers de la longueur, à ouverture subarrondie et à angle de 19°.

Étage Charmouthien : Vieux-Pont, Evrecy, Pouilly, Avallon, Belfort, etc.

547. **B. (Megateuthis) giganteus**, v. Schloth. (Pl. XX, fig. 3). — Rostre allongé, comprimé, dilaté antérieu-

rement, acuminé ou un peu renflé; à côté postérieur acuminé, sillonné latéralement, cavité alvéolaire s'inclinant du côté ventral, à angle de 20 à 25°. Son ouverture est ovale.

Étage Bajocien : Bayeux, Nancy, Mamers, Moutiers, etc.

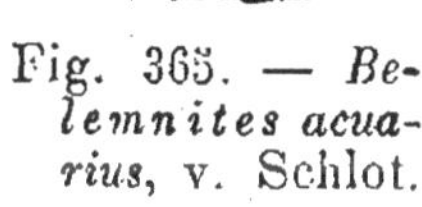
Fig. 365. — *Belemnites acuarius*, v. Schlot.

548. **B. (Dactyloteuthis) acuarius**, v. Schloth. (fig. 365). — Rostre très allongé, comprimé, subconique, atténué postérieurement, presque obtus, sillonné et strié longitudinalement, cavité alvéolaire courte à ouverture comprimée, à angle de 20 à 22°.

Étage Toarcien : Bouxières, Nancy, Vieux-Pont, Châtillon-sur-Seine, etc.

Canaliculati.

549. **B. (Belemnopsis) semicanaliculatus**, Blainv. (Pl. XX, fig. 9). — Rostre assez allongé, cylindrique, très aigu et conique en arrière, comprimé latéralement en avant et pourvu, en dessous, d'un sillon assez profond qui disparaît peu à peu à moitié de la longueur. Cavité alvéolaire longue, conique, médiane, à coupe supérieure ovale.

Étage Aptien : Gargas, Saint-André-de-Méouille, Blieux, Vergons.

550. **B. (Belemnopsis) sulcatus**, Miller (Pl. XX, fig. 5). — Rostre allongé, presque égal sur sa longueur, acuminé postérieurement, avec pointe mucronée, comprimé antérieurement, en dessous un profond sillon, n'allant pas jusqu'à la pointe, cavité alvéolaire

occupant plus du tiers de la longueur, à angle de 18° à 18°,5, à ouverture comprimée.

Étage Bajocien : Bayeux, Moutiers, Fontenay (Vendée), Niort et Saint-Maixent.

551. **B. (Belemnopsis) Bessinus**, d'Orb. (fig. 366). — Rostre allongé, très lisse, comprimé en avant, déprimé en arrière, sillonné longitudinalement en dessous, sillon interrompu postérieurement. Cavité alvéolaire occupant un peu moins du tiers de la longueur totale, à angle de 20°; son ouverture est comprimée, sinueuse en dessous.

Étage Bathonien : commune dans les marnes de Port-en-Bessin (Calvados), se trouve aussi à Saint-Amand (Cher) et à Niort (Deux-Sèvres).

Fig. 366. — *Belemnites Bessinus*, d'Orb.

Clavati.

552. **B. (Hastites) clavatus**, Blainv. (Pl. XX, fig. 7). — Rostre très allongé, claviforme, dilaté antérieurement, aminci au milieu, renflé postérieurement et submucroné, deux sillons latéraux à peine tracés de chaque côté. Cavité alvéolaire assez longue, saillante en dehors.

Étage Charmouthien : Fontaine-Étoupefour, Lyon, Mende, Nancy, Vassy, Vieux-Pont, etc.

Bipartiti.

553. **B. bipartitus**, Blainv. sp. (fig. 367). — Test allongé, fusiforme, très acuminé et aigu en arrière,

rétréci en avant où il présente une section quadrilatère, comprimé sur les côtés où il est marqué, depuis la partie supérieure jusque près de la pointe, d'un sillon profond qui le partage en deux lobes; il existe de plus un sillon visible seulement sur la partie antérieure de sorte que près de l'ouverture il y a trois sillons; cavité très prolongée et très profonde.

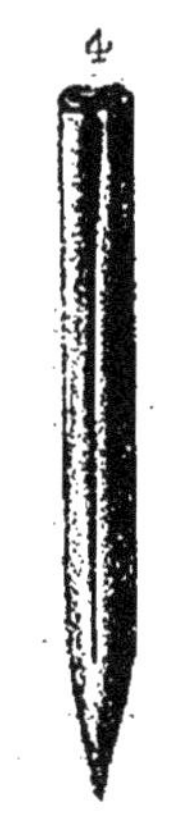

Fig. 367. — *Belemnites bipartitus*, Blainv.

Étage Néocomien : Berrias (Ardèche), Chadres (Hautes-Alpes), La Lagne (Basses-Alpes), Latte (Var), etc.

Hastati.

554. **B. (Hibolites) hastatus**, Blainv. (Pl. XX, fig. 4). — Rostre très allongé, grêle, très dilaté antérieurement, comprimé, enflé postérieurement, rétréci, se terminant par une pointe mucronée; sillonné profondément en dessous, sillon interrompu, effacé postérieurement; cavité alvéolaire très longue, à angle de 11 à 18°. L'ouvertur est presque ronde, cloisons très écartées.

Étage Callovien : Castellane, Chaumont, Chauffour, la Latte (Ain), Lifol (Vosges), Oiron (Deux-Sèvres), Villers, la Voulte, etc

Fig. 368. — *Belemnites pistilliformis*, d'Orb.

555. **B. pistilliformis**, Blainv. d'Orb. (fig. 368). — Rostre assez allongé subfusiforme, arrondi, sans sillons latéraux, large près de son extrémité, de là s'amincissant vers sa partie supérieure. Extrémité postérieure très

obtuse, arrondie, et pourvue au centre d'une légère pointe médiane.

Étage Néocomien : Clars, Peyroulles, Robion (Basses-Alpes).

Dilatati.

556. **B.** (**Duvalia**) **latus**, Blainv. (Pl. XXI, fig. 3 et 4). — Rostre court, épais, arrondi chez les jeunes, comprimé chez les adultes, tronqué supérieurement, obtus mucroné postérieurement, avec un large sillon longitudinal en dessous, cavité conique très prolongée.

Étage Néocomien : Alais (Gard), Berrias (Ardèche), Bès (Gard), Castellane et Saint-Julien (Hautes-Alpes), etc.

557. **B.** (**Duvalia**) **dilatatus**, Blainv. (Pl. XXI, fig. 1 et 2). — Rostre oblong, allongé, fusiforme ou oval, toujours très comprimé latéralement, très élargi en arrière où il est acuminé ou obtus, légèrement rétréci et fortement comprimé en avant; un sillon longitudinal doublement impressionné; en dessous, près du bord on remarque, dans les individus entiers, un léger canal qui disparaît bientôt et ne se continue pas. Cavité alvéolaire ronde, assez profonde.

Étage Néocomien : Escragnolles, Gréolières (Var), Vassy (Haute-Marne), Ventoux (Vaucluse), etc.

558. **B.** (**Actionacamax**) **plenus**, Blainv. (Pl. XXI, fig. 5). — Cette espèce présente un rostre allongé, fusiforme, presque lisse, arrondi trigone et canaliculé supérieurement; arrondi, dilaté au milieu, à sommet acuminé.

Étage Cénomanien : craie chloritée : Rouen, environs du Mans, etc.

559. **Belemnitella quadrata**, d'Orb. (Pl. XXI, fig. 8 et fig. 369). — Rostre allongé, subcylindrique, à surface granuleuse, avec une fissure peu prolongée; acuminé postérieurement, mucroné. Ouverture quadrangulaire, courte, occupant un peu plus du quart de la longueur. Les bords supérieurs sont obliques, festonnés en quatre lobes.

Étage Aturien, horizon inférieur : Beauvais, Hardivilliers (Oise), Reims, Sens, etc.

Fig. 369. *Belemnitella quadrata*, d'Orb.

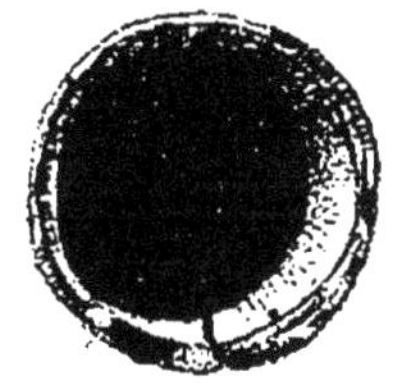

Fig. 370. *Belemnitella mucronata*, d'Orb.

Cavités alvéolaires vues de dessus.

560. **Belemnitella mucronata**, d'Orb. (Pl. XXI, fig. 6 et 7 et fig. 370). — Rostre allongé, subconique, rugueux, cylindrique antérieurement, fissure longue occupant la moitié de la cavité alvéolaire, celle-ci très longue et conique, à ouverture arrondie; partie postérieure du rostre acuminée, avec un mucron quelquefois très long.

Étage Aturien, horizon supérieur : assez abondante dans la craie des environs de Paris, Bougival, Compiègne, Meudon, etc.

561. **Beloptera belemnitoidea**, Blainv. (fig. 371). — Coquille formée de deux parties coniques (un phragmocône (*ph*) et un rostre (*r*), ce dernier un peu

recourbé) soudées par leur sommet et réunies latéralement par des expansions aliformes (*al*); siphon ventral.

Calcaire grossier inférieur des environs de Paris, s'est rencontré aussi à Biarritz.

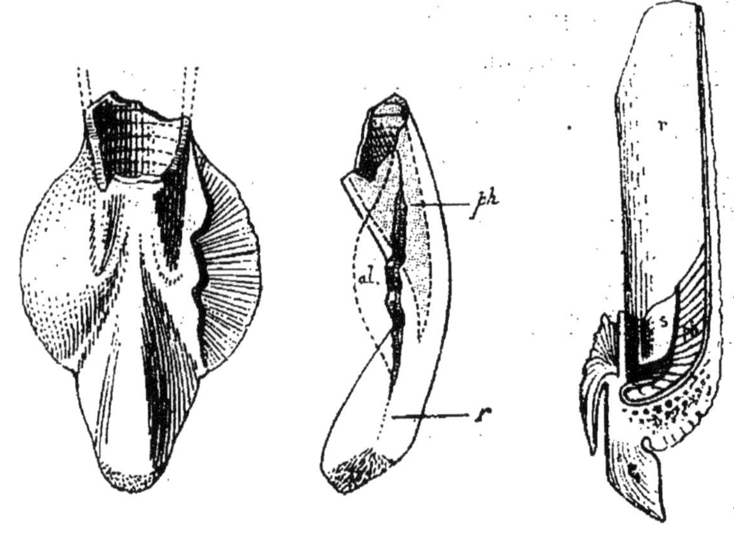

Fig. 371. — *Beloptera belemnitoidea*, Blain. Fig. 372. — *Belosepia*.

Belosepiidæ.

Belosepia, Voltz. (fig. 372). — Dans ce genre la coquille interne, presque toujours détruite, est ovale allongée à surface dorsale rugueuse et munie d'un rostre solide (*r* et *r'*) qui est la seule partie qui soit conservée, plus ou moins complètement. A l'extrémité postérieure existe un phragmocône (*ph*) court, un peu recourbé, à cloisons très minces; le siphon ventral (*s*) est large, oblique, à paroi dorsale très épaisse. Nous citerons, de ce genre, trois espèces qui se rencontrent assez communément dans les terrains tertiaires des environs de Paris.

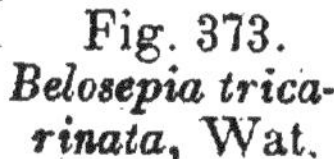

Fig. 373.
Belosepia tricarinata, Wat.

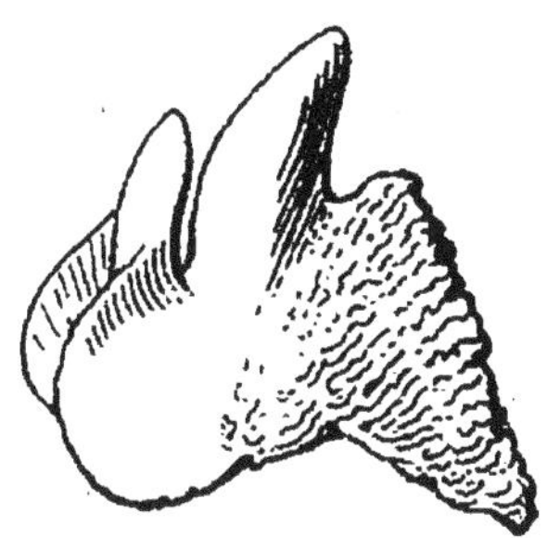

Fig. 374.
Belosepia Cuvieri, Desh.

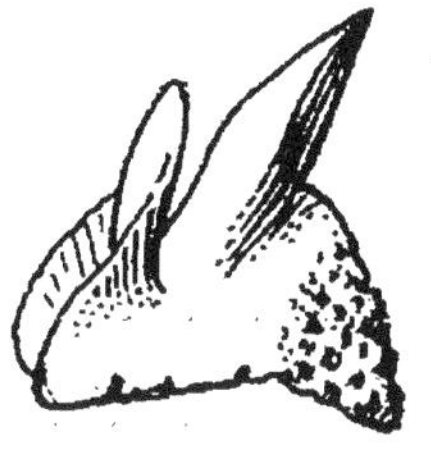

Fig. 375.
Belosepia Blainvillei, Desh.

562. 1° **B. tricarinata**, Watelet (fig. 373) des sables Yprésiens de Cuise, d'Hérouval, etc.

563. 2° **B. Cuvieri**, Desh. (fig. 374) du calcaire grossier de Grignon, Chaumont, Mouchy, etc.

564. 3° **B. Blainvillei** (fig. 375), Desh. des sables bartoniens des environs de Senlis.

CHAPITRE VI

CRUSTACÉS

Les restes fossiles de crustacés ne se rencontrent, communément, que dans certaines formations de l'ère primaire (schistes à calymènes, ardoises d'Angers, etc.) ou dans quelques gisements privilégiés de l'époque secondaire (calcaires et marnes *à chailles* de l'Oxfordien) ou de l'époque tertiaire (sables de Beauchamp et groupe nummulitique des Landes).

Les seules formes importantes à connaître pour le géologue français appartiennent aux deux grands groupes suivants : les Entomostracés et les Malacostracés.

§ 1. — Entomostracés.

Parmi les Entomostracés, ce sont les Trilobites, formant un groupe aujourd'hui complètement éteint et limité à l'ère paléozoïque, qui ont laissé les restes les plus nombreux et les plus caractéristiques.

Ce sont des animaux à tégument dorsal solide, divisés, suivant leur largeur et leur longueur, en trois lobes, d'où leur nom, et qui présentent les parties suivantes (voir fig. 376) :

Suivant la formation de leurs lobes, les trilobites ont été divisés en normaux et anormaux.

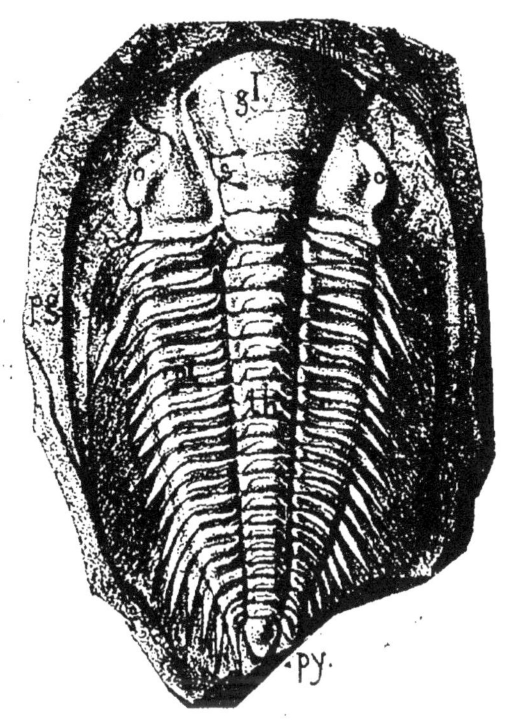

Fig. 376. — *Paradoxides*. 1er lobe : Tête, *gl*, glabelle; *s*, *s*, sillons latéraux de la glabelle ; *l*, limbe; *o*, œil (certains genres en sont dépourvus) ; *pg*, pointes génales (manquant dans certaines formes). 2e lobe : Thorax, *th*, segments thoraciques; *pl*, plèvres (ici du type dit : plèvres à sillons). 3e lobe : Pygidium, *pg*, pygidium (uni ici, il est quelquefois sillonné).

Tribolites anormaux.

Tête et pygidium de même conformation.

Agnostidæ.

565. **Agnostus**, Brongt. (fig. 377). — Ce genre, peu répandu en France, présente une carapace (*a*) de petite taille, la tête (*t*) et le pygidium (*py*) sont de même

forme, arrondis en avant et en arrière, de même largeur et séparés par deux segments thoraciques, que la figure (*b*) représente très grossis. La glabelle et le rachis sont bien nets.

Étage Cambrien : flanc méridional de la Montagne-Noire, Favayrolles, Coulouma, Vélieux.

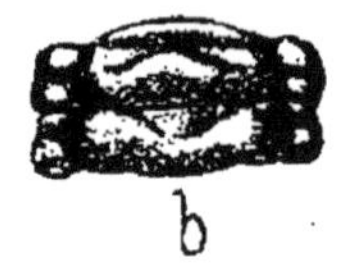

Fig. 377. — *Agnostus*, Brongt.

Trilobites normaux.

Tête et pygidium différemment conformés.

Trinucleidæ.

Trinucleus, Lhwyd. (Pl. XXVI, fig. 5 et fig. 378). — Ce genre est remarquable par la conformation de la tête qui est grande, plus large et plus longue que le thorax; la glabelle et les joues sont lisses, très renflées, nettement séparées et entourées de tous côtés, par un limbe arrondi antérieurement, largement étalé et élégamment ponctué, qui se termine postérieurement, de chaque côté du thorax, en deux fortes et longues pointes génales. Le pygidium est relativement court, triangulaire, à axe médian étroit.

Fig. 378. — *Trinucleus Pontgerardi*, Rouault.

Nous citerons deux espèces assez communes en France.

566. **Trinucleus ornatus**, Stern. (Pl. XXVI, fig. 5).

567. **Trinucleus Pontgerardi**, Rouault, que nous représentons figure 378. Toutes deux se rencontrent

dans les couches siluriennes de la Bretagne : schistes de Coësmes, Renazé, Riadan, etc.

Olenidæ.

568. **Paradoxides rugulosus**, Corda (fig. 379). — Corps fortement allongé. Tête bien développée, semi-

Fig. 379. — *Paradoxides rugulosus*, Corda.

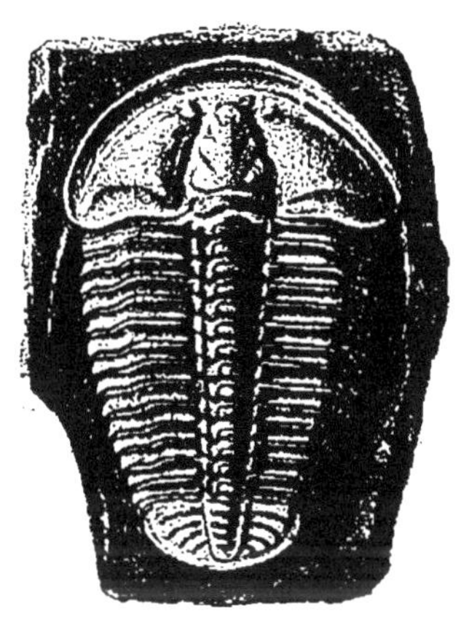

Fig. 380. — *Conocephalites coronata*, Barr.

circulaire, égale, ou à peu près, à la moitié du thorax, limbe épais se prolongeant à droite et à gauche en de longues pointes génales. Glabelle fortement convexe, élargie en avant, sillons latéraux nets, surface oculaire grande, non réticulée. Thorax composé de 16 à 20 segments; plèvres à sillon prolongé sur l'épine qui les termine. Pygidium très petit, grêle, ne comprenant que deux segments.

Étage Cambrien : abondant à Coulouma, Vélieux.

Conocephalidæ.

569. **Conocephalites (Conocoryphe) coronata**, Barr. (fig. 380). — Carapace ovale allongée. Tête semi-circulaire, glabelle rétrécie en avant avec trois paires de sillons latéraux; anneau occipital bien marqué. Yeux nuls. Toutes ces parties sont entourées par un limbe assez large, profondément creusé en gouttière sur son pourtour et se terminant par des pointes génales plus courtes que dans le genre précédent. Le thorax comprend 14 ou 15 segments avec plèvres à sillon et à facettes permettant l'enroulement. Pygidium petit, presque semi-lunaire, à bords entiers.

Se rencontre au même niveau et dans les mêmes localités que le précédent.

Calymenidæ.

570. **Calymene Tristani**, Brong. (Pl. XXVI, fig. 3 et 4). — Carapace allongée, souvent déformée. Tête subtriangulaire, arrondie en avant, à limbe en forme de gouttière renversée; glabelle épaisse, rétrécie et arrondie en avant, avec trois paires de sillons latéraux obliques et très profonds; joues très grosses séparées de la glabelle par un sillon profond, elles portent à leur extrémité les yeux qui sont petits, saillants. Thorax comptant 14 segments, l'axe à peine plus étroit que les plèvres qui sont sillonnées, arrondies à leur extrémité. Pygidium convexe, subtriangulaire, axe atteignant le bord postérieur, lobes latéraux très étendus, ornés de sillons qui se bifurquent du milieu de leur longueur jusqu'au bord externe.

Étage Ordovicien, très commun dans les schistes siluriens de Bretagne dits « schistes à Calymènes » : Domfront, Mortain, Bain, Brix, etc.

571. **Calymene Aragoi**, Rouault (Pl. XXVI, fig. 1 et 2). — Espèce généralement un peu moins allongée que la précédente mais qui s'en distingue surtout par la disposition de son pygidium, qui ne présente, sur les lobes latéraux aucune trace d'articulations; ces parties, au contraire, sont finement granulées, comme toute la surface de la carapace d'ailleurs, et présentent deux parties saillantes très distinctes, dont l'une triangulaire longe, suivant l'un de ses côtés, le lobe médian, dont elle est séparé par un sillon d'autant plus profond qu'il se rapproche du bord postérieur, et du bord marginal par un sillon un peu flexueux, bien marqué.

Étage Ordovicien : au même niveau et dans les mêmes localités que le précédent.

572. **Homalonotus Brongniarti**, Deslong. sp. (fig. 381). — Le plus souvent on ne rencontre que des lobes séparés, soit la tête, soit le pygidium ; la figure que nous donnons représente une tête dépourvue de ses joues mobiles, état dans lequel cette partie se présente presque toujours. Complète, la tête de cette espèce est plus large que longue, presque plane, à coins postérieurs arrondis. Glabelle subrectangulaire, arrondie en avant, bord frontal relevé en une sorte de

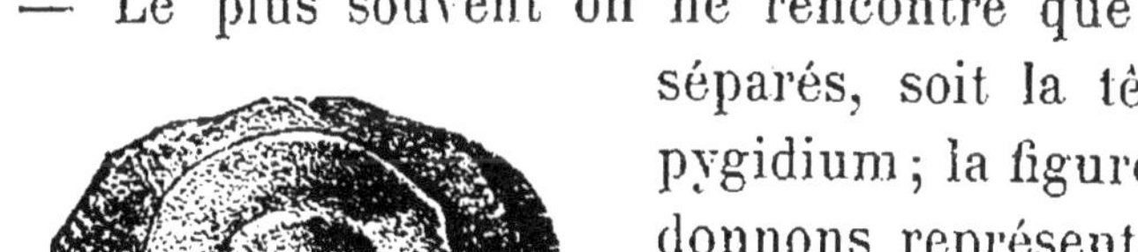

Fig. 381. — *Homalonotus Brongniarti*, Desl. sp.

mufle lisse et assez large; les yeux sont petits, situés sur les joues, un peu en arrière de la partie médiane. Thorax présentant 13 segments à sillons profonds, à lobe médian large, à peine séparé des plèvres qui sont coudées en dedans. Pygidium plus petit que la tête, triangulaire, un peu arrondi en arrière et sillonné transversalement.

Étage Ordovicien : commun dans le grès de May (Calvados), se trouve aussi en Bretagne à Sion, Pontréan, Châteaubriant, etc.

573. **Homalonotus Deslongchampsi**, de Trom (Pl. XXVI, fig. 6). — Nous représentons un pygidium de cette espèce, qui diffère peu de la précédente. Ce pygidium est triangulaire, arrondi convexe en avant, acuminé et obtus en arrière, il est peu bombé; sa partie médiane, égale au tiers de la largeur totale est triangulaire allongée, arrondie en arrière et n'atteint pas le bord postérieur, on y compte 5 sillons transverses qui s'étendent sur les lobes latéraux en se courbant en arrière.

Se rencontre dans le grès de May avec le précédent.

Asaphidæ.

574. **Ogygia Desmaresti**, Brongt. sp. (Pl. XXVI, fig. 7). — De grande taille, peu renflée, à contour régulièrement oval. Tête grande semi-lunaire, glabelle large et arrondie en avant, un peu étranglée en arrière, portant quatre sillons latéraux; yeux relativement petits, semi-lunaires, lisses. Thorax à huit segments, axe étroit, nettement séparé des plèvres qui sont

larges, à sillon profond, flexueuses et un peu tranchantes en dehors. Pygidium grand, semi-circulaire, à bords simples, axe étroit, convexe, avec 6 à 8 sillons transversaux, qui sont arqués en arrière, sur les lobes latéraux.

Étage Ordovicien, dans les schistes à Calymènes : le Neufbourg près Mortain (Manche), etc.

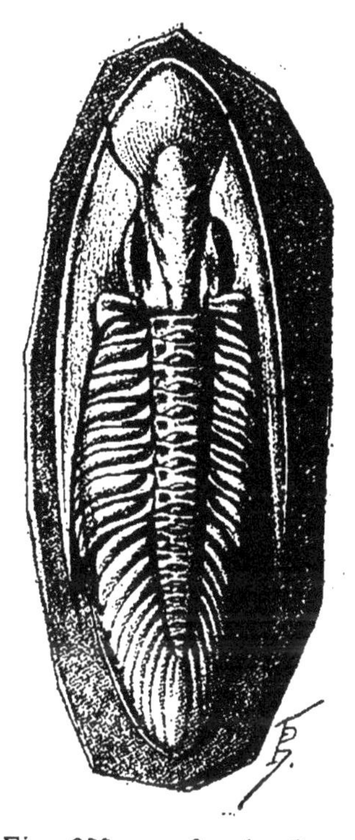

Fig. 382. — *Ogygia Guettardi*, Brong.

575. **Ogygia Guettardi**, Brong. (fig. 382). — Espèce le plus souvent déformée, aplatie latéralement. Tête plus acuminée en avant que dans l'espèce précédente, yeux grands, pointes génales très développées, larges et plus longues que le thorax. Pygidium acuminé en arrière, composé de dix segments environs, avec forts sillons sur les lobes latéraux.

Étage Ordovicien : commun dans les ardoises d'Angers, etc.

576. **Illænus giganteus**, Barr. (Pl. XXVI, fig. 8). — Carapace ovale allongée. Tête et pygidium presque égaux, tous deux semi-circulaires. Tête arrondie en avant, glabelle égale au tiers de la largeur, mal limitée, lisse en avant; yeux petits, lisses, placés sur les joues, près du bord externe. Thorax à dix segments, axe et lobes latéraux égaux entre eux, plèvres sans bourrelet ni sillon. Pygidium à axe rudimentaire, court, mal

limité, arrondi en arrière et atteignant à peine la moitié de la hauteur totale.

Étage Ordovicien, schistes à Calymènes : Bain, Domfront, Mortain, etc.

Bronteidæ.

577. **Bronteus Gervillei**, Barr. (fig. 383). — De taille médiocre, carapace ovale allongée. Tête semi-lunaire à angles postérieurs pointus; glabelle bien limitée, très élargie en avant, atteignant presque le bord frontal, à sillons dorsaux s'étendant en dehors et en avant, en demi-cercle; sillons latéraux nuls, yeux falciformes situés près du bord postérieur de la tête, à facettes très petites. Thorax à peine plus long que la tête, comprenant dix segments, rachis presque égal aux plèvres qui portent un faible bourrelet et sont pointues à leur extrémité. Pygidium plus long que le thorax, très convexe, parabolique, à bords simples, axe excessivement court (quart de la hauteur totale) semi-lunaire, lobes latéraux portant huit sillons profonds, flexueux, rayonnant autour de l'axe comme les plis d'un éventail.

Étage Coblentzien : calcaire de Néhou, Baubigny, Brûlon, Viré (Sarthe), la Baconnière et Gahard (Mayenne).

Phacopidæ.

578. **Phacops Potieri**, Bayle (fig. 384). — Cette espèce est ovale, peu allongée, la tête, semi-lunaire, a ses coins postérieurs arrondis, la glabelle, renflée, est très élargie en avant, rétrécie et tronquée en arrière,

bien limité sur les côtés par un sillon profond, entièrement couverte de granulations assez fortes; les yeux sont grands, proéminents, à facettes nombreuses et très nettes. Thorax présentant onze segments, l'axe égalant presque les lobes latéraux, plèvres à sillon,

Fig. 383.
Bronteus Gervillei, Barr.

Fig. 384.
Phacops Potieri, Bayle. Tête.

arrondies à leur extrémité. Pygidium assez grand, semi-lunaire, à bords simples, l'axe atteignant presque le bord postérieur, segments peu nombreux et soudés.

Étage Coblentzien : calcaire de Néhou (Manche), Saint-Jean sur Mayenne, etc.

579. **Dalmania Micheli**, Trom. et Lebesc. (fig. 385). — Carapace ovale, peu convexe. Tête parabolique, à coins postérieurs prolongés en pointes courtes; glabelle arrondie et un peu élargie en avant, bien limitée sur les côtés, lobe frontal bombé, sillons latéraux bien accusés, yeux bien développés. Thorax environ deux fois plus long que la tête, comptant onze segments, l'axe est plus étroit que les plèvres qui sont sillonnées tronquées à leur extrémité. Pygidium relativement

petit, arrondi postérieurement, à bords entiers, sillonné transversalement, le rachis atteignant le bord, non terminé en pointe.

Étage Ordovicien : schistes à Calymènes de Saint-Clément (Manche).

Fig. 385. — *Dalmania Micheli*, T. et L. Tête et thorax.

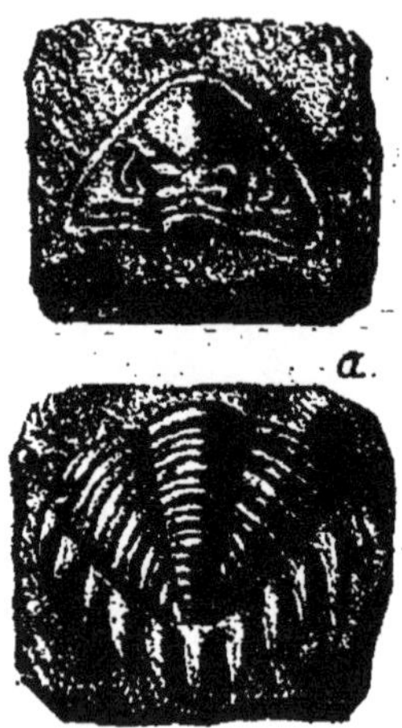

Fig. 386. — *Cryphæus Michelini*, Rouault. Tête et *a* pygidium.

580. **Cryphæus Michelini**, Rouault (fig. 386). — Tête triangulaire, à angles arrondis, limbe formant une marge étroite sur tout le pourtour; glabelle un peu saillante, à peine élargie en avant où elle forme un angle obtus, sillons latéraux très profonds, un petit tubercule à la base du lobe frontal; yeux petits. Le pygidium (en *a*), relativement grand, est triangulaire, convexe, à sillons transversaux nombreux, il présente un axe bien nettement séparé des lobes latéraux, il est, de plus, bordé par une marge profondément dentelée, les dentelures sont longues, épaisses et pointues à leur extrémité.

Étage Coblentzien : calcaire de la Baconnière (Mayenne).

Cheiruridæ.

581. **Placoparia Tourneminei**, Rouault (fig. 387). — De petite taille, carapace très allongée, nettement trilobée longitudinalement. Tête à glabelle renflée, subrectangulaire, arrondie en avant, limitée sur les côtés par un sillon profond, sillons latéraux très accusés, presque horizontaux, sillon occipital profond, pas d'yeux, joues ponctuées. Le thorax, qui compte onze segments, présente un axe un peu plus étroit que les lobes latéraux; les plèvres, ornées d'un bourrelet saillant, sont coudées en dedans à leur extrémité. Pygidium petit, arrondi; l'axe, atteignant presque le bord postérieur, est segmenté; les lobes latéraux portent chacun quatre grosses côtes rayonnantes terminées par des pointes.

Étage Ordovicien : se trouve à la base des schistes à Calymènes de Travensot (Ille-et-Vilaine).

Prœtidæ.

582. **Phillipsia gemmulifera**, Phill. sp. (fig. 388). — Carapace allongée, environ deux fois plus longue que large, pygidium plus long que le thorax. Tête parabolique à courtes pointes génales, la glabelle, qui n'atteint pas le bord frontal, est longue, étroite, à bords latéraux parallèles, elle présente un lobe arrondi à la base où le sillon occipital est profond; yeux très grands, rapprochés de la glabelle, à facettes petites. Le thorax compte neuf segments à axe étroit, plèvres sillonnées

et arrondies à leur extrémité. Le pygidium que nous figurons est grand, à bords entiers, le rachis est formé de douze segments, les lobes latéraux portent de nombreux sillons. Tous les segments du thorax et du pygidium sont ornés d'une rangée de tubercules arrondis et réguliers.

Fig. 387. — *Placoparia Tourneminei*, Rouault.

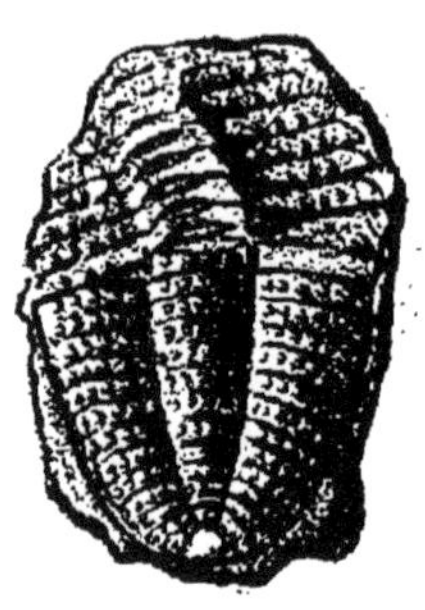

Fig. 388. — *Phillipsia gemmulifera*, Phill.

Étage Dinantien : rare en France, ce trilobite a été signalé dans le calcaire de Saint-Aubin-d'Aubigné (Mayenne) et dans les schistes de Châteaulin.

§ 2. — Malacostracés.

DÉCAPODES MACROURES (Écrevisses)

Glyphæidæ.

583. **Glyphæa Regleyana,** Desm. sp. (fig. 389-90). — Espèce pouvant atteindre 15 centimètres de longueur, remarquable par l'ornementation de son céphalothorax, qui porte des granulations plus ou moins fortes; le rostre est court et pointu, on remarque un sillon cervical profond d'où partent, pour se diriger en

avant, quatre crêtes parallèles ornées de petites épines et de tubercules; derrière le sillon cervical on remarque deux autres sillons transversaux recourbés délimitant une région moyenne et une postérieure. Abdomen allongé, à articles lisses, lamelles latérales

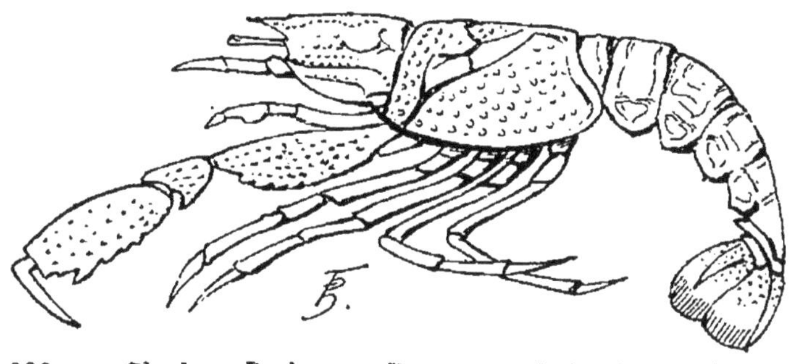

Fig. 389. — *Glyphæa Regleyana*, Dem. sp. Animal complet, réduit.

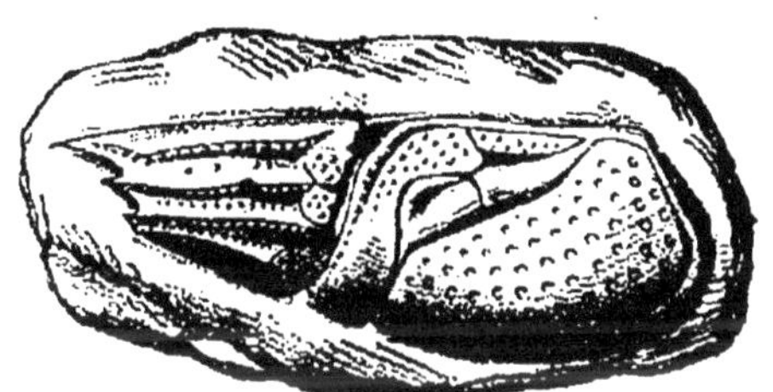

Fig. 390. — *Glyphæa Reyleyana*, Desm. sp. Céphalothorax et thorax de grandeur nature.

de la nageoire caudale grandes et à peu près de la même taille, ornées de ponctuations. Les cinq paires de pattes sont terminées par des ongles forts, la paire antérieure, beaucoup plus développée que les autres, en diffère aussi par son ornementation composée d'épines et de granulations.

Cette espèce dont on ne rencontre le plus souvent que des parties séparées est commune dans les nodules calcaires appelés *chailles* qui sont répandus dans les couches oxfordiennes de la Franche-Comté.

Thalassinidæ.

Calianassa, Lech. (fig. 391 à 393). — A l'état fossile, ce genre est surtout représenté par des pinces, le corps étant mou et n'ayant presque jamais laissé de traces. Les pinces de la première paire de pattes sont d'inégale grandeur, la droite plus forte que la gauche, aplaties latéralement, à bords tranchants, garnis de fossettes dans lesquelles s'inséraient des soies fines. Main ou propodite (*p*) subrectangulaire avec doigt mobile (*d*) tourné vers le talon; carpopodite (*c*) ou avant-bras ayant à peu près la même forme que la main, aussi large mais plus court, un peu rétréci et arrondi en arrière, les autres articles (*a*, *a'*) sont beaucoup plus petits et surtout plus étroits. Ces pinces se distinguent de celles de tous les autres crustacés par le développement presque égal de la main et de l'avant-bras. De ce genre nous citerons trois espèces :

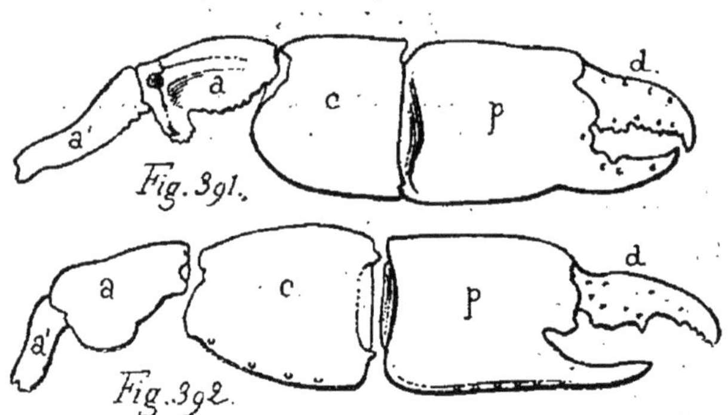

Fig. 391. — *Calianassa Heberti*, M. Edw.
Fig. 392. — *Calianassa madrodactyla*, M. Edw.

584. **Calianassa Heberti**, M. Edw. (fig. 391).

585. **Calianassa macrodactyla**, M. Edw. (fig. 392) qui toutes deux sont abondamment répandues dans les

sables bartoniens des environs de Paris, à Lizy-sur-Ourcq, et au Gué à Tresme, par exemple.

586. **Calianassa Archiaci**, M. Edw. (fig. 393). — Se distingue des deux précédentes par les bords tranchants de la main et de l'avant-bras qui, au lieu d'être lisses, sont découpés en dents de scie.

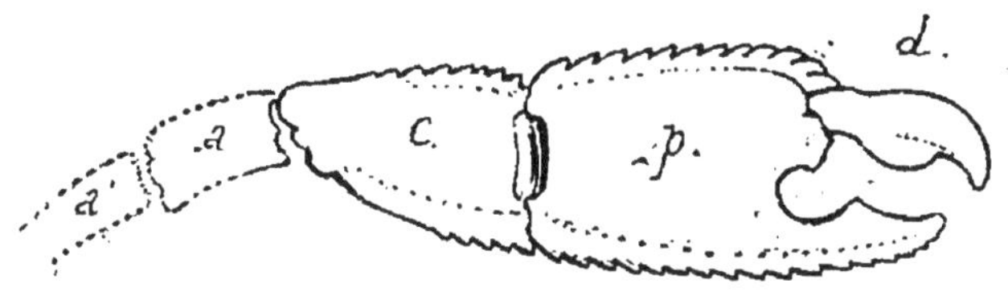

Fig. 393. — *Calianassa Archiaci*, M. Edw.

Étage Turonien : cette espèce caractérise la craie tuffeau : Châteaudun, Vendôme, Gourdon (Lot), Saint-Arriez près Bollène, Montdragon, Uchaux (Vaucluse).

DÉCAPODES BRACHYURES (Crabes)

Raninoidæ.

587. **Ranina Marestiana**, Konig. (fig. 394). — Céphalothorax en forme d'écu, rétréci et tronqué en arrière, vaguement trilobé à la partie antérieure par deux sillons longitudinaux très effacés qui limitent la région du cœur; toute sa surface est ornée de petits tubercules allongés, alignés en rangées transversales sinueuses. Pinces fortes, larges, très comprimées latéralement, bords tranchants, l'externe lisse, l'autre orné de pointes plus ou moins fortes, doigt immobile petit, perpendiculaire à l'axe de la main, doigt mobile, plus court, courbé extérieurement.

Étage Bartonien : couches de Biarritz.

Cyclometopa.

588. **Psammocarcinus Hericarti**, Desm. sp. (fig. 395). — De petite taille, cephalothorax arrondi, presque aussi large que long, remarquable par la forte pointe horizontale, garnie d'une dent secondaire, partant de la partie médiane des bords latéraux; la portion anté-

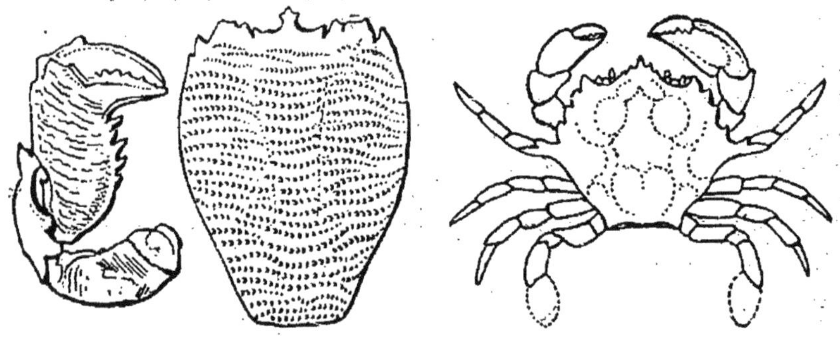

Fig. 394. — *Ranina Marestiana*, Konig.

Fig. 395. — *Psammocarcinus Hericarti*, Desm.

rieure de ces mêmes bords est garnie de chaque côté de quatre fortes dentelures. Pinces fortes, bords tranchants, main ornée extérieurement d'une rangée oblique de tubercules tranchants.

Étage Bartonien : très commun dans les sables de Gué à Tresme, près Lizy-sur-Ourcq (Seine-et-Oise).

589. **Xanthopsis Dufouri**, M. Edw. (fig. 396). — Céphalothorax subrhombique, tronqué latéralement et en arrière, peu bombé; portion antérieure des lobes latéraux arquée et présentant deux ou trois bosses; région frontale quadridentée; échancrures supérieures des cavités orbitaires profondes et sans fentes. Région postérieure du céphalothorax ornée de nodosités

arrondies, peu saillantes, une médiane et quatre latérales, de chaque côté.

Pinces inégales, aplaties en dedans, convexes en dehors où elles sont garnies de nodosités aiguës, les

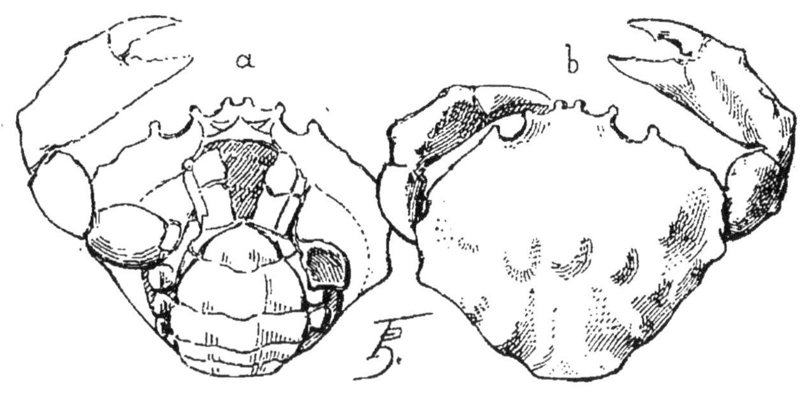

Fig. 396. — *Xanthopsis Dufouri*, M. Edw.
a, face ventrale. *b*, face dorsale.

autres pattes sont grêles. Abdomen du mâle à cinq anneaux, plus étroit que celui de la femelle, qui en compte sept.

Le genre *Xanthopsis* semble cantonné dans l'Eocène; l'espèce que nous citons est très commune dans le nummulitique supérieur des Landes : Saint-Sever-sur-l'Adour, Hastings, Nousse, Saint-Laurent-de-Gosse, etc. (Landes).

CHAPITRE VII

ANIMAUX VERTÉBRÉS

Les débris fossiles de Vertébrés ne se rencontrent avec quelque abondance, que bien exceptionnellement et, que ces restes se rapportent à des mammifères, à des oiseaux ou à des reptiles, on ne trouve encore, le plus souvent, que des parties isolées du squelette, ce qui rend leur détermination très difficile. Chez les mammifères et chez quelques reptiles ce sont surtout les dents qui sont susceptibles d'une bonne conservation; aussi nous bornerons-nous, dans ce petit livre, à dire quelques mots de ces organes pour les espèces qui se rencontrent le plus fréquemment ou pour celles qui sont caractéristiques de certaines formations.

Les poissons eux aussi ne se trouvent, dans la plupart des cas, qu'en mauvais état ou très incomplets; les paléontologistes n'ont en effet le plus souvent, pour reconnaître ces animaux, que des dents ou des écailles isolées, l'étude de ces fossiles est, de ce fait, rendue très délicate.

§ 1. — Poissons.

SÉLACIENS *Squaloïdes* (requins).

Notidanidæ.

590. **Notidanus primigenius.** Agas. (fig. 397). — Dents plus longues que hautes, couronne en forme de lame de scie, oblique, composée de quatre, cinq et même sept dentelons forts, très obliques, tranchants et à pointe aiguë, diminuant insensiblement de hauteur de l'antérieur au postérieur. Le bord antérieur du premier dentelon est lui-même découpé par quatre ou cinq petites denticules obliques, acérés et aigus. L'émail, dont la base est sensiblement horizontale, ne présente, à la surface, ni plis, ni rides.

Fig. 397. — *Notidanus primigenius*, Agas.

Ces dents sont assez fréquentes dans l'oligocène : faluns de la Bretagne et du Sud-Ouest.

Hybodontidæ.

591. **Hybodus minor,** Agas. (fig. 398). — Dent plus large que haute, à cône principal large et fort, généralement accompagné, de chaque côté, par deux cônes secondaires, la base de la couronne est légèrement excisée dans le milieu. La surface de la dent est entièrement plissée, les plis s'étendent en s'amincissant jusqu'au sommet du cône principal, ils sont relativement gros, et l'on n'en compte que huit qui,

au contact de la racine, forment des bourrelets très marqués. La racine est fort épaisse.

Étage Rhétien : répandu dans les « bone bed » en Bourgogne, aux environs de Lyon, en Lorraine, etc.

Cestracionidæ.

592. **Acrodus minimus**, Agas. (fig. 399). — Dents en général étroites, très petites, en forme de losange très

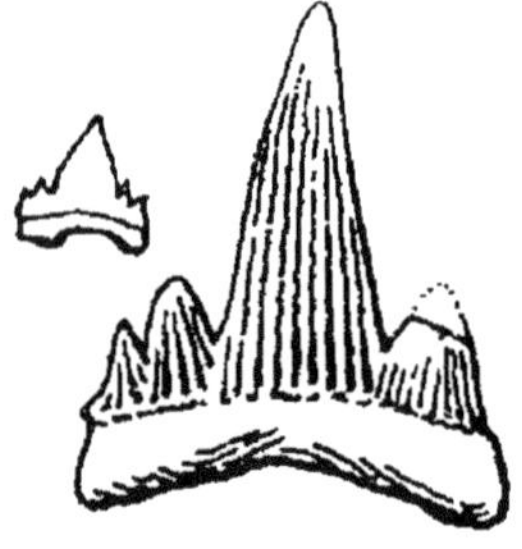

Fig. 398. — *Hybodus minor*, Ag. Dent de grand. nat. et grossie.

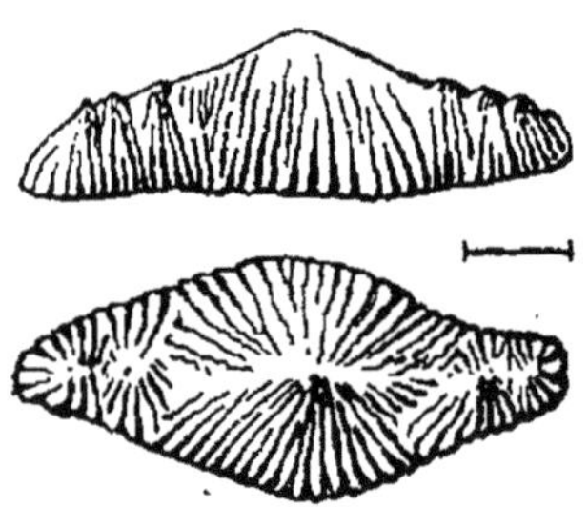

Fig. 399. — *Acrodus minimus*, Ag. Dent de profil et de dessus.

allongé, présentant une quille longitudinale très marquée et un centre saillant en forme de cône aplati ; il y a quelques mamelons aux extrémités de la quille centrale bien visible quand on regarde la dent de profil ; les rides transversales sont très grosses et relativement éloignées les unes des autres, elles vont en divergeant du sommet du cône principal et de chaque mamelon vers les bords de la couronne.

Étage Rhétien : commun dans le « bone bed » de la Bourgogne, de la Lorraine, du Lyonnais, etc.

593. **Ptychodus latissimus**, Agas. (fig. 400). — Dents en pavé, grandes, presque carrées, convexes, plis de la surface très larges et peu nombreux, distants, à

bords tranchants, les côtés de la dent sont ornés d'une grosse granulation, ou plutôt de mamelons irréguliers qui diminuent de grosseur en se rapprochant des bords de la couronne. Entre les plis principaux, il y a parfois des plis transverses ou bien des séries de plis et de mamelons alternant entre eux.

Étage Sénonien : ces dents sont communes dans la craie blanche de Normandie.

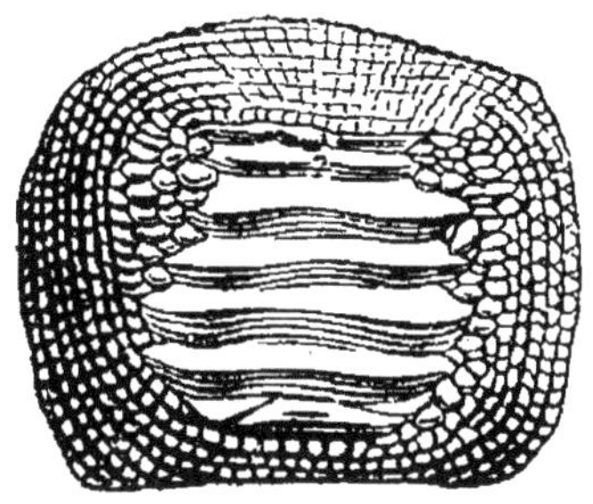

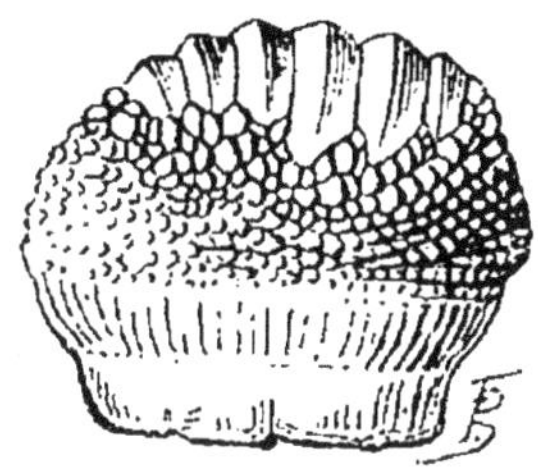

Fig. 400. — *Ptychodus latissimus*, Ag. Dent vue du dessus et de profil.

Lamnidæ.

594. **Oxyrhina xiphodon**, Agas. (fig. 401). — La forme générale des dents de cette espèce est celle d'un triangle isocèle très élevé, la plus grande hauteur mesurant le double de la plus grande largeur (base de l'émail), absence complète de denticules latéraux; à la face interne l'émail présente à sa base un aplatissement très notable, ce caractère particulier fait que le profil de cette espèce est très mince.

Très répandue dans les faluns de la Bretagne, à la Chausserie, Saint-Grégoire, Saint-Juvat, cette espèce se trouve aussi dans les faluns de Dax.

595. **Lamna elegans**, Agas. (fig. 402). — Belle espèce

à laquelle Agassiz assigne les caractères suivants : dents toujours pourvues de denticules latéraux à la base de la couronne, forme élancée régulière et droite, épaisseur assez considérable près de la racine, s'amincissant considérablement vers la pointe. Face interne ornée de stries verticales très fines et fort nombreuses, surtout distinctes près de la base de l'émail et s'étendant à peu près jusqu'à la moitié de la hauteur du cône; ces stries s'effacent quand la dent grandit. Les dentelons latéraux atteignent à peine la taille d'une tête d'épingle. Racine forte, profondément bifide, à cornes un peu rapprochées. De profil, cette dent présente une face externe plate, même un peu bombée, la face interne étant très concave. L'émail descend plus bas à la face externe, où il est horizontal, qu'à la face interne où il décrit une courbe à la base.

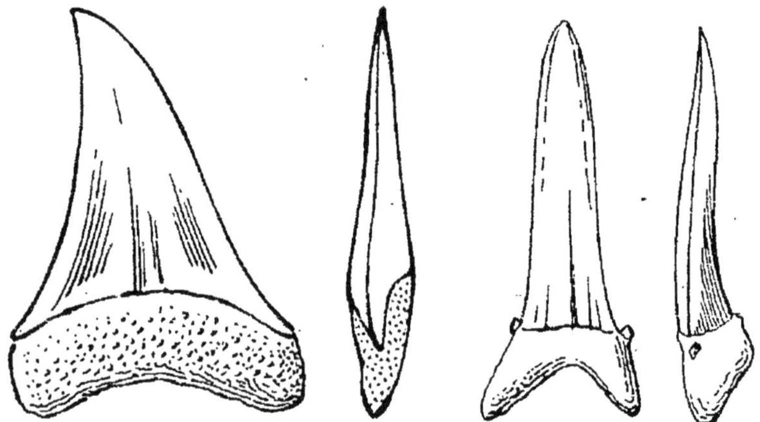

Fig. 401. — *Oxyrhina xiphodon*, Ag. Fig. 402. — *Lamna elegans*.

Étage Lutétien : très répandue dans le calcaire grossier parisien, cette espèce se rencontre d'ailleurs avec abondance à d'autres niveaux de l'Éocène.

596. **Otodus obliquus**, Agas. (fig. 403). — Voisines de celles d'Oxyrhina par leur forme générale qui est large et plate, à bords parfaitement lisses, les dents d'Otodus s'en distinguent par la présence, de chaque côté de la couronne, d'un fort dentelon comprimé et acéré. Les dents de cette espèce sont massives et ont une racine très développée, bilobée, dont la hauteur

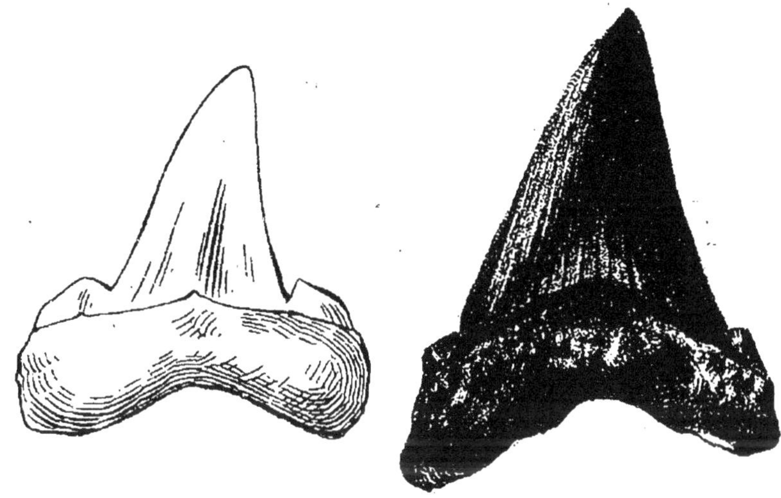

Fig. 403. — *Otodus obliquus*, Ag. Fig. 404. — *Carcharodon megalodon*, Agas.

égale à peu près la moitié de celle de la couronne qui est très épaisse à la base, mais qui s'amincit brusquement vers la pointe.

Cette espèce est très répandue dans les dépôts éocènes du bassin de Paris.

597. **Carcharodon megalodon**, Agas. (fig. 404). — Cette espèce est remarquable par la très grande taille de ses dents qui atteignent 10 centimètres de hauteur et dont la forme générale est équilatérale, les deux bords présentant sensiblement le même contour, étant

l'un et l'autre légèrement évasés et uniformément dentelés sur tout le pourtour de la dent. L'émail est échancré presque à angle droit à la face interne, tandis qu'à la face externe il est simplement concave. Vues de profil, ces dents présentent une faible épaisseur, elles sont bombées à la face interne, tandis que l'autre face est plane et même un peu concave. La racine est très forte et peu profondément bifide.

Cette belle espèce est assez fréquente dans les faluns de la Bretagne, de l'Anjou et de la Touraine, dans la mollasse de l'Armagnac, de l'Hérault et dans les faluns du Sud-Ouest, ceux des Landes en particulier.

598. **Corax appendiculatus**, Agas. (fig. 405). — Dent pyramidale à base large et peu échancrée, à sommet incliné en arrière et à bord antérieur déclive, le postérieur étant profondément échancré et déterminant ainsi, à la base de la dent, une sorte de mamelon assez prononcé, caractère justifiant le qualificatif appliqué à cette espèce. Racine très épaisse.

Étage Aturien : cette espèce n'est pas rare dans la craie blanche de Meudon.

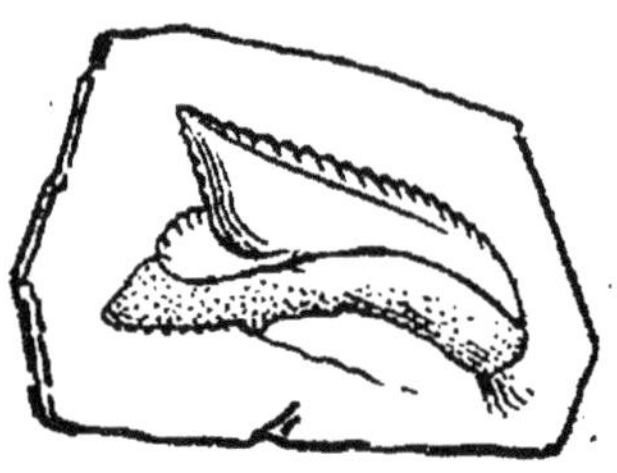

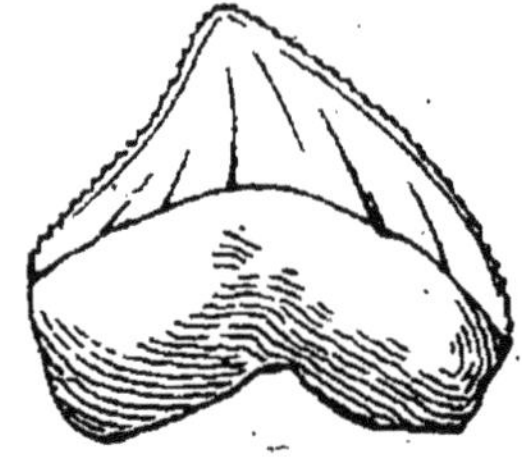

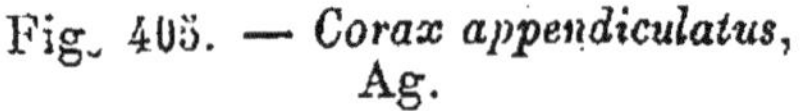

Fig. 405. — *Corax appendiculatus*, Ag.

Fig. 406. — *Corax pristodontus*, Ag.

599. **Corax pristodontus**, Agas. (fig. 406). — Se distingue de l'espèce précédente en ce que le côté

postérieur est à peine échancré, ce qui donne une largeur considérable à la couronne dont la base est légèrement concave; le bord antérieur n'est pas régulièrement arqué, mais forme un angle obtus plus ou moins prononcé, pointe très aiguë, fort tranchante, dentelures marginales un peu plus accentuées sur le bord antérieur que sur l'autre. Hauteur de la dent, y compris la racine, égalant environ sa largeur. Racine très épaisse, à peine échancrée, et dont la hauteur égale celle de la couronne.

Étage Sénonien : fréquente dans la craie supérieure, Champagne, Normandie, etc.

Carcharidæ.

600. **Hemipristis serra**, Agas. (fig. 407). — Dents pyramidales, larges à la base, aiguës au sommet qui est un peu recourbé en arrière. Dentelures marginales obtuses, mais très fortes, s'étendant également sur chaque bord jusque près de la pointe qui ressemble à une forte dentelure apicale, base de la couronne presque horizontale, racine étroite, échancrée au milieu. De profil ces dents présentent un côté interne renflé; au contraire le côté externe est à peu près plat. Émail parfaitement lisse, dents creuses.

Fig. 407. — *Hemipristis serra*, Ag.

Cette espèce se rencontre en compagnie d'Oxyrhina et de Carcharodon, dans la mollasse d'Aquitaine.

SÉLACIENS *Batoïdes* (raies).

Myliobatidæ.

601. **Myliobatis toliapicus**, Agas. (fig. 408). — Pavé dentaire composé de rangées longitudinales et trans-

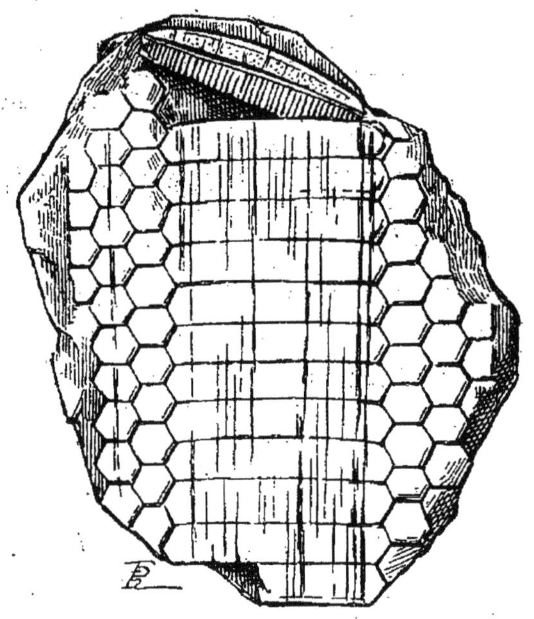

Fig. 408. — *Myliobatis toliapicus*, Ag.

versales de dents hexagonales, plates, accolées comme les pièces d'une mosaïque; les séries transversales sont nombreuses, les longitudinales au nombre de sept, la médiane, dont les pièces isolées portent le nom de chevrons, est environ six fois plus large que les latérales, qui, au nombre de trois de chaque côté, sont composées de petites pièces en forme d'hexagones réguliers, dont le diamètre égale la largeur des chevrons médians; les bords antérieurs et postérieurs deceux-ci sont rectilignes; l'épaisseur des chevrons est peu considérable, elle excède un peu la longueur de leur surface, la couronne en forme la moitié supérieure l'autre moitié étant occupée par la racine, dont la face inférieure et les côtés, coupés à pic, sont fortement cannelés, à cannelures assez profondes mais peu éloignées. La surface de l'émail est plissée irrégulièrement et striée en long plus ou moins fortement. Le plus souvent on ne rencontre que des chevrons ou fragments de chevrons isolés.

Cette espèce est assez répandue dans l'Éocène des environs de Paris.

DIPNOÉS

602. **Ceratodus Kaupi**, Agas. (fig. 409). — Dents subtriangulaires, à sommet du triangle tourné vers l'intérieur de la mâchoire et à côtés internes un peu convexes. Du sommet rayonnent, sur les dents de la mâchoire inférieure, cinq grosses côtes épaisses, un peu tranchantes, qui donnent ainsi au bord externe de la dent un contour convexe et dentelé. Le premier pli antérieur est le plus haut, les autres sont successivement moins élevés. Sur les dents platines, on n'observe que quatre plis, plus tranchants, à vallées intermédiaires plus larges. Toute

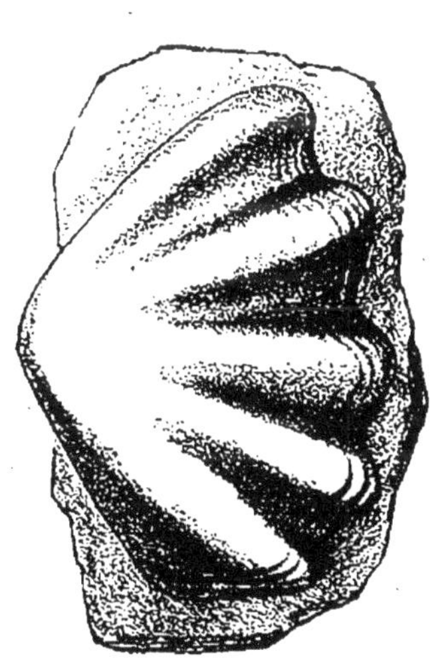

Fig. 409. — *Ceratodus Kaupi*, Ag. Dent palatine.

la surface des dents, qui présente un émail très brillant, est couverte de nombreuses petites fossettes.

Caractéristique du Muschelkalk, dans lequel on le rencontre aux environs de Lunéville.

GANOÏDES (poissons à écailles émaillées).

Palæoniscidæ.

603. **Gyrolepis tenuistriatus**, Agas. (fig. 410). — Écailles émaillées, rhombiques, à bord postérieur simple et droit, surface externe présentant des stries très fines et très rapprochées, onduleuses ou parallèles ou se confondant les unes dans les autres, obliques à leurs bords supérieur et inférieur.

Cette espèce est commune dans les « bone bed » du Rhétien de la Bourgogne.

Fig. 410.
Ecaille très grossie de *Gyrolepis tenuistriatus*, Ag.

Fig. 411.
Sargodon tomicus, Plien.

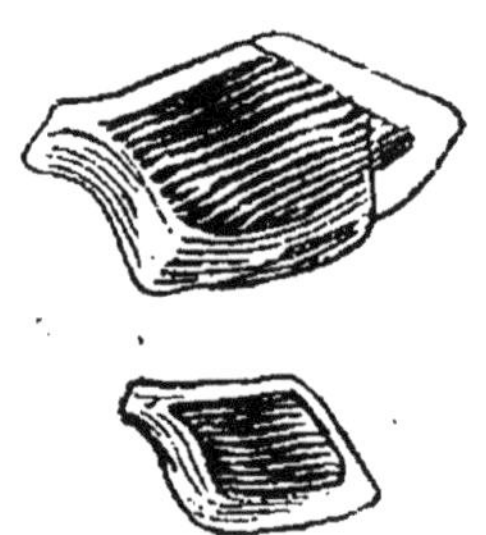

Fig. 412.
Ecailles du *Lepidosteus Maximiliani*, Ag.

Lepidosteidæ.

604. **Sargodon tomicus**, Plien. (fig. 411). — Dents antérieures de petite taille en forme de ciseau de menuisier, à couronne subquadrangulaire, convexe en dehors, concave en dedans. La racine est longue, simple, cylindrique. Avec ces dents, on en trouve

d'autres arrondies, hémisphériques qui sont probablement les molaires de la même espèce.

Étage Rhétien : commun dans les « bone bed » avec l'espèce précédente.

605. **Lepidosteus Maximiliani**, Agas. (fig. 412). — Ce sont surtout les écailles de ce ganoïde que l'on rencontre, à l'état fossile, elles sont grandes, rhomboïdales, épaisses, à bord postérieur uni, recouvertes extérieurement par une forte couche d'émail et absolument lisses. Ces écailles sont communes dans les lignites de l'argile plastique du bassin de Paris, on en trouve aussi quelquefois dans le calcaire grossier : environs de Laon, de Soissons, Neauphle-Saint-Martin, Dangu, Meudon, etc.

Pycnodontidæ.

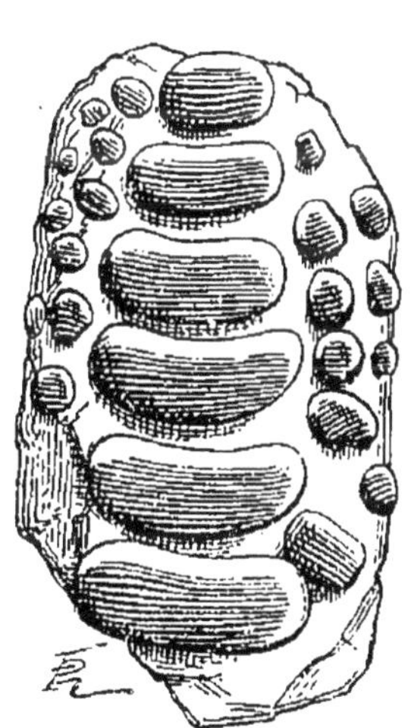

Fig. 413. — Plaque vomero-palatine de *Mesodon gigas*, Ag.

606. **Mesodon (Pycnodus) gigas**, Agas. (fig. 413). — Plaque voméro-palatine à cinq rangées longitudinales de dents, rangée médiane constituée par de grosses dents en forme de demi-cylindres, plus ou moins réguliers, un peu arquées en avant, à extrémités arrondies, d'égale largeur, mais pas toujours de même forme, séparées les unes des autres par de petits intervalles; leur hauteur est à peu près égale au tiers ou à la moitié de leur longueur; surface de l'émail lisse, devenant

luisante par usure. Dents des rangées latérales plus petites, plus irrégulières, circulaires, à surface souvent très rugueuse, même plissée, elles sont moins hautes que les médianes et un peu déprimées au milieu. Racine plus étroite que la couronne qui s'en détache facilement.

Étage Portlandien : assez répandu dans les différentes localités où cet étage se montre.

TÉLÉOSTÉENS (Poissons osseux).

Hoplopleuridæ.

607. **Saurichthys acuminatus**, Agas. (fig. 414). — Dents fortes, coniques, rappelant par leur forme des dents de sauriens; base ou socle de la dent, strié verticalement, ayant moins du tiers de la hauteur totale; la couronne de cette base est séparée par un étranglement surmonté d'un léger bourrelet, elle est ordinairement lisse, quelquefois plissée, surtout vers la base, mais les plis n'atteignent jamais le sommet qui est acuminé.

Fig. 414. — Dent très grossie de *Saurichthys acuminatus*, Ag.

Étage Rhétien : au même niveau et dans les mêmes localités que les espèces déjà citées de cet étage.

Cyprinodontidæ.

608. **Protolebias cephalotus**, Agas. sp. (fig. 415). — De très petite taille, cette espèce est représentée par des

individus que l'on trouve réunis en grand nombre; le corps est peu allongé, la tête est relativement très grande, à mâchoires aplaties horizontalement, portant une rangée de dents en cônes pointus, simples, l'appareil operculaire est lisse. La colonne vertébrale est

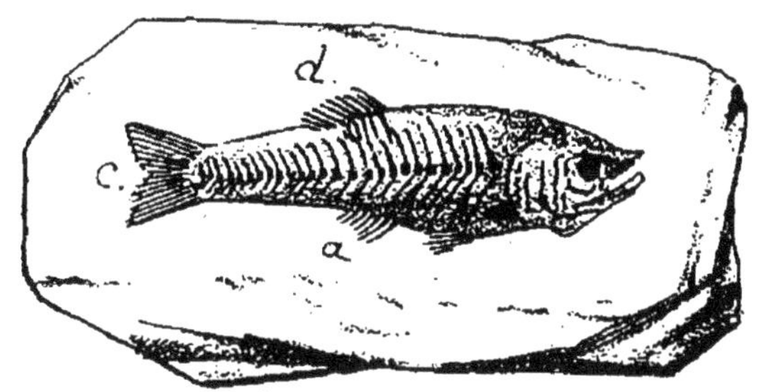

Fig. 415. — *Protolebias cephalotus*, Ag. sp.

très grêle. Les nageoires, composées de rayons très délicats, sont de moyenne grandeur : la dorsale (*d*) opposée à l'anale (*a*), la caudale (*c*) légèrement échancrée.

Étage Sannoisien : se trouve en grande masse dans les gypses schisteux d'Aix-en-Provence.

ACANTHOPTÉRYGIENS

Percidæ.

609. **Smerdis minutus**, Agas. (fig. 416). — Espèce petite ayant environ les dimensions d'une perche d'un an. Tête robuste, à gueule peu fendue, à orbite grande placée au milieu de la tête; préorbitaire fortement dentelé ainsi que le préopercule qui ne présente point d'épine à son angle postérieur, opercule arrondi en arrière. Nageoire dorsale étroite dou le, la première

(d^1), épineuse, présentant sept rayons, dont les antérieurs sont très développés; la deuxième (d^2), placée juste au-dessus de l'anale (a), compte un rayon dur et neuf mous; caudale (c) très développée et fourchue; ventrales (v) grandes à premier rayon épineux, fort, plus court que les cinq mous qui suivent; pectorales petites à quatorze rayons.

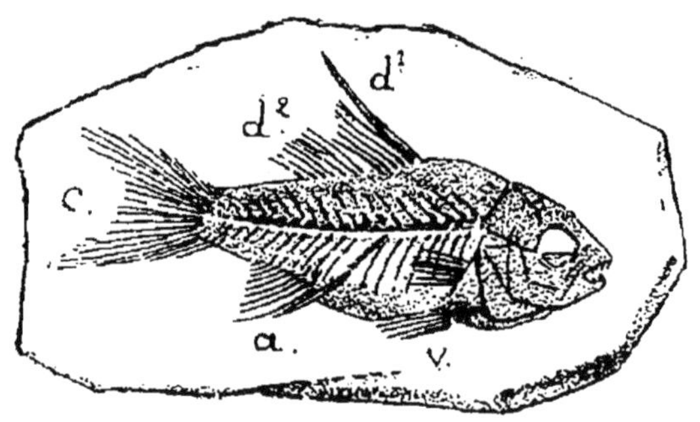

Fig. 416. — *Smerdis minutus*, Ag.

Étage Sannoisien : avec le précédent, mais un peu moins commun.

610. Lates Heberti, Gerv. (fig. 417). — Corps trapu, ovalaire, trois fois plus long que large. Tête forte, l'œil placé près de la ligne du front, bouche bien fendue; sous-orbitaire fortement dentelé avec sept ou huit dentelures plus fortes au bord inférieur; préopercule dentelé au bord postérieur à angle arrondi, à bord inférieur avec deux fortes pointes qui s'étendent jusqu'à l'angle. Colonne vertébrale peu robuste. Deux nageoires dorsales contiguës, presque égales, l'antérieur (d^1) présentant huit épines, la première plus courte, les trois, quatre et cinquième sont les plus longues, la dernière moins haute que les rayons mous qui constituent la seconde dorsale (d^2) et qui sont au nombre de neuf; anale (a), opposée à la dorsale molle, composée de six rayons et de trois épines robustes en avant; caudale (c) large, arrondie, à pédicule assez haut, les pectorales (p) sont peu nettes; ventrales (v) à cinq rayons mous et une forte épine. Les écailles,

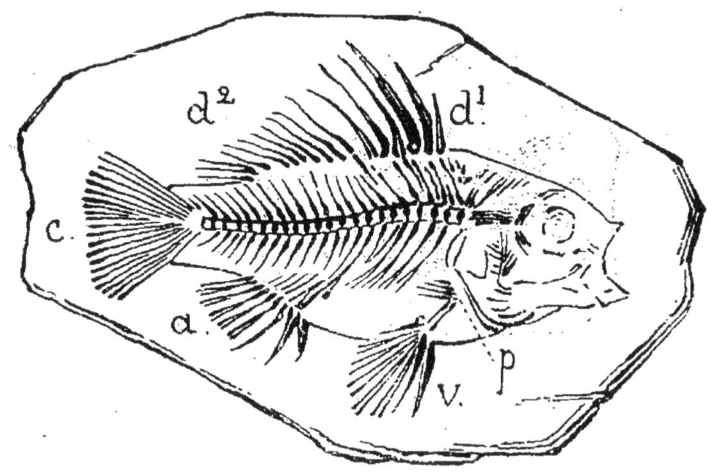

Fig. 417. — *Lates Heberti*, Gerv.

petites, sont ornées de cercles concentriques assez gros, à spinules peu nombreuses.

Étage Montien : commun dans des marnes subordonnées au calcaire pisolithique du Mont-Aimé, près Vertus (Marne).

§ 2. — Reptiles.

Bien que les reptiles aient atteint un développement extraordinaire pendant les temps secondaires, que le nombre et la variété des formes qui vivaient alors justifiassent la qualification « d'ère des reptiles », appliquée à cette période et quoique les débris fossiles provenant de ces animaux se rencontrent dans notre sol avec une certaine abondance, nous ne pouvons ici que mentionner quelques espèces des plus communes. Les personnes qui voudraient approfondir l'étude de ces êtres devront consulter les importants travaux que Cuvier, de Blainville, Deslongchamps, Gaudry, Gervais, Hébert, Pomel, Vaillant, etc., ont publié sur ce sujet.

Amphibiens.

611. **Protriton petrolei**, Gaud. (fig. 418). — Animal de très petite taille mesurant de 35 à 40 millimètres de longueur, la tête en occupe 7 à 8, la queue presque autant; membres antérieurs environ de même longueur que les postérieurs. Colonne vertébrale bien développée, composée de 29 vertèbres dont 3 cervicales, 10 dorsales, 8 lombaires et 8 caudales; cervicales et dorsales avec petites côtes courtes et arquées.

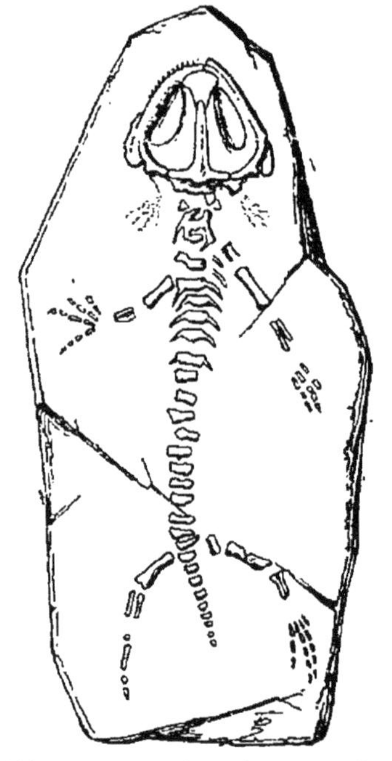

Fig. 418. — *Protriton petrolei*, Gaud. Grossi deux fois.

La tête, en forme de triangle subéquilatéral, arrondie au sommet, est remarquable par son aplatissement et surtout par la grandeur des orbites, en forme d'amande. Dents fines, pointues, à peine visibles. On constate, sur des échantillons remarquablement conservés, l'existence de branchies externes.

Étage Permien : à la partie inférieure de l'étage, dans les schistes de Muse près Autun (Saône-et-Loire).

Ichthyosauriens.

Ichthyosaurus, Kœnig. (fig. 419). — Représentant le plus important de ce groupe, si éloigné de tous les

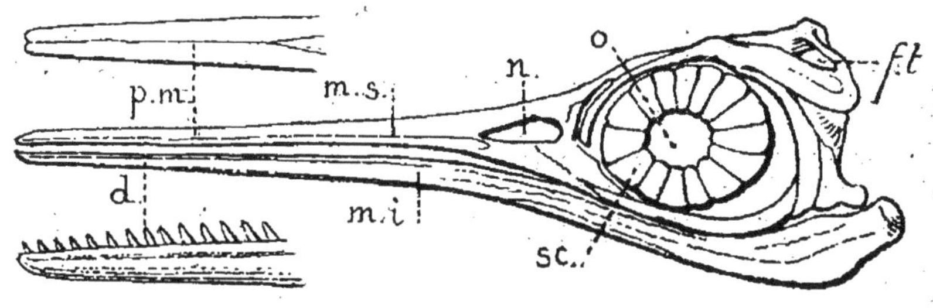

Fig. 419. — *Ichthyosaurus acutirostris*, Owen. Tête : *pm*, intermaxillaire ; *ms*, maxillaire supérieur ; *d*, dentaire ; *mi*, maxillaire inférieur ; *n*, narine ; *o*, œil ; *sc*, anneau sclérotique ; *ft*, fosse temporale.

reptiles actuels, et qui s'éteignit avant la fin des temps mésozoïques, ce genre est caractérisé par : un crâne *volumineux* à museau *très allongé*, à *orbites énormes* pourvues d'*un anneau sclérotique;* les *dents* en cône pointu sont fortes à couronne arrondie ou plus fréquemment *tranchantes*, très nombreuses (180 à 200), implantées *dans une gouttière* profonde qui court sur toute la longueur des mâchoires. *Cou* très *court*. Vertèbres discoïdales *profondément* amphicœliennes, *sans* apophyses transverses. Membres antérieurs *plus grands* que les postérieurs, tous en forme de palettes; humérus, cubitus, radius, très courts et aplatis. *Queue* relativement *longue* (100 vertèbres caudales environ).

Nous citerons comme espèces les plus remarquables :

612. **I. acutirostris**, Owen (fig. 419), qui a laissé d'assez nombreux restes dans le lias supérieur de Curcy (Calvados); nous citerons encore :

613. **I. communis**, (fig. 420) Conyb., du lias inférieur.

614. **I. platyodon**, Conyb. (fig. 420), du même niveau.

615. **I. trigonus** (fig. 420), Owen, que l'on rencontre dans le Kimeridgien du cap de la Hève.

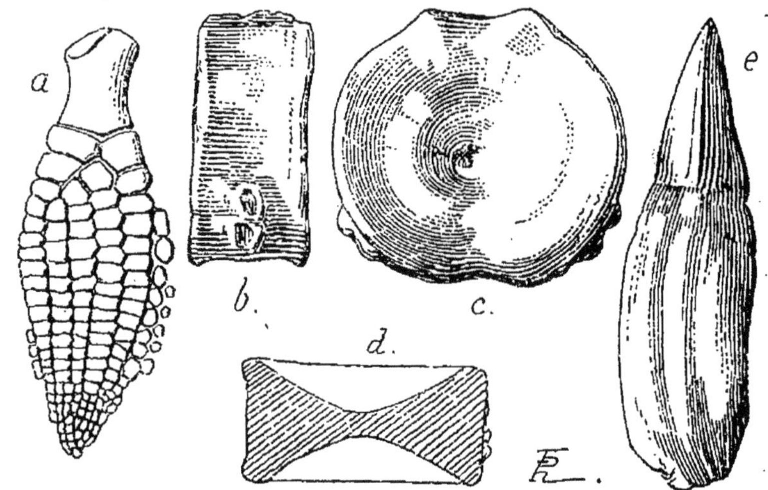

Fig. 420. — *a*, membre antérieur d'*Ichthyosaurus communis*, Conyb. ; *b*, *c*, *d*, vertèbre thoracique d'*Ichthyosaurus trigonus*, Owen ; *e*, dent d'*Ichthyosaurus platyodon*, Conyb.

Sauroptérygiens.

Groupe également éteint dont nous ne citerons que deux genres.

616. **Nothosaurus**, Münst. (fig. 421). — Dents caractérisées par leur forme conique, haute, à légère courbure, dont la section est presque circulaire, à couronne ornée de sillons longitudinaux assez profonds. D'autres parties du squelette, vertèbres, os longs, côtes, etc.,

se rencontrent assez communément dans le Muschelkalk des environs de Lunéville.

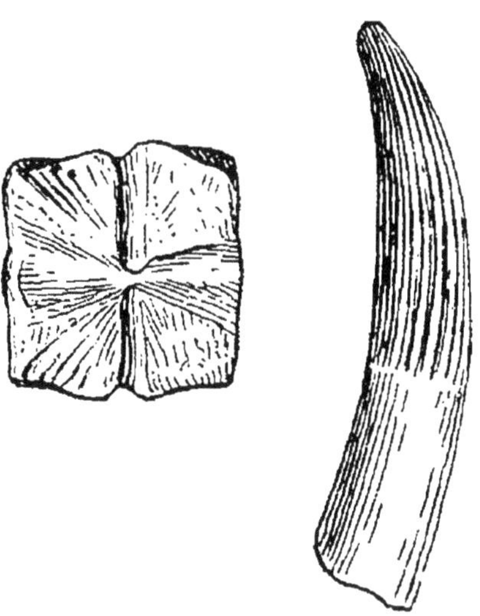

Fig. 421. — *Nothosaurus*, Münst.
Dent grossie et coupe d'une vertèbre cervicale (grandeur nature).

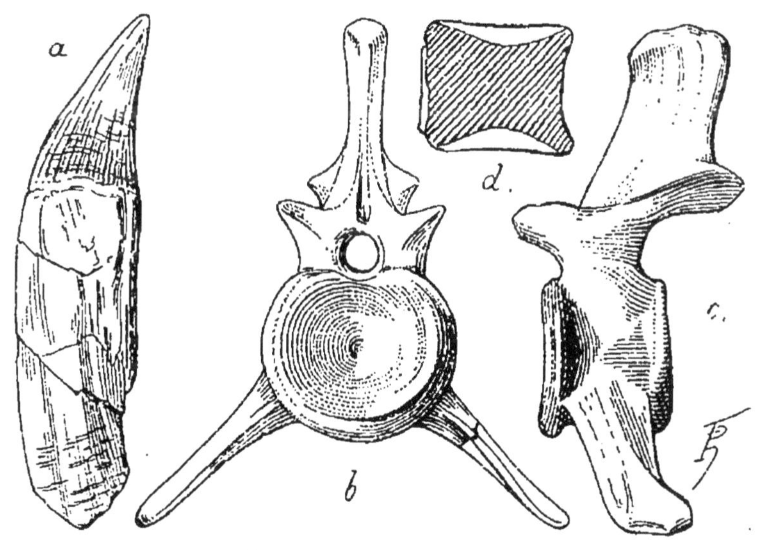

Fig. 422. — *a*, dent de *Plesiosaurus grandis*, Owen ; *b*, *c*, vertèbres cervicales, vue de face et de profil ; *d*, coupe longitudinale d'une vertèbre.

617. **Plesiosaurus**, Conyb. (fig 422). — Crâne *petit*, à

museau *court*, à orbites médiocres, *sans anneau sclérotique*, dents grêles, longues, pointues, arrondies, marquées de sillons longitudinaux et implantées *dans de profondes alvéoles*. *Cou* très *long* (25 à 40 vertèbres) serpentiforme. Vertèbres courtes *faiblement* amphicœliennes et *munies* d'apophyses transverses. Membres antérieurs *plus petits* que les postérieurs, tous en palettes allongées; humérus, cubitus et radius bien moins raccourcis et moins aplatis que chez Ichthyosaure. *Queue* relativement *courte* (de 30 à 40 vertèbres). Contemporain d'Ichthyosaure; ce genre est représenté en France à divers niveaux du lias et de l'oolithe par différentes espèces.

Nous citerons entre autres *P. grandis* Ow. du Kiméridgien.

Chéloniens.

618. **Trionyx vittatus**, Gerv. (fig. 423). — Espèce de grande taille, le bouclier dorsal pouvant atteindre 1 mètre de longueur; il se compose de pièces que l'on recueille le plus souvent isolées; les plaques neurales (n) sont relativement petites, hexagonales, allongées longitudinalement, les costales (c) très grandes, pentagonales très allongées transversalement, à bord externe convexe, laissant passer l'extrémité des côtes. La surface externe de ces plaques est ornée de rugosités vermiculées très fortes qui les font reconnaître à première vue; l'extrémité des côtes est finement et irrégulièrement sillonnée. Les fragments du bouclier dorsal de cette espèce sont assez communs dans les lignites de l'argile plastique.

Étage Thanétien : environs de Beauvais, de Soissons et de Laon.

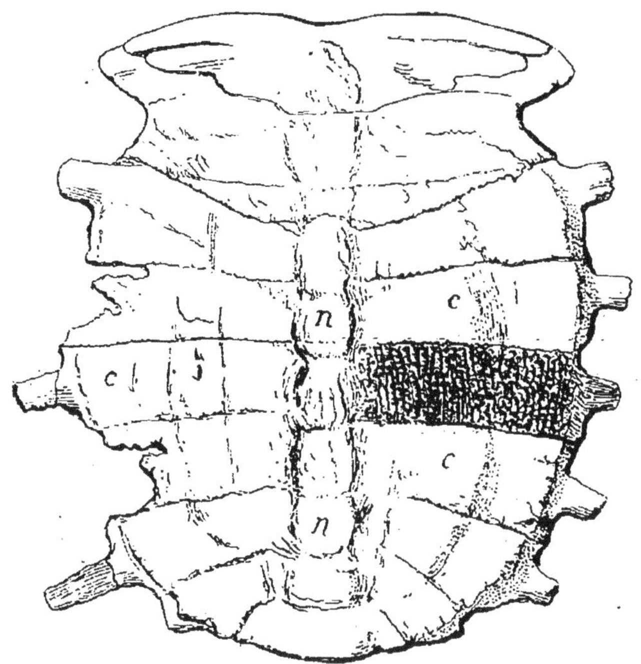

Fig. 423. — *Trionyx vittatus*, Gerv. Carapace très réduite.

Pythonomorphiens.

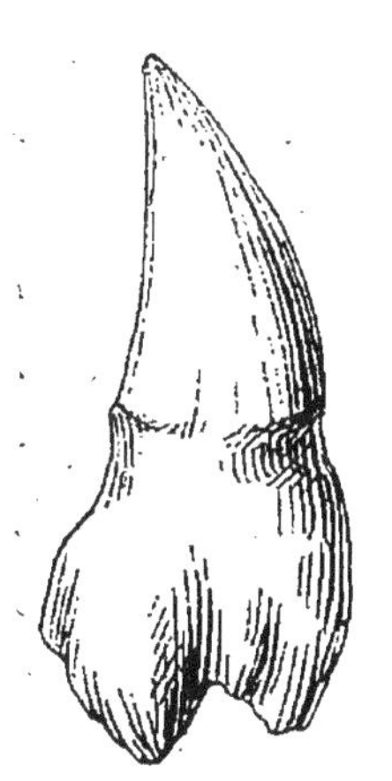

Fig. 424. — *Mosasaurus Camperi*, Mey.

619. **Mosasaurus Camperi**, H. v. Mey. (fig. 424). — Animal de très grande taille (6 à 7 mètres de long), dont on ne trouve généralement que des dents isolées; celles-ci sont pyramidales, un peu arquées, légèrement comprimées latéralement, à deux arêtes; elles sont placées sur des socles osseux, volumineux, aplatis en dehors et semi-coniques en dedans.

Étage Aturien : se rencontre dans la craie blanche supérieure, à Meudon par exemple.

Crocodiliens.

620. **Crocodilus depressifrons**, Blainv. (fig. 425). — Cette espèce n'a fourni de restes importants que dans des cas exceptionnels; le plus souvent on ne rencontre que des parties isolées du squelette et en mauvais état de conservation, soit des vertèbres, soit des portions de membres ou de mâchoires (fig. 425). Les dents plus fréquentes, mais toujours fragiles, sont en cône court,

Fig. 425. — *Crocodilus depressifrons*, Blainv. Mandibule inférieure gauche.

larges et ovales à la base; les antérieures sont tranchantes latéralement et un peu sillonnées inférieurement.

Étage Thanétien : lignites de l'argile plastique des environs de Paris, Soissons, Laon, Reims, etc.

621. **Diplocynodon Rateli**, Pomel (1) (fig. 426). — Ce crocodilien, dont la forme générale du crâne rappelle celle de l'alligator, est intermédiaire, par la dentition, entre ce dernier et le vrai crocodile; ses dents sont inégales, un peu tranchantes en avant et en arrière, les unes longues et pointues, les autres courtes et

(1) Voir L. Vaillant, Études zoologiques sur les crocodiliens fossiles de Saint-Géraud-le-Puy. *Annales des Sciences Géologiques*, 1872, vol. III.

mamelonnées. Ce genre est surtout remarquable par le développement de l'élément osseux dans sa vestiture. Le dos et le ventre sont protégés par des plaques osseuses; les dorsales (fig. 426) en forme de quadrilatères sont sculptées extérieurement et présentent une

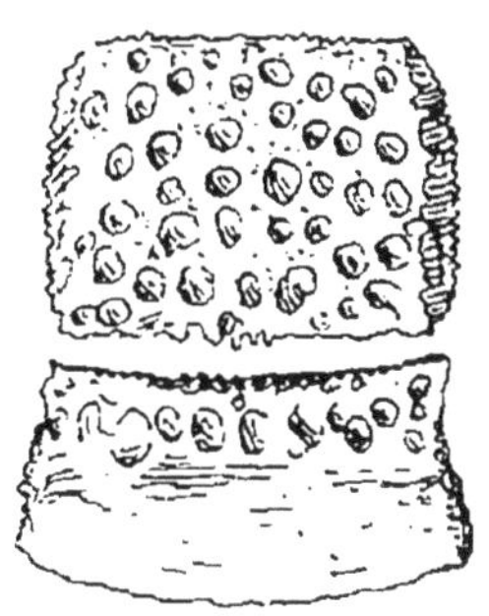

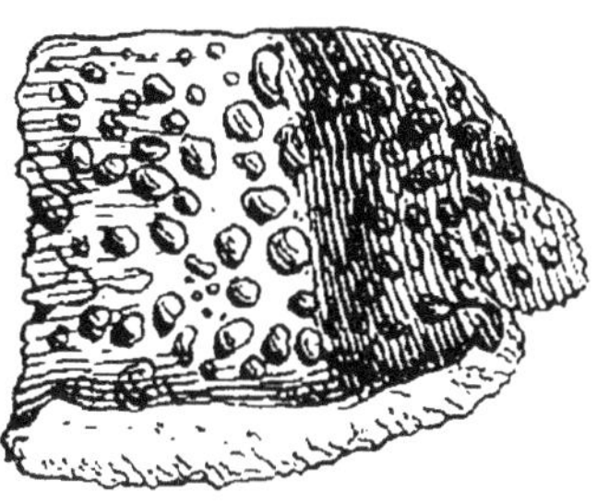

Fig. 426. — Plaque ventrale. Fig. 426 *a*. — Plaque dorsale.
Diplocynodon Rateli, Pom.

quille médiane; les nuchales sont petites, ovalaires; les ventrales, composées chacune de deux pièces articulées, ressemblent aux dorsales, à ornements moins accentués cependant; elles sont aussi dépourvues de quille.

Les espèces de ce genre sont assez nombreuses, la plus répandue semble être celle que nous citons de Saint-Géraud-le-Puy; elles sont surtout fréquentes dans l'oligocène à Ronzon (près le Puy), par exemple, et dans le miocène inférieur.

CHAPITRE VIII

MAMMIFÈRES

Ce que nous avons dit des reptiles peut s'appliquer également aux mammifères, bien que leurs restes se rencontrent en très grand nombre, soit dans les sédiments tertiaires, soit dans les alluvions quaternaires ou le sol des cavernes; il nous est impossible de donner ici une simple énumération même des espèces. Beaucoup d'entre elles, en effet, ne sont représentées que par des portions du squelette très incomplètes, dont l'examen entraîne à de longues et difficiles études d'anatomie comparée; beaucoup aussi sont spéciales à des gisements épuisés ou qui ne sont plus accessibles; aussi, nous en tiendrons-nous à ne citer que quelques-unes des formes les plus communes ou les mieux connues.

Dans les descriptions qui suivent, les notations suivantes indiquent :

I. Incisives	s = supérieures i = inférieures
C. Canines	s = supérieures i = inférieures
P. Prémolaires	s = supérieures i = inférieures
M. Molaires	s = supérieures i = inférieures

Nous employons les mêmes lettres (minuscules) dan

les formules dentaires qui ne donnent le nombre des dents que pour une seule des branches des mâchoires, c'est-à-dire la moitié du nombre total.

Ces formules dentaires sont représentées comme les fractions en arithmétique, le numérateur représentant ici un demi-maxillaire supérieur, le dénominateur, un demi-maxillaire inférieur.

Ex. $i\,\frac{3}{3},\quad c\,\frac{1}{1},\quad pm\,\frac{4-3}{3},\quad m\,\frac{3}{3},$

se lira : incisives, 3 supérieures et 3 inférieures; canines 1 supérieure et 1 inférieure, prémolaires 4 ou 3 supérieures et 3 inférieures, molaires 3 supérieures et 3 inférieures.

Ces formules dentaires seront toujours placées en tête de la diagnose, au-dessous du nom de l'espèce décrite.

§ 1er. — **Siréniens.**

Halicoridæ.

622. **Halitherium Guettardi**, Blainv. (fig. 427). —

$$i\,\frac{1}{0},\quad c\,\frac{0}{0},\quad pm\,\frac{3}{3},\quad m\,\frac{4}{4}.$$

Crâne d'une longueur de 30 à 40 centimètres, à museau court. L'intermaxillaire courbé vers le bas présente une longue incisive cylindrique. Maxillaire inférieur avec symphyse incurvée vers le bas, rugueuse portant quatre alvéoles peu profondes, effacées, indiquant l'existence de petites incisives et d'une canine qui tombent toutes de bonne heure. Les molaires rappellent celles de l'hippopotame.

Cette espèce est surtout représentée par des vertèbres et des côtes massives, excessivement épaisses et lourdes à deux têtes articulaires; ces côtes se fixent d'une part sur l'apophyse transverse des vertèbres par le tuberculum (t) et, de l'autre sur le corps vertébral par le capitulum (c). Les vertèbres présentent des

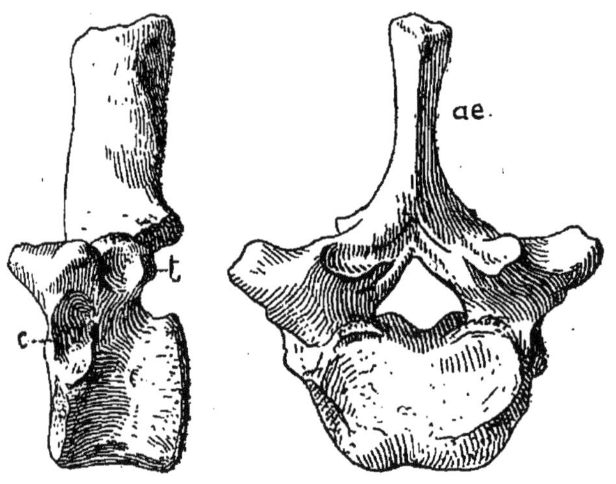

Fig. 427. — *Halitherium Guettardi*, Blainv. Vertèbre lombaire vue de profil et d'arrière.

apophyses épineuses (æ) grandes, fortes, et des zygapophyses (z) également bien développées.

Ces vertèbres et ces côtes sont communes dans les sables de Fontainebleau : à Étrechy, Jeurres, Longjumeau, etc., et dans les calcaires des environs de Bordeaux.

623. **Methaxytherium Cuvieri**, Christol. = Hal. Serresi, Gerv.

$$i\,\frac{1}{(4)},\quad c\,\frac{0}{(0)},\quad pm\,\frac{4}{4},\quad m\,\frac{5}{5}.$$

Cette espèce, voisine de la précédente, présente

cependant une défense plus forte et des molaires plus nombreuses. Elle est répandue dans le Miocène du Languedoc : à Montpellier, Beaucaire, Pézenas, dans le bassin du Rhône, à Saint-Paul-Trois-Châteaux et Saint-Restitut, ainsi que dans les faluns du Sud-Ouest, de la Bretagne et de l'Anjou.

§ 2. — Ongulés Imparidigités.

Equidæ.

624. **Palæotherium crassum**, Cuv. (fig. 428).

$$i\,\frac{3}{3},\quad c\,\frac{1}{1},\quad pm\,\frac{4}{4},\quad m\,\frac{3}{3}.$$

I. en ciseaux; C. coniques, fortes; P. s. et M. s. semblables sauf P_1 qui est petite et triangulaire, toutes les autres subquadrangulaires à muraille externe (m), en W formée par la réunion de deux tubercules (E e); tubercules internes (i i') unis à la muraille externe par des collines transverses obliques.

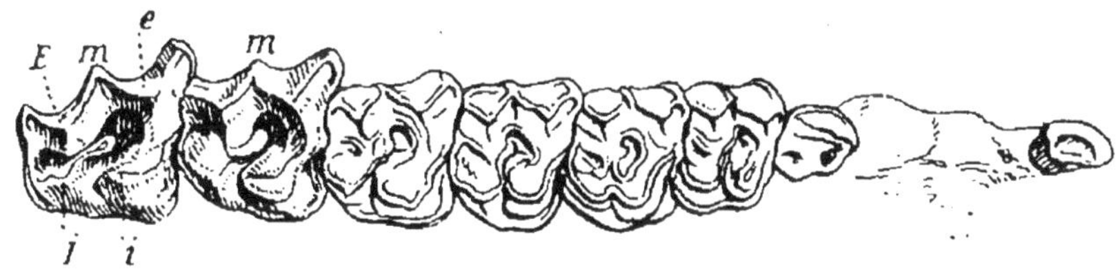

Fig. 428. — *Palæotherium crassum*, Cuv.
Maxillaire supérieure (côté droit) vu du dessous.

M. i. présentant, sauf M_1, deux croissants qui par leur réunion forment un simple tubercule, M_3 à trois collines.

Outre cette espèce, qui est la plus commune, le

genre Palæotherium en présente plusieurs autres dont les tailles sont très variables, la plus grande (P. magnum) atteignant celle du rhinocéros actuel, la plus petite (P. curtum) ne dépassant pas celle du cochon.

Toutes ces espèces sont abondamment répandues dans tout l'Eocène ; leurs principaux gisements sont : le gypse des environs de Paris, les lignites de la Débruge (Vaucluse) des environs d'Alais et de Saint-Hippolyte-de-Caton (Gard), calcaires du Mas Saintes-Puelles (Aude), de Graves (Dordogne), du Puy (Haute-Loire), enfin dans les phosphorites du Quercy.

625. **Anchitherium Aurelianense**, Cuv. sp. (fig. 429).

$$i\,\frac{3}{3},\quad c\,\frac{1}{1},\quad pm\,\frac{4}{4},\quad m\,\frac{3}{3}.$$

I et C à peu près comme dans le genre précédent.

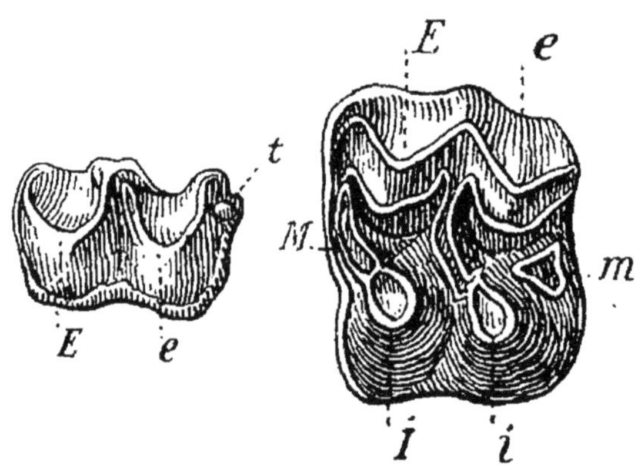

Fig. 429. — Molaire inférieure et molaire supérieure d'*Anchitherium Aurelianense*, Cuv.

P.s. et M.s, à muraille externe en W formée de deux tubercules externes (E e) réunis; tubercules internes (I i) forts, réunis aux étroits tubercules intermédiaires, en croissants, et à la muraille externe par une colline oblique, un tubercule auxiliaire (m) postérieur. P_1 petite, triangulaire, pointe externe allongée, un petit tubercule interne. M. i. présentant deux croissants en V (E, e) qui, en se réunissant, forment deux tubercules internes très petits et séparés. M_3 présente un talon (t).

Cette espèce caractérise le Miocène inférieur, car on la rencontre dans les sables de l'Orléanais et le calcaire de Montabuzard qui font partie du Burdigalien ainsi que dans les calcaires de Simorre et de Sansan qui sont de l'Helvétien.

Equinæ.

626. **Hipparion gracile**, Kaup. (fig. 430).

$$i\,\frac{3}{3},\quad c\,\frac{1}{1},\quad pm\,\frac{3-4}{3},\quad m\,\frac{3}{3}.$$

I. en ciseaux, avec marques.

C. existant chez les deux sexes.

Molaires prismatiques à cément très développé, de moitié moins hautes que celles du cheval. Tubercules externes (E, *e*) presque égaux, collines intermédiaires en croissants, formant des marques (M, *m*) fermées; la lame d'émail fortement froncée du côté interne. Colline interne antérieure (I) plus grande que la postérieure (*i'*) non réunie à la colline intermédiaire et formant un pilier isolé un peu rejeté en dedans, à section arrondie ou ovale.

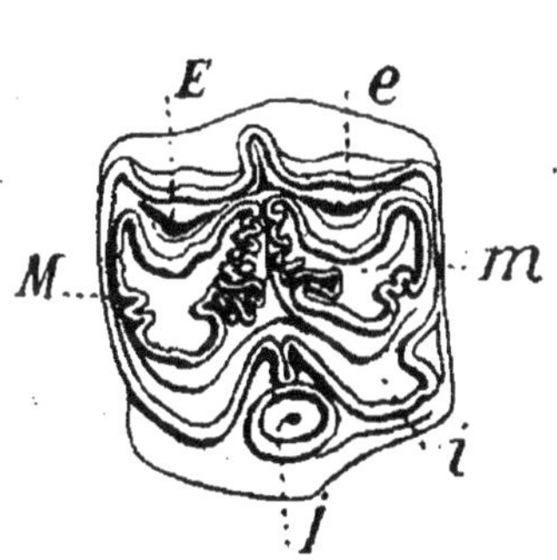

Fig. 430. — *Hipparion gracile*, Kaup. Molaire supérieure.

Cette espèce se rencontre dans le miocène supérieur (étage Pontien) au mont Lubéron (Vaucluse), à Cabrières, à Perpignan et dans la vallée du Rhône.

627. **Equus caballus**, Lin. (fig. 431).

$$i\,\frac{3}{3},\quad c\,\frac{1}{1},\quad pm\,\frac{(4).3}{(4).3},\quad m.\frac{3}{3}.$$

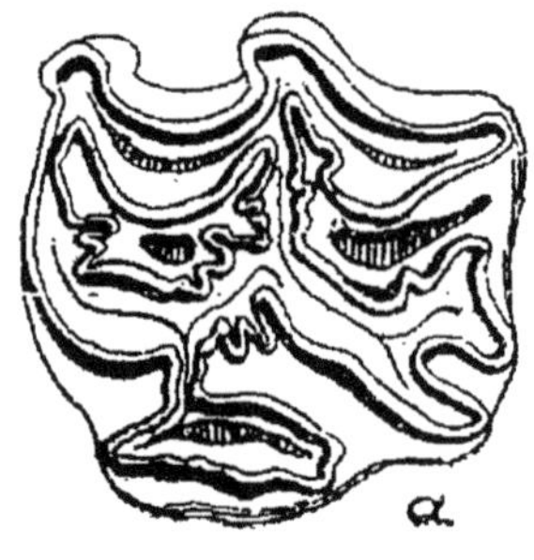

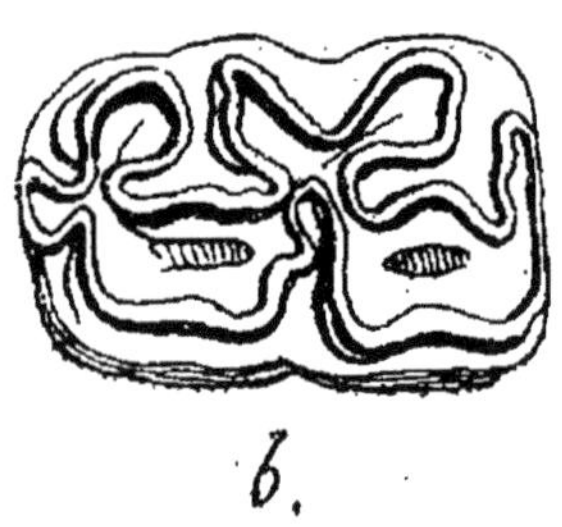

Fig. 431. — *Equus caballus*, Lin.
a, Molaire supérieure. *b*, Molaire inférieure.

Il est inutile de donner une description des dents de cette espèce, connue de tout le monde, les figures suivantes montrant suffisamment les différences qui la séparent du genre précédent, qui, lui, n'a plus de représentants dans la faune actuelle. Le cheval, commun dans le diluvium, est très répandu pendant la période quaternaire. Solutré (Saône-et-Loire) est une des localités les plus remarquables par la grande quantité d'ossements de cette espèce qu'elle a fournie.

Tapiridæ.

628. **Lophiodon Isselense**, Cuv. (fig. 432).

$$i\,\frac{3}{3},\quad c\,\frac{1}{1},\quad pm\,\frac{3}{3},\quad m\,\frac{3}{3}.$$

I. presque égales entre elles, séparées de la C qui est

forte, conique, également séparée des prémolaires par un espace assez large.

M. s. à pointes externes. E *e* réunies par une muraille; des deux tubercules internes (*i i'*) on voit partir deux collines transverses obliques qui se dirigent vers les tubercules externes; un petit pilier (*p*) est formé à l'angle antérieur externe par le bourrelet basal.

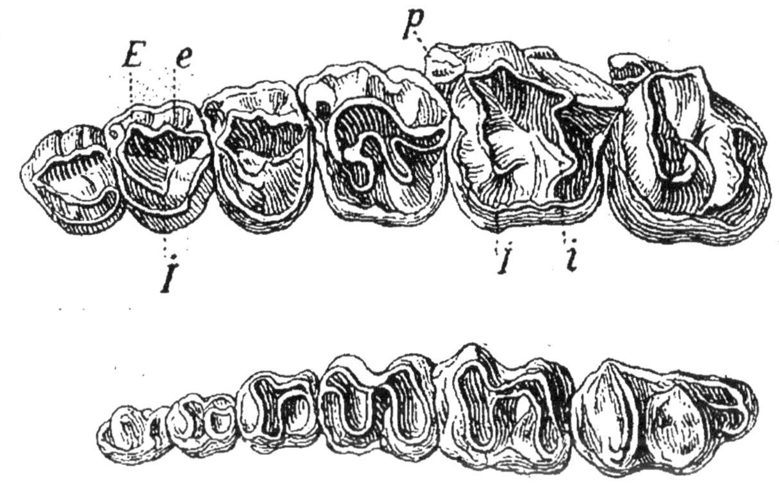

Fig. 432. — *Lophiodon Isselense,* Cuv.
Prémolaires et molaires supérieures.
Prémolaires et molaires inférieures.

P. s. à deux tubercules externes (E *e'*), un seul tubercule interne (*i*) duquel part une colline transverse qui va rejoindre le tubercule externe antérieur (E). M. *i.* présentant deux collines transverses obliques; M_3 *i.* avec un fort talon à l'arrière. Outre l'espèce que nous indiquons comme étant celle ayant fourni les restes les plus complets, le genre Lophiodon en comprend d'autres, assez nombreuses (plus de 12), qui sont répandues dans l'Eocène inférieur et moyen. Parmi les localités où ce genre se rencontre, nous citerons : les lignites du Soissonnais et du Laonnais, la mollasse d'Issel, de Castelnaudary, Lautrec, etc. ; le calcaire grossier de Paris et de Jouy (Aisne), le gypse d'Argenton (Indre).

Rhinoceridæ.

629. **Rhinoceros (Dihoplus) Sansaniense,** Lart. (fig. 433).

$$i\,\frac{1-2}{1},\quad c\,\frac{0}{1},\quad pm\,\frac{4}{4},\quad m\,\frac{3}{3}.$$

I. *s.* comprimées sur les côtés, allongées.

I. *i.* en stylets, tombant de bonne heure.

C *i*, longues et triangulaires.

P. *s.* à tubercules internes réunis souvent par un pont. Crochet (*c*), anticrochet (*a c*) et crête (*cr*) bien développés.

Ce genre, aujourd'hui éteint, portait deux cornes ; il caractérise le Miocène inférieur (étage Helvétien) et se trouve à Sansan, Simorre, etc.

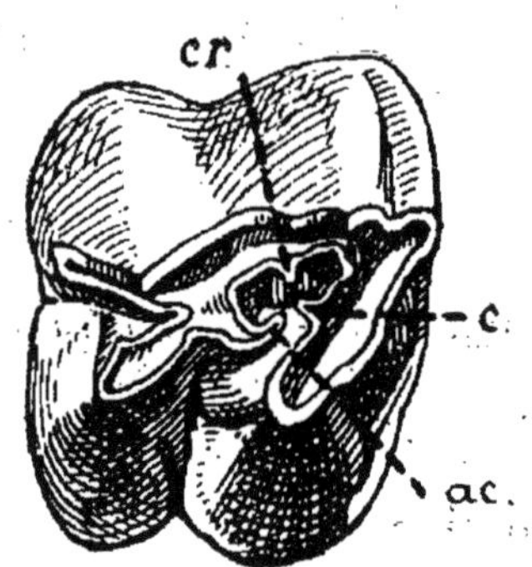

Fig. 433. — *Rhinoceros Sansaniense*, Lart.

§ 3. — Ongulés Paradigités.

Anthracotheridæ.

630. **Anthracotherium magnum,** Cuv. (fig. 434).

$$i\,\frac{3}{3},\quad c\,\frac{1}{1},\quad pm\,\frac{4}{4},\quad m\,\frac{3}{3}.$$

I. grandes, en forme de pelles.

C. très robuste, à trois faces.

Ps_1 et $_2$ coniques, comprimées, à pointe unique; P_3 triangulaire, à 2 pointes; P_4, courte à 2 tubercules.

M. *s.* présentant quatre tubercules principaux en V (E, *e*, I, *i*) et un tubercule intermédiaire antérieur (*m*),

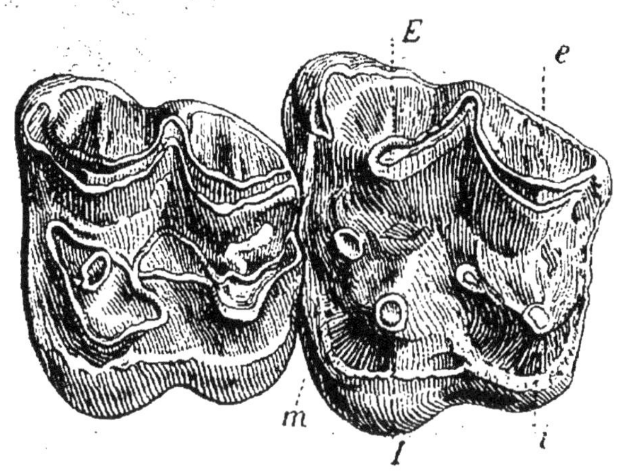

Fig. 434. — *Anthracotherium magnum*, Cuv. Molaires supérieures.

le bourrelet basal est développé. M. *i.* également à quatre tubercules, les externes un peu en V, placés vis-à-vis des internes. M_3 présente un fort talon.

Le genre Anthracotherium présente de nombreuses espèces, dont la taille peut varier de celle du rhinocéros à celle du porc; elles sont répandues dans l'Oligocène. *A. magnum* n'est pas rare dans les phosphorites du Quercy.

Hippopotamidæ.

631. **Hippopotamus major**, Cuv. (fig. 435).

$$i\,\frac{2-3}{2-3},\quad c\,\frac{1}{1},\quad pm\,\frac{4}{4},\quad m\,\frac{3}{3}.$$

I. *i*. cylindriques très longues.

C. *s*. courtes et très épaisses; C. *i*. très longues, recourbées, à trois pans. P. plus simples que les M. qui présentent quatre tubercules plissés. Ces molaires sont facilement reconnaissables à leur surface d'usure trifoliacée.

Fig. 435.
Hippopotamus major, Cuv.

Cette espèce se rencontre dans le Pliocène supérieur (étage Sicilien), à Durfort (Gard) par exemple, et aussi dans le diluvium.

Anoplotheridæ.

632. **Anoplotherium commune**, Cuv. (fig. 436).

$$i\,\frac{3}{3},\quad c\,\frac{1}{1},\quad pm\,\frac{4}{4},\quad m\,\frac{3}{3}.$$

I. *i*. et *s*. semblables, pointues, aplaties et à petit bourrelet basal interne.

C. *i*. et *s*. semblables, à pointe unique.

P. *s*. Les trois antérieures à deux racines, étroites, allongées à muraille externe munie d'une pointe peu saillante, un tubercule interne (*i'*) postérieur. P_4 à trois racines, triangulaire, rétrécie en dedans, muraille externe en V haute et à une seule pointe; deux tubercules internes, l'un en avant (I) réuni à l'angle externe antérieur, l'autre plus petit (*i'*) réuni à l'angle externe postérieur.

M. *s*. Deux tubercules externes (E *e'*) réunis en une muraille en W à fort pli médian, un tubercule interne antérieur (I) conique, un postérieur (*i'*) en V et un intermédiaire antérieur (*m*) en crête.

M. *i.* Deux tubercules externes en V (*e'*) ou en croissant (E), trois internes, deux antérieurs (I I'), réunis à (E); le postérieur (*i''*) très fort. M_3 à fort talon tuberculeux.

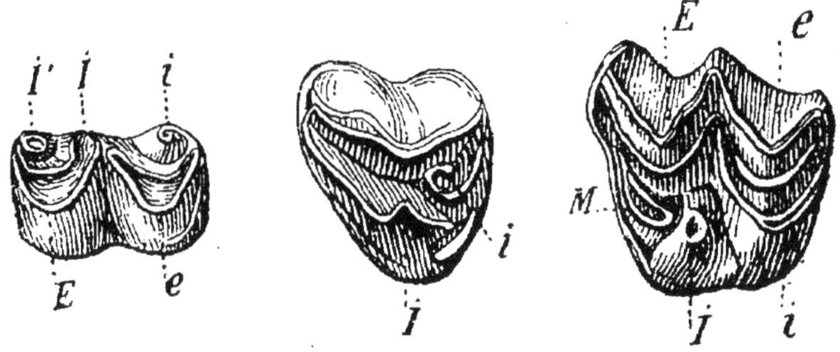

Fig. 436. — *Anoplotherium commune*, Cuv.
Avant-dernière molaire inférieure — 4e prémolaire supérieure — 1re molaire supérieure

Le genre Anoplotherium est très commun dans l'Eocène : gypse de Paris, lignite de la Débruge (Vaucluse), marne d'eau douce d'Alais (Gard) et dans l'Oligocène : phosphorites du Quercy.

633. **Xiphodon gracile**, Cuv. (fig. 437). — Série dentaire complète et fermée, comme Anoplotherium.

I. petites, en forme de pelles, C. peu élevées.

P. *s.* les trois premières, étroites, très allongées, tranchantes, d'où le nom de l'espèce, P_4, courte avec muraille à une pointe et tubercule interne en croissant.

P. *i.* les trois antérieures en forme de lames tranchantes, la postérieure avec muraille unipointée, et deux tubercules internes.

M. *s* : cinq tubercules en V, trois en avant, deux en

arrière, tubercule interne antérieur plus petit que l'intermédiaire.

Répandu, se rencontre avec l'espèce précédente.

Fig. 437. — *Xiphodon gracile*, Cuv.
a. Molaires de la mâchoire supérieure.
b. Molaires de la mâchoire inférieure.

Tragulidæ.

634. **Gelocus communis**, Aym. (fig. 438).

$$i\,\frac{?}{3},\quad c\,\frac{1}{1},\quad pm\,\frac{3}{4},\quad m\,\frac{3}{3}.$$

I. *i*. et C. *i*. semblables, petites, avec large diastème. P. *s*. les deux premières triangulaires, obliques, à

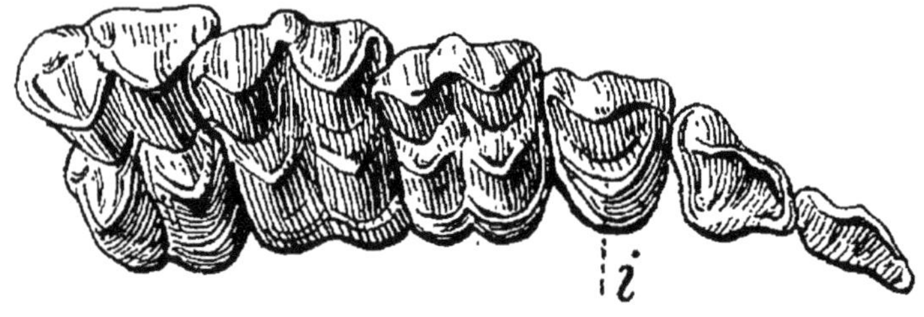

Fig. 438.
Gelocus communis, Aym. Molaires et prémolaires supérieures.

tubercule interne (*i*) très développé. P_3 *s*. à croissant interne. P. *i*, la première petite, en stylet, les trois autres en lame tridentée.

M. *s.* basses à tubercules externes très épais, en pyramides convexes en dehors avec plis externes gros et peu élevés; croissants internes grossiers, bourrelet basal bien développé. M. *i.* deux croissants externes et deux tubercules internes pointus et comprimés, à *marques* non fermées par les piliers internes qui sont pointus et convexes en dehors.

Oligocène de Ronzon près le Puy (Haute-Loire) et phosphorites du Quercy.

Cervidæ.

635. **Cervus (Elaphus) elaphus**, Lin. (fig. 439).

$$i.\frac{0}{3},\quad c.\frac{1}{1},\quad pm.\frac{3}{3},\quad m.\frac{3}{4}.$$

Cette espèce, vivant encore aujourd'hui, est bien connue de tous; il nous suffira de donner un dessin des dents pour que chacun les reconnaisse. Ce sont d'ailleurs les bois qui se rencontrent le plus souvent à l'état fossile. Nous rappellerons donc simplement qu'ils sont longs, rugueux, relativement *peu* courbés, à andouilliers nombreux, dont la section ainsi que celle de la branche principale *est arrondie.*

Ce cerf est très commun dans le diluvium; on le rencontre un peu partout dans les gisements de cet âge.

636. **Cervus (Rangifer) tarandus,** Lin. Renne. (fig. 440) — Également vivant, cantonné aujourd'hui dans la région arctique; bien connu sous le nom de Renne, ce cerf se distingue de l'espèce précédente par l'aspect de ses bois qui, beaucoup plus courbés, à *coupe transversale ovale*, à andouilliers supérieurs dentés et un peu

aplatis en palettes; andouillier basal excessivement grand, plusieurs fois bifurqué et en palette.

Époque Pléistocène, dont il caractérise la période la plus rapprochée de nous et pendant laquelle régnait un climat sec et froid.

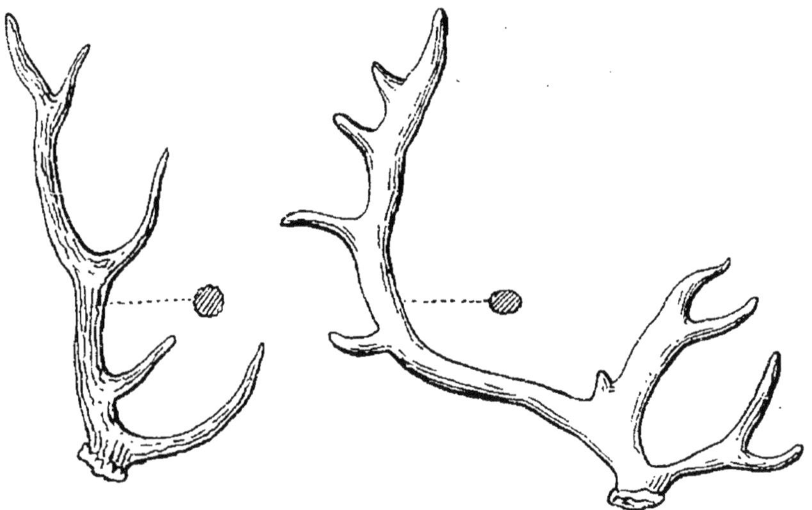

Fig. 439. — *Cervus elaphus*, Lin. bois et vue de sa section.

Fig. 440. — *Cervus tarandus*, Lin. bois et sa section.

Bovinæ.

637. **Bos primigenius,** Boj. (fig. **441**).

$$i.\frac{0}{3}, \quad c.\frac{0}{1}, \quad pm.\frac{3}{3}, \quad m.\frac{3}{3}.$$

Nous ne rappellerons pas les caractères de cette espèce dont le bœuf domestique (*Bos taurus*) est un descendant direct; l'espèce fossile se distingue cependant de cette dernière par une taille beaucoup plus grande et par le plus grand développement de ses cornes.

Le Bos primigenius ou Ur fossile est très fréquent, en France, dans le diluvium et semble avoir vécu, à l'état sauvage, en même temps que le bœuf domestique aux époques de la pierre et du bronze.

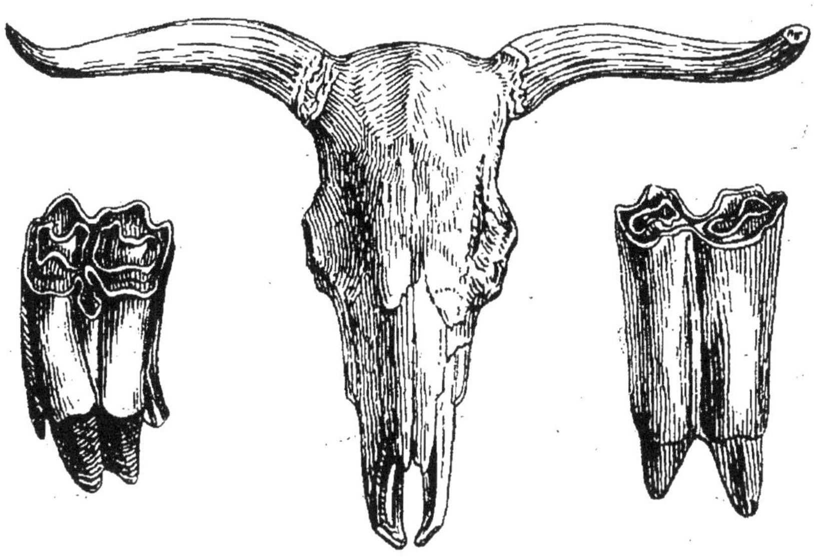

Fig. 441. — *Bos primigenius*, Boj.
Molaire supérieure. Crâne. Molaire inférieure.

§ 4. — Ongulés Amblypodes.

Coryphodontidæ.

638. **Coryphodon eocenus**, Owen (fig. 442).

$$i\,\frac{3}{3},\quad c\,\frac{1}{1},\quad pm\,\frac{4}{4},\quad m\,\frac{3}{3}.$$

I. coniques, C. *s.* et *i.* semblables, fort saillantes, à trois pans; P. *s.* plus petites que les M. à deux tubercules externes réunis par une muraille en V, tubercule interne mousse et conique. Dans P. *i.* le V postérieur des M est remplacé par un talon. M. *s.* deux tubercules externes réunis par un V, sauf dans M_3 qui n'a pas de pointe postérieure. Tubercule interne antérieur (*i*) projetant en avant une forte colline arquée à bourrelet basal et parallèle au bord antérieur; le tubercule postérieur (*i'*) peu développé. M. *i.* deux collines en V,

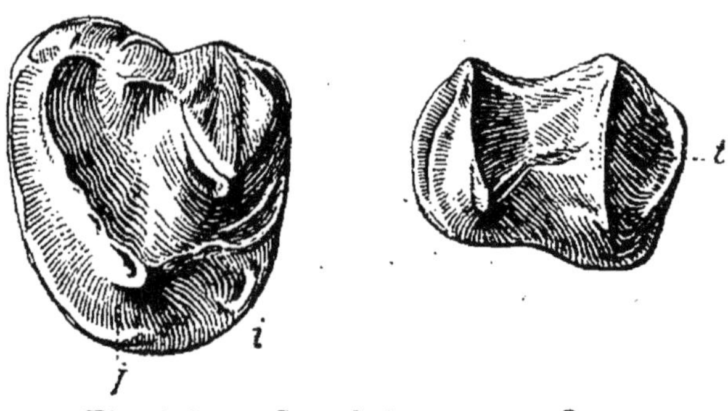

Fig. 442. — *Coryphodon eocenus*, Owen.
Molaire supérieure et molaire inférieure.

ouvertes en dedans, à branche antérieure atrophiée de façon à donner l'aspect de deux simples collines transverses, obliques.

Étage Thanétien : cette espèce, bien qu'elle ne soit représentée que par des fragments incomplets du squelette est assez fréquente dans les lignites du bassin de Paris.

§ 5. — Proboscidiens.

Dinotheridæ.

639. **Dinotherium giganteum** (Kaup. Pl. XXVII, fig. 1 et 2).

$$i\,\frac{0}{1},\quad c\,\frac{0}{0},\quad pm\,\frac{2}{2},\quad m\,\frac{3}{3}.$$

M. *s.* presque carrées, à trois racines, couronnes

semblables à celles des Tapirs, avec deux collines transverses tranchantes, à peine obliques et un peu *convexes* en avant, donnant naissance à un tubercule peu saillant à chacune de leurs extrémités; vallées transversales profondes. Bourrelet basal bien net en avant et en arrière. M_1 présente trois collines au lieu de deux.

M. *i.* semblables aux supérieures, mais à deux racines et toujours plus étroites; les collines de la couronne sont *concaves* en avant.

P. *s.* l'antérieure rétrécie en avant, avec muraille externe et colline antérieure courte; la postérieure transverse, oblique, ressemblant aux M.

Étage Helvétien : cette espèce se rencontre à Simorre (Gers). On la cite également au mont Lubéron près Cucuron, à un niveau plus élevé appartenant à l'étage Pontien.

Elephantidæ.

640. **Mastodon angustidens**, Cuv. (Pl. XXVII, fig. 3).

$$i\,\frac{1}{0-1},\quad c\,\frac{0}{0},\quad pm\,\frac{2}{2},\quad m\,\frac{3}{3}.$$

M. *s.* Grandes, quadrilatères, allongées, à quatre collines transverses hautes, mammelonnées, séparées les unes des autres par de profondes vallées; une entaille longitudinale médiane partage chaque colline transverse et partant toute la couronne dentaire en deux parties égales; des tubercules secondaires se développent dans le fond des vallées transversales.

A chaque colline correspond, au-dessous de la couronne, une longue racine divisée.

Les M. *i.* se distinguent des supérieures par leur largeur moindre et par leurs racines transversales non divisées.

Commun dans le Miocène inférieur (étages Burdigalien et Helvétien) : environs d'Orléans, Sansan, Simorre (Gers), Haute-Garonne et vallée du Rhône.

Elephas, Lin.

$$i\,\frac{1}{0},\quad c\,\frac{0}{0},\quad m\,\frac{3}{3},$$

plus rarement

$$i\,\frac{1}{0},\quad c\,\frac{0}{0},\quad pm\,\frac{2}{2},\quad m\,\frac{3}{3}.$$

I. *s.*, énormément développées, plus ou moins recourbées et connues vulgairement sous le nom de *défenses*.

M. *s.* et *i.* composées de collines, plus ou moins nombreuses (de 5 à 17), transverses, hautes, comprimées en avant et en arrière en forme de lamelles plus ou moins larges, crénelées au bord supérieur, à vallées intermédiaires complètement remplies de cément.

De ce genre nous citerons trois espèces spécialement intéressantes.

641. **Elephas meridionalis**, Nesti (Pl. XXVII, fig. 4). Le plus ancien représentant du genre est caractérisé par des dents très larges à lamelles écartées.

Il pouvait mesurer 4 mètres de hauteur au garrot.

Pliocène supérieur (étage Sicilien) : graviers de Chagny (Saône-et-Loire), Durfort (Gard), d'où l'on a un squelette complet, Saint-Martial (Hérault), Saint-Prest (Eure-et-Loir).

642. **Elephas antiquus**, Falcon. (Pl. XXVII, fig. 5). —

Défenses moins courbées que celles de primigenius. Dents étroites à lamelles transverses assez larges, assez serrées, presque droites, très crénelées.

Cette espèce, plus grande que la précédente, apparaît avec elle dans le Pliocène supérieur, la supplante et se continue dans le Pléistocène inférieur, se trouve dans le diluvium de Chelles, près Paris, de Saint-Acheul (Somme), aux environs de Lyon et dans la Gironde.

643. **Elephas primigenius**, Blumb. (Pl. XXVII, fig. 6). — Cette espèce, plus grande et beaucoup plus commune que les deux précédentes, est connue sous le nom vulgaire de Mammouth. Elle se caractérise par des défenses très développées et très recourbées. Ses dents sont hautes, plus larges que celles d'E. antiquus, et à lamelles plus étroites, plus nombreuses et plus serrées que dans cette dernière espèce. Les restes de Mammouth sont abondamment répandus dans le diluvium et ont été signalés sur un grand nombre de points de notre territoire.

§ 6. — Carnivores.

Canidæ.

644. **Amphycion giganteus**, Laur. (fig. 443).

$$i.\frac{3}{3}, \quad c.\frac{1}{1}, \quad pm.\frac{4}{4}, \quad m.\frac{3}{3-4}.$$

I. *s*. petites, pointues.

C. *s*. excessivement fortes, tranchantes en arrière et quelquefois crénelées.

I. *i* et C. *i*., plus petites que les précédentes.

P. *s.*, les trois premières très petites; séparées les unes des autres; la dernière (P_4) haute, épaisse, à deux pointes externes tranchantes et à faible tubercule interne (*i*). P. *i.*, les trois premières petites, comprimées,

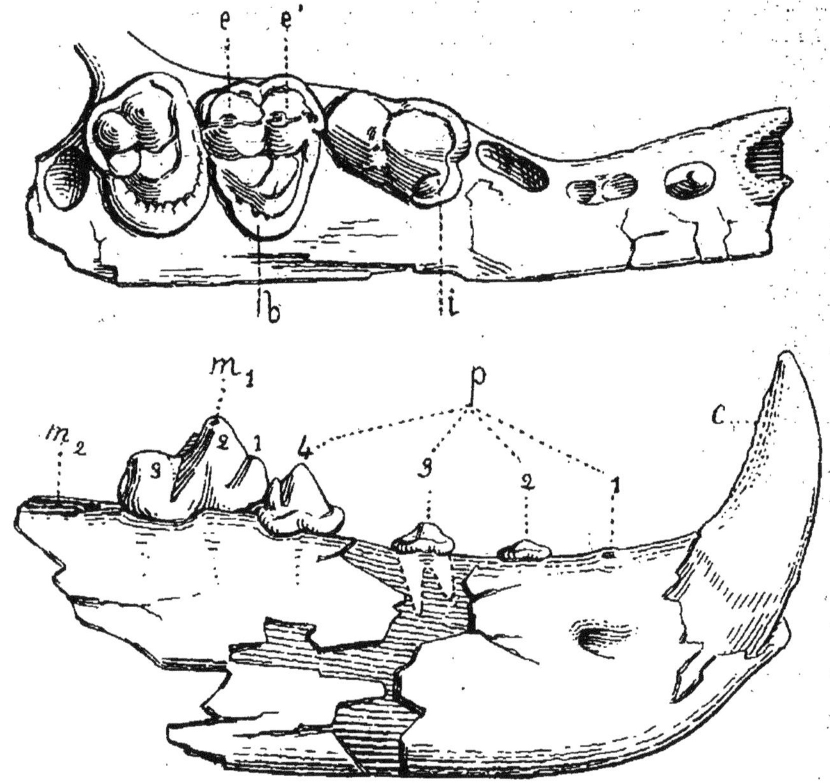

Fig. 443. — *Amphycion giganteus*, Laur.
Mandibule inférieure gauche vue de profil.
Maxillaire supérieur gauche vu de dessous.

à une pointe, P_4 à pointe antérieure très haute, à pointe postérieure petite mais élevée, avec fort bourrelet basal.

M. *s.* — M_1, plus grande que P_4, transverse, avec deux tubercules externes (*e e'*) coniques, un tubercule interne en V et un bourrelet basal (*b*) très développé en dedans; — M_2 en quadrilatère transverse à tubercules moins forts que dans M_1, à bourrelet basal interne plus fort et plus long, en croissant; M_3, caduque. M. i. — M_1 très forte, allongée, à trois pointes antérieures, la première (1) basse, la médiane (2) forte, le talon très large avec un fort tubercule externe conique (3) et un petit interne; M_3, carrée, à deux tubercules antérieurs bas, opposés et à large talon en fossette; M_3, semblable à la précédente, mais plus petite et moins haute; M_4 ovale transversalement.

Dans l'Oligocène : à Saint-Gérand-le-Puy, Digoin, Langy, etc., et dans le Miocène inférieur à Sansan, Simorre et dans les sables de l'Orléanais.

Ursidæ.

645. **Ursus spelæus**, Blumb. (fig. 444).

$$i. \frac{3}{3}, \quad c. \frac{1}{1}, \quad pm. \frac{1}{1}, \quad m. \frac{2}{3}.$$

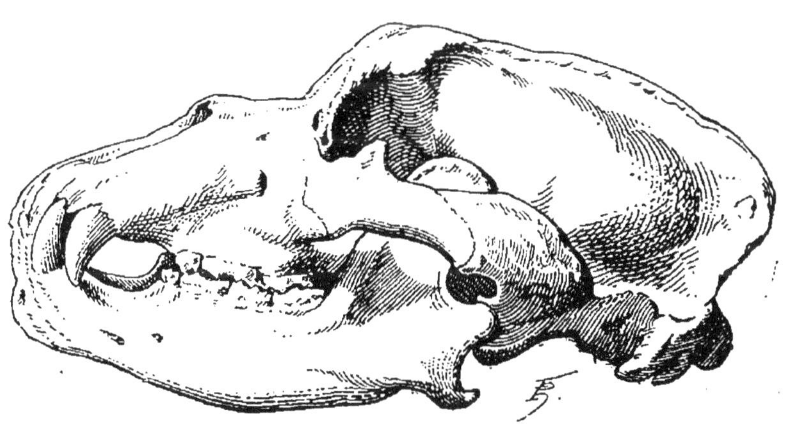

Fig. 444. — *Ursus spelæus*, Blum. Crâne entier très réduit.

Outre cette particularité que les trois prémolaires antérieures manquent aux deux mâchoires chez les adultes, cette espèce est encore caractérisée par la hauteur de sa région frontale qui monte à angle obtus; sa taille dépassait de beaucoup celle de l'ours blanc.

C'est par centaines que l'on retrouve les individus de cette espèce dans les cavernes et dans les brèches à ossements; ces restes sont également très communs dans le diluvium. En France, ils se rencontrent un peu partout.

Hyænidæ.

646. **Hyæna crocuta**, Zimm. (= H. Spelæa, Goldf.) (fig. 445) et (Pl. XXVII, fig. 7).

$$i.\frac{1}{3},\quad c.\frac{1}{1},\quad pm.\frac{3}{3},\quad m.\frac{1}{1}.$$

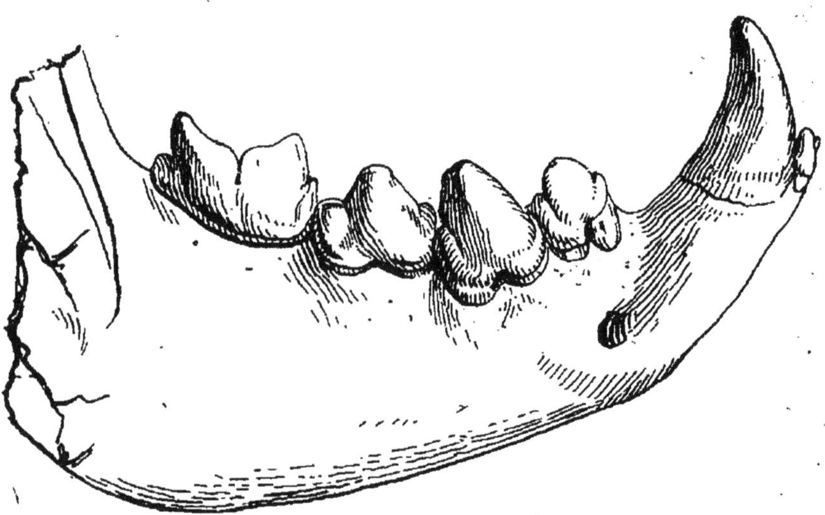

Fig. 445. — *Hyæna crocuta*, Zimm. Mandibule inférieure droite.

Cette espèce, encore représentée dans la faune actuelle (hyène tachetée), est caractérisée par sa petite molaire supérieure qui n'a qu'une racine et aussi par la simplicité de sa quatrième prémolaire inférieure ou

« dent carnassière » à laquelle manquent la pointe interne et le talon.

La forme fossile, sensiblement plus forte que la vivante, était très répandue en France, à l'époque quaternaire; on retrouve ses restes en grand nombre avec ceux de l'Ursus spelæus.

TABLE DES MATIÈRES

NOMS DES AUTEURS CITÉS

ET ABRÉVIATIONS

A

Agassiz	Agass.
Archiac (d')	d'Arch.
Aymard	Aym.

B

Barrande	Barr.
Basterot	Bast.
Bayle	Bay.
Beck	Beck.
Boissy (de)	Boiss.
Bojanus	Boj.
Blainville (de)	Blainv.
Blumenbach	Blumb.
Bosc	Bosc.
Boubée	Boub.
Bouchard	Bouch.
Bouillier	Bouil.
Brard	Brard.
Braun	Braun
Breyn	Breyn.
Brocchi	Brocc.
Brongniart	Brong.
Bronn	Bronn.
Bruguière	Brug.
Buch (de)	v. Buch.

C

Chemnitz	Chemn.
Christol (de)	Christ.
Conybear	Conyb.
Corda	Corda
Cotteau	Cott.
Cuvier	Cuv.

D

Davidson	Davids.
Defrance	Defr.
Deshayes	Desh.
Deslongchamps	Deslongc.
Desmarest	Desm.
Desor	Des.
Dujardin	Duj.

F

Falconer	Falc.
Férussac (de)	de Fer.
Forbes	Forb.
Fromentel (de)	de From.

G

Gaudry	Gaud.
Gervais	Gerv.

Glocker	Glock.
Goldfuss	Goldf.
Gras (A.)	Gras (A.)
Grateloup	Grat.

H

Haan (de)	de Haan.
Hébert	Héb.
Heller	Hell.

K

Kaup	Kaup.
Klein	Klein.
Kœnig	Kœn.

L

Lamarck (de)	Lmk.
Lamouroux	Lamrx.
Lartet	Lart.
Laurillard	Laur.
Leach	Lech.
Lebesconte	Lebesc.
Leske	Lesk.
Léveillé	Léveil.
Leymerie	Leym.
Lhwyd	Lhwyd.
Linné	Linn. ou L.
Lister	List.
Loriol (de)	de Lor.

M

Mantell	Mant.
Martin	Mart.
Matheron	Math.
Mérian (de)	de Mér.
Meyer (H. von)	H. v. Meyer.
Michaud	Michd.
Michelin	Mich.
Miller	Mill.
Milne-Edwards (A.)	M. Edw.
Milne-Edwards et Haime	M. Edw. et H. M. E. et H.
Montfort (de)	Montf.
Morris et Lycett	Mor. et Lyc.
Münster (de)	Münst.
Murchison	Murch.

N

Nesti	Nest.
Nyst	Nyst.

O

Œlhert	Œlh.
Ogérien	Ogér.
Orbigny (d')	d'Orb.
Owen	Own.

P

Parkinson	Park.
Phillips	Phill.
Pictet	Pict.
Plieninger	Plien.
Pomel	Pom.
Portlock	Portl.

Q

Quenstedt	Quenst.

R

Raspail	Rasp.
Raulin	Raul.
Reineck	Rein.
Requien	Req.
Richard	Rich.
Rœmer	Roë.
Rouault	Rou.

S

Schlotheim (von)	v. Schlot.
Schnur	Schnur.
Schultzer	Schltz.
Solander	Soland.
Sowerby	Sow.

PARIS. — IMPRIMERIE F. LEVÉ, RUE CASSETTE, 17.

PLANCHE I

Pages

1. *Cyathophyllum hexagonum*, Goldf. (Gr. nat.) 3

2. *Latimæandra magnifica*, de From. (Portion grossie)........ 4

3 *Stylina lævicostata*, de From. — 4

4. 4 *a*. *Haplosmilia distans*, de From. (Gr. nat.)......... 4

5. *Thecosmilia trichotoma*, de From. — 4

6. 6 *a*. *Rhabdophyllia solitaria*, de From. — 4

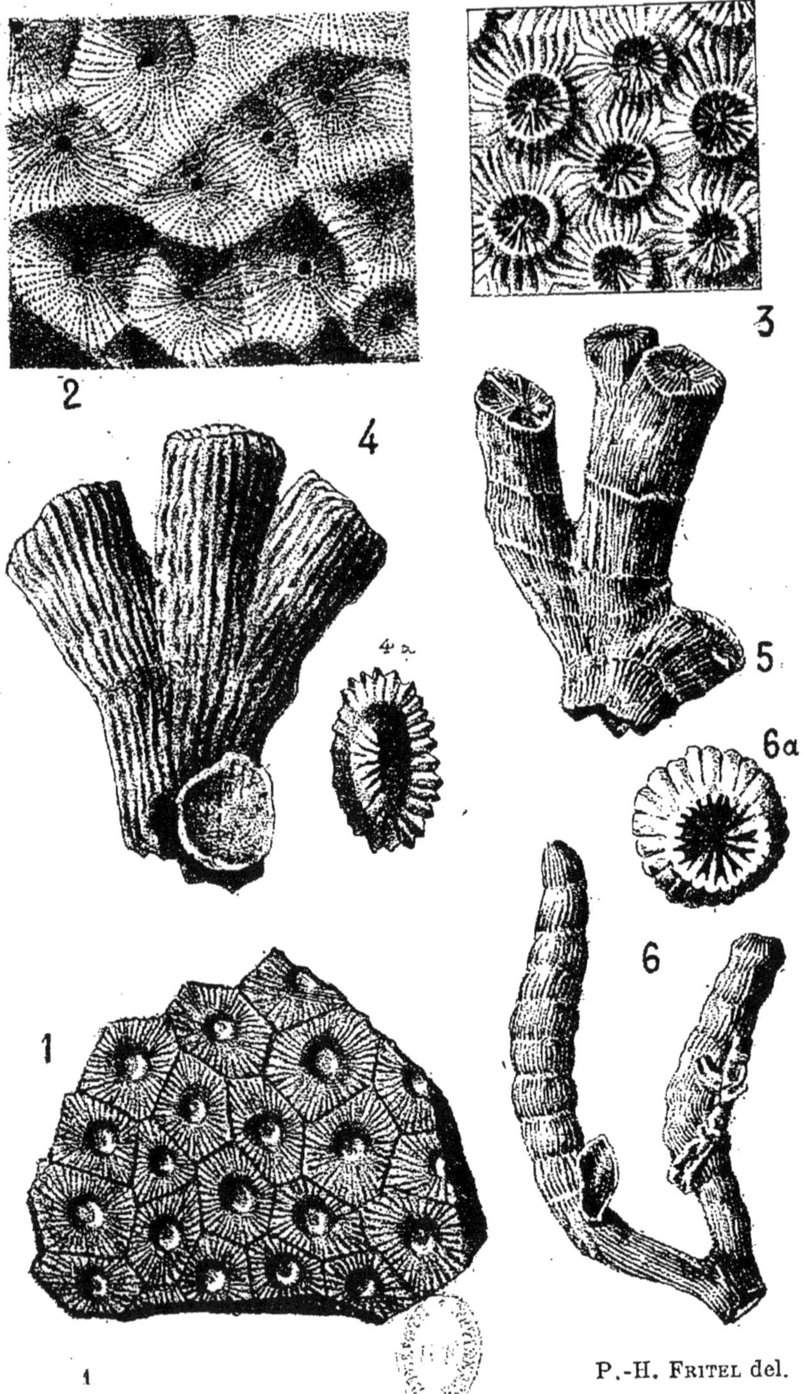

1

P.-H. FRITEL del.

PLANCHE II

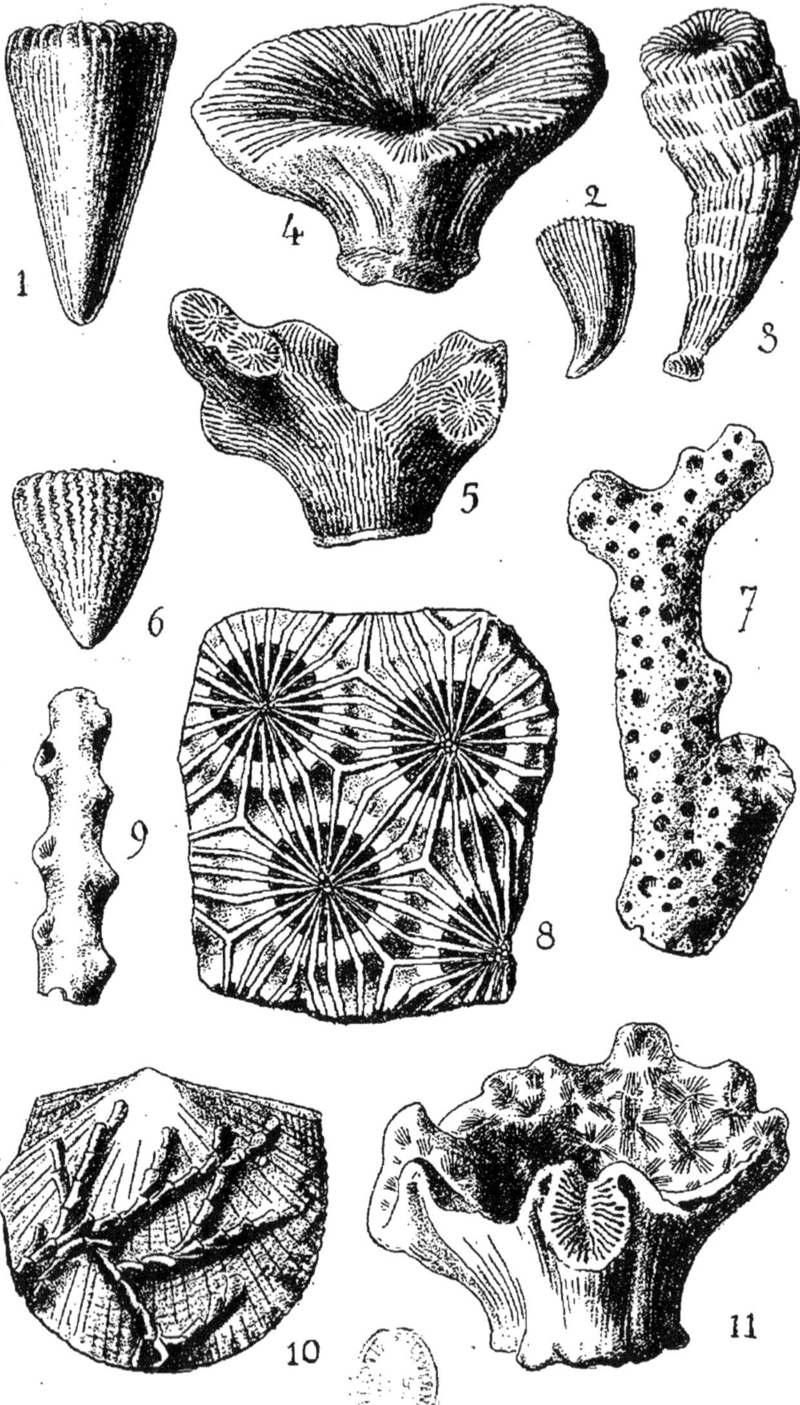

P.-H. FRITEL del.

PLANCHE III

(Figures de grandeur naturelle.)

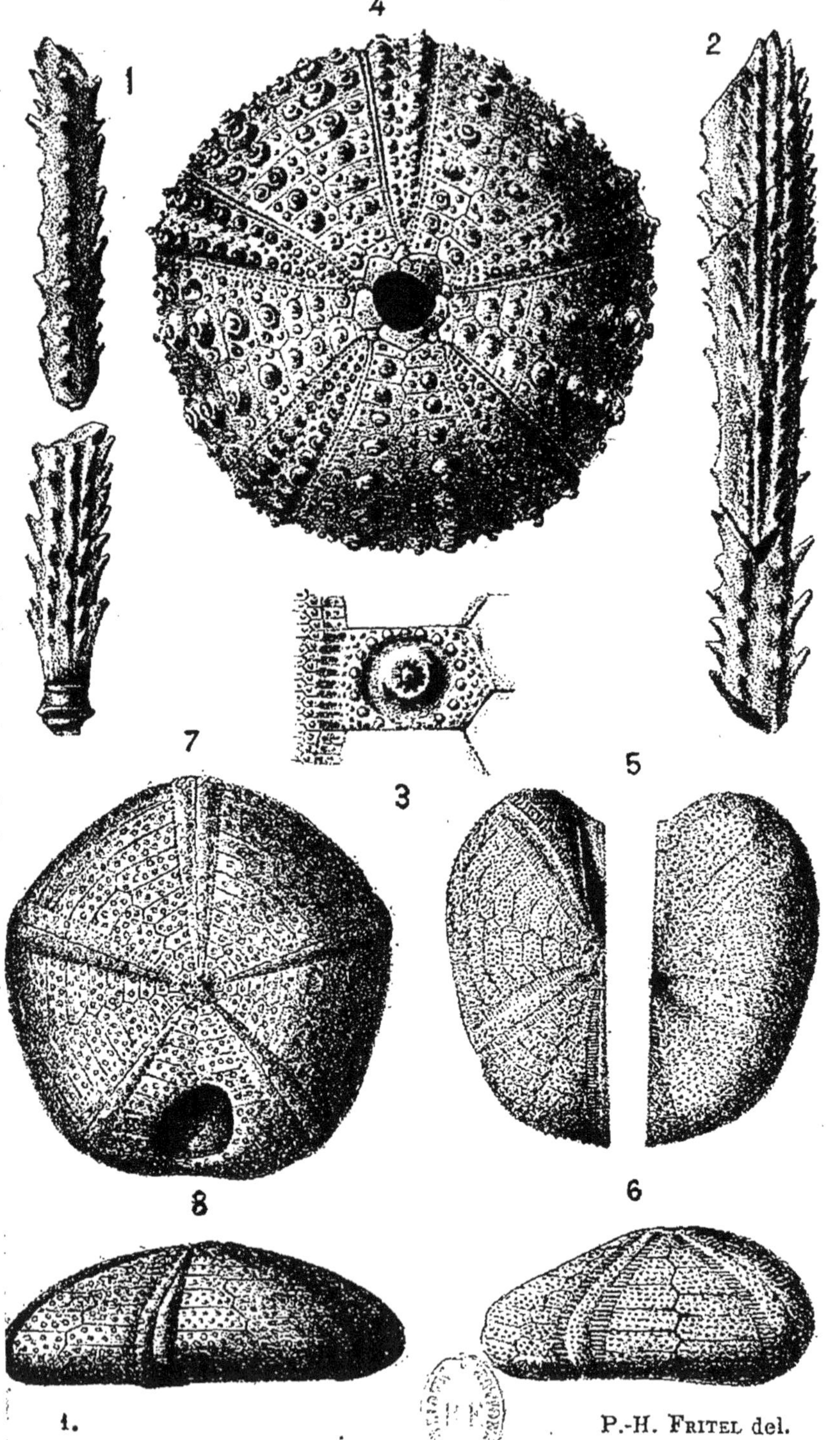

 P.-H. FRITEL del.

PLANCHE IV

(Figures un peu réduites.)

1 2 3

4 5 6

7 8

9

10

P.-H. Fritel del.

PLANCHE V

(Figures de grandeur naturelle.)

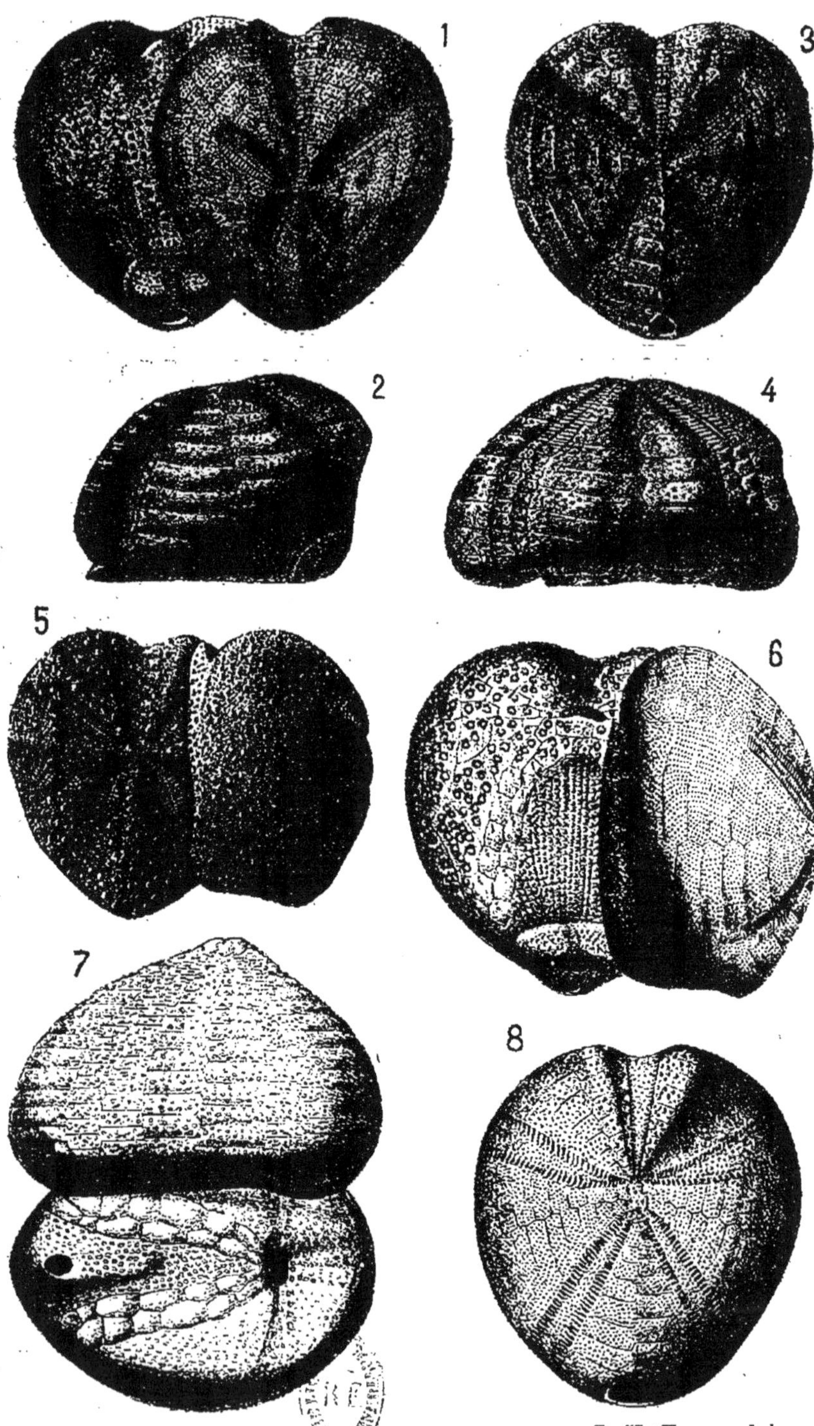

P.-H. FRITEL del.

PLANCHE VI

(Figures de grandeur naturelle.)

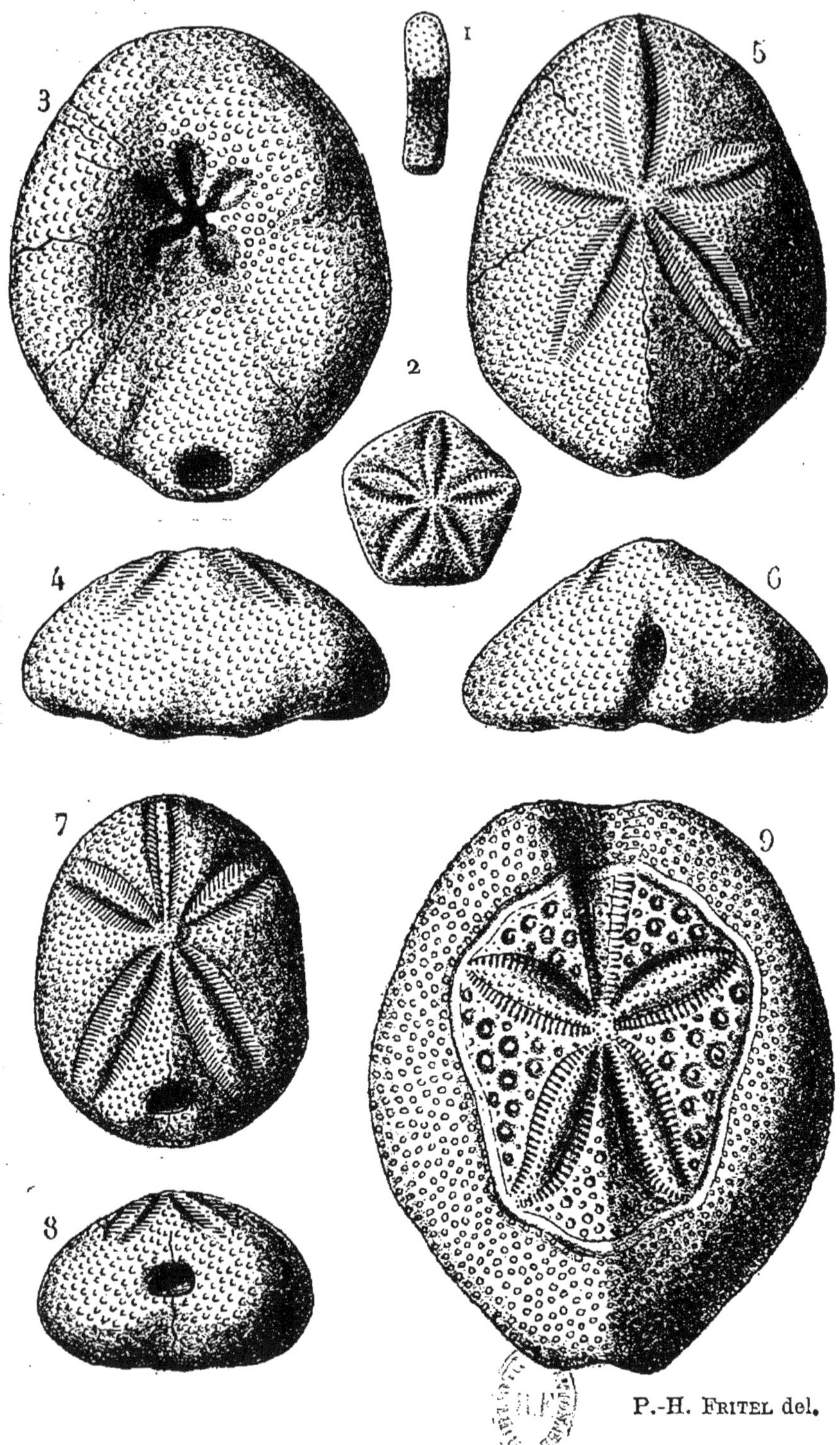

P.-H. FRITEL del.

PLANCHE VII

	Pages.
1. 2. 3. *Spirifer Verneuili*, Murch.	80
4. 5. *Dinobolus Brimonti*, Rouault	77
6. 7. *Trigeria Guerangeri*, Vern.	81
8. *Productus semireticulatus*, Mart.	77
9. — *Cora*, d'Orb.	77
10. — *giganteus*, Mart. sp.	77
11. 12. *Orthis Hamoni*, Rouault	79
13. *Athyris undata*, Defr. sp.	82
14. *Uncinulus sub-Wilsoni*, d'Orb. sp.	83
15. *Athyris lamellosa*, Lév. sp.	82
16. *Orthis striatula*, v. Schlot.	79
17. *Spirifer glaber*, Mart.	80

(Figures de grandeur naturelle.)

1 2 3 4 5 6 7 8 9 10 11 12 13 14 15 16 17

2

P.-H. FRITEL del.

PLANCHE VIII

		Pages.
1. 2.	*Stringocephalus Burtini*, Defr.	93
3.	*Terebratula moravica*, Glock.	91
4. 5.	*Rhynchonella cuboides*, Sow. sp.	83
6.	— *peregrina*, d'Orb.	85
7.	*Pygope janitor*, Pictet.	91
8.	— *diphyoides*, d'Orb.	92
9.	*Orthis resupinata*, Mart.	79
10. 11.	*Orthis striatula*, Schlot.	79
12. 13.	*Rhynchonella decorata*, Schlot. sp.	84

(Figures de grandeur naturelle.)

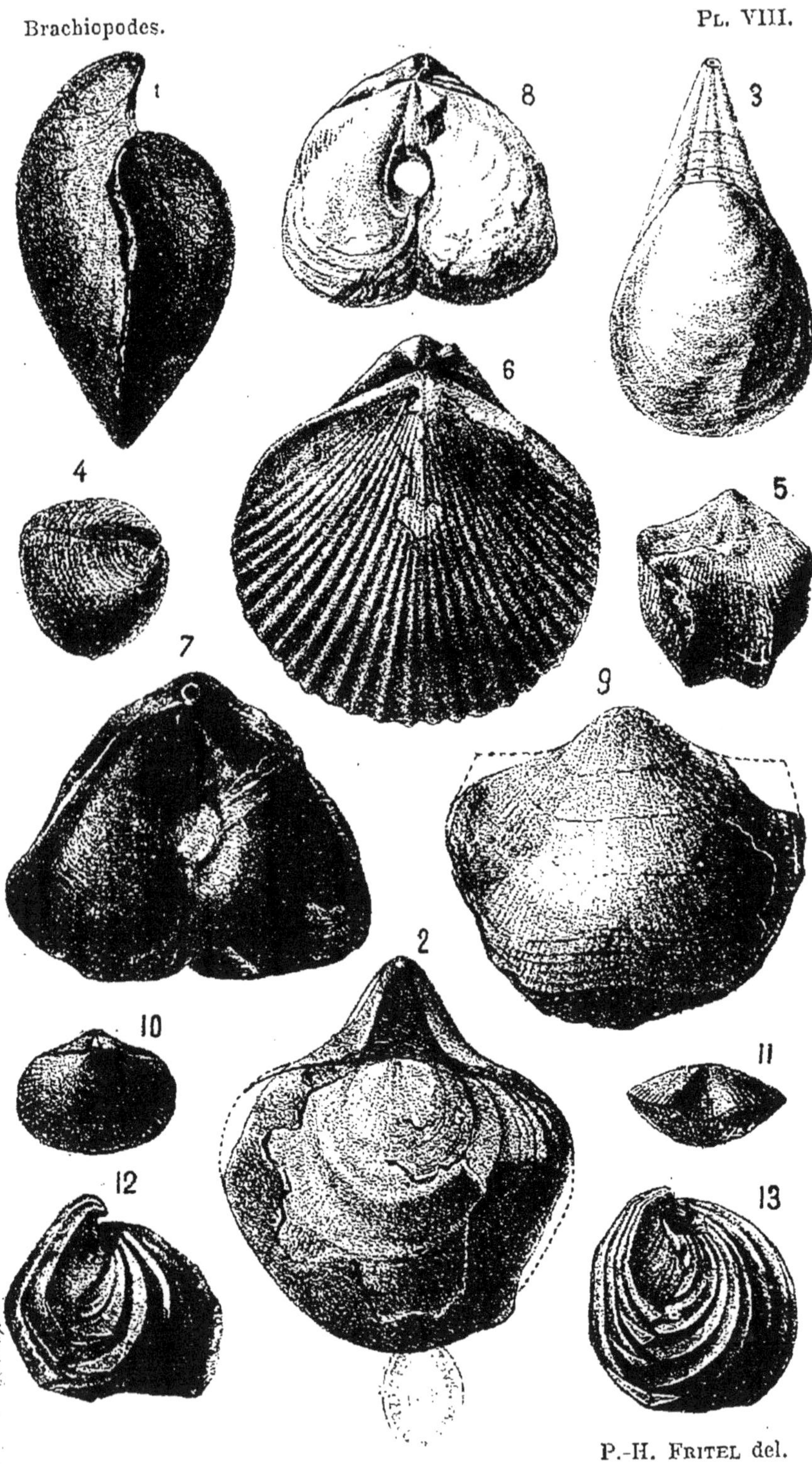

P.-H. Fritel del.

PLANCHE IX

	Pages.
1. 2. *Terebratula numismalis*, Lmk.	90
3. — *quadrifida*, Lmk	90
4. *Spiriferina Walcotti*, d'Orb. sp.	81
5. *Spirifer arduennensis*, Schnur.	80
6. 7. *Terebratula carnea*, Sow.	89
8. *Spirifer glaber*, Mart.	80
9. 10. *Rhynchonella vespertilio*, Brocc.	86
11. 12. — *octoplicata*, Sow.	86
13. *Rhynchonella decorata*, Schlot, sp.	84
14. *Leptæna Murchisoni*, de Vern.	78

(Figures de grandeur naturelle.)

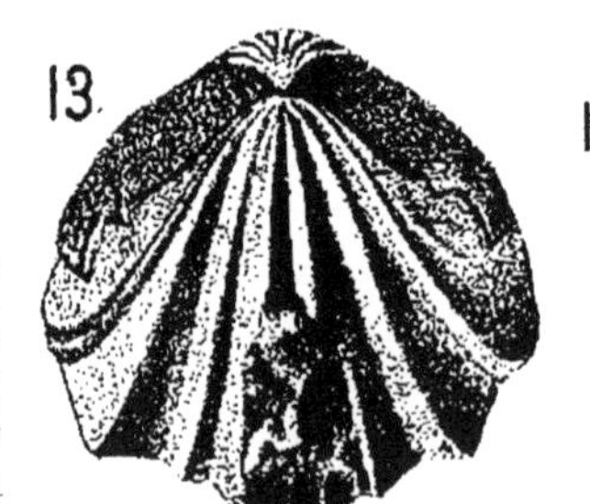

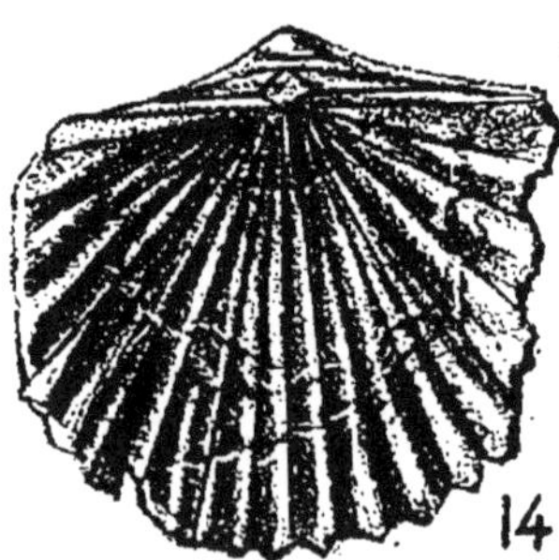

P.-H. Fritel del.

PLANCHE X

		Pages.
1. 2.	*Gryphæa arcuata*, Lmk.	103
3.	— *obliquata*, Sow.	104
4.	— *dilatata*, Sow.	105
5.	— *regularis*, Desh.	104
6.	*Exogyra haliotidea*, Lmk.	106
7.	— *columba*, Desh.	106
8.	*Inoceramus sulcatus*, Park.	115

(Figures de grandeur naturelle.)

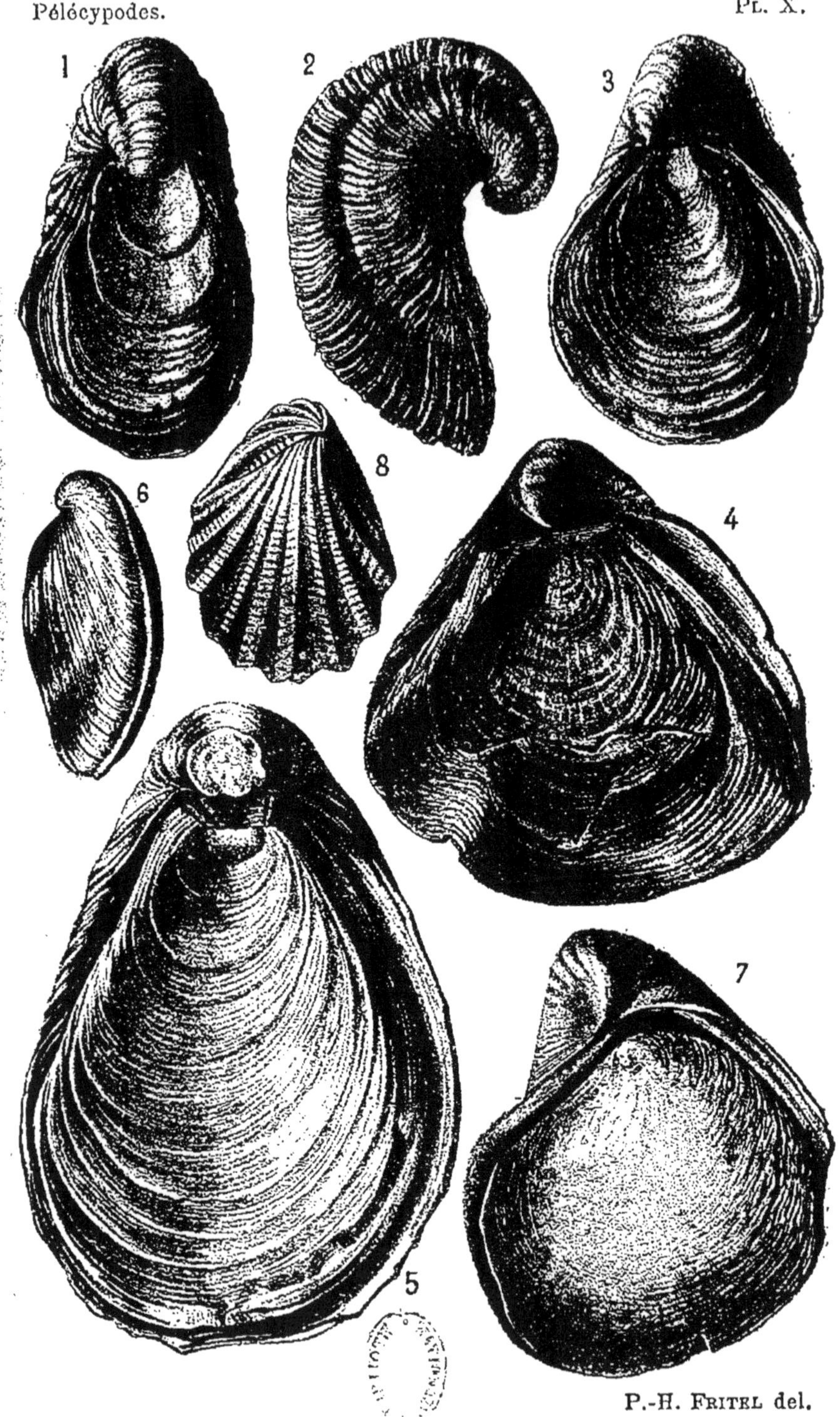

P.-H. FRITEL del.

PLANCHE XI

	Pages.
1. *Ostrea deltoidea*, Lmk.	98
2. *Alectryonia flabelloides*, Schlot.	102
3. 4. *Gryphæa vesicularis*, Goldf.	105
5. 6. *Exogyra Couloni*, Defr.	106
7. — *latissima*, Lmk.	106
8. — *Matheroni*, d'Orb.	107

(Figures un peu réduites.)

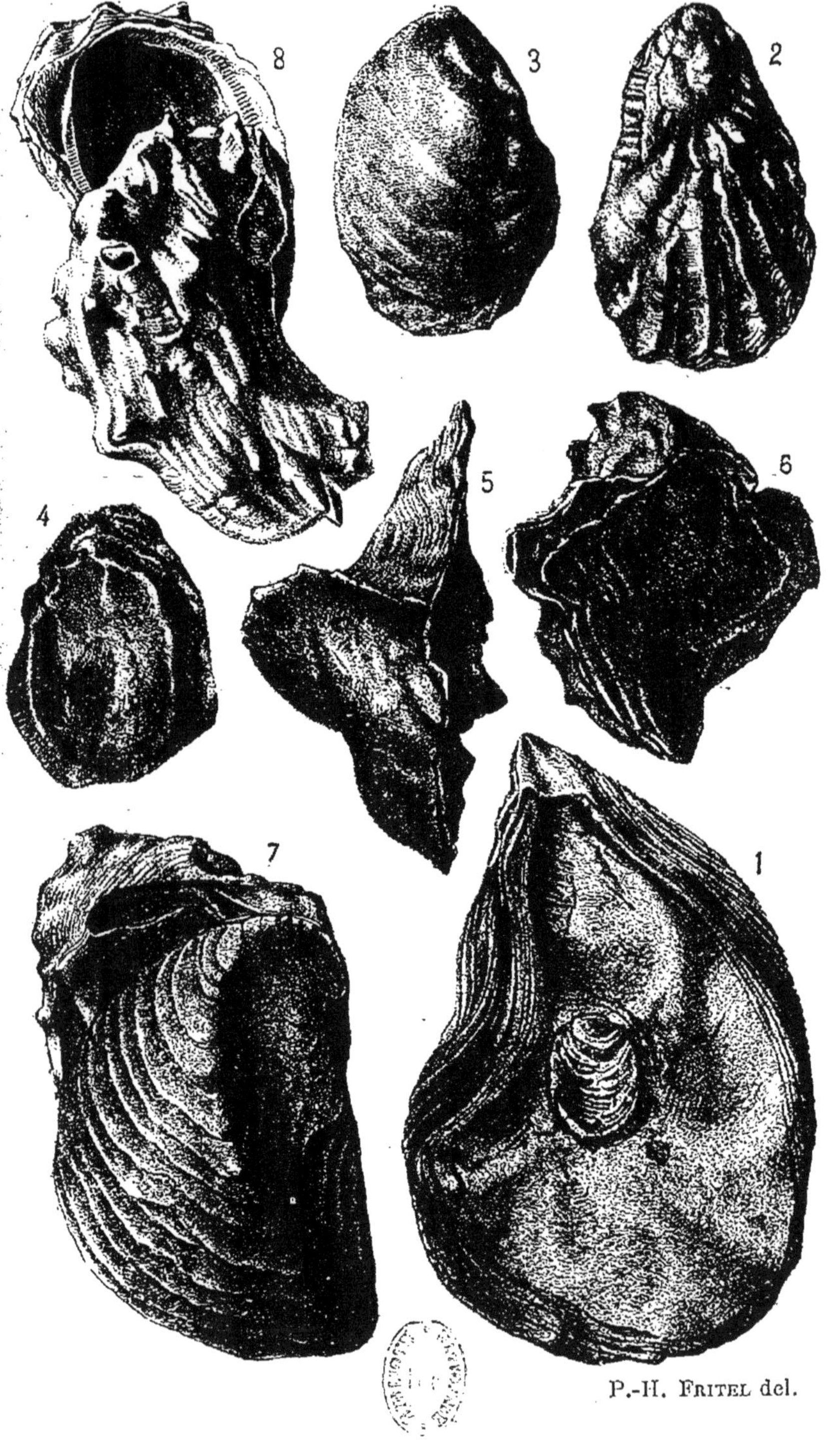

P.-H. FRITEL del.

PLANCHE XII

(Figures de grandeur naturelle.)

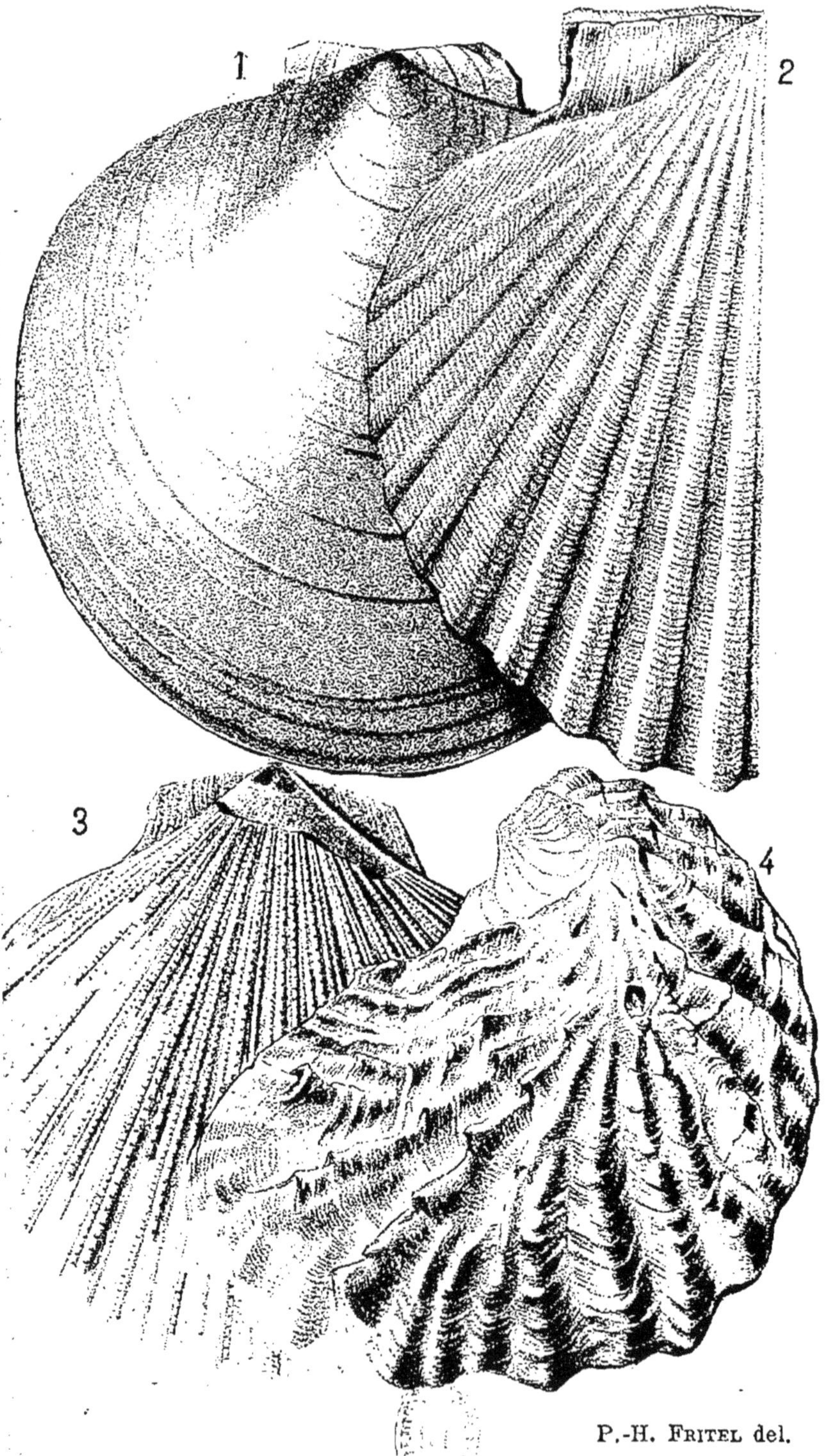

P.-H. Fritel del.

PLANCHE XIII

(Figures de grandeur naturelle.)

1 2 3

4 5

9 7

6

8

3

P.-H. FRITEL del.

PLANCHE XIV

		Pages.
1.	*Pholadomya gibbosa*, d'Orb	147
2.	— *Murchisoni*, Sow	147
3.	— *Protei*, Defr	148
4.	*Cytherea splendida*, Mér	146
5.	— *incrassata*, Sow	146
6.	*Venericardia pectuncularis*, Lmk	127
7.	— *planicosta*, Lmk	128
8.	*Cyrena tellinella*, de Fér	140
9.	*Corbulomya triangula*, Nyst. (Grossie)	150
10.	*Ostrea Bellovacina*, Lmk	99
11.	— *multicostata*, Desh	99
12.	— *cucullaris*, Lmk	100
13.	— *cubitus*, Desh	100
14.	— *flabellula*, Lmk	100

(Figures un peu réduites.)

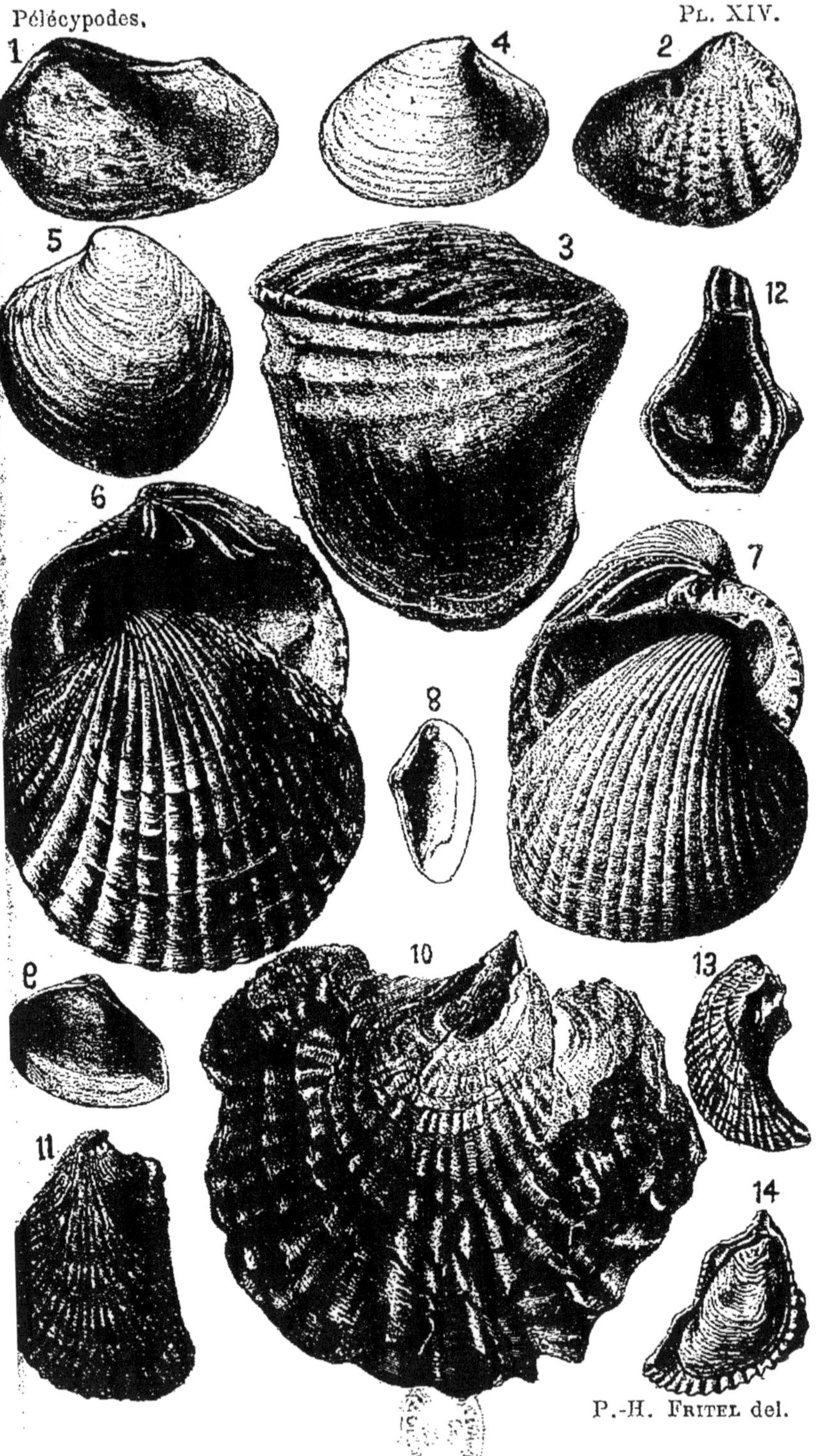

P.-H. Fritel del.

PLANCHE XV

(Figures un peu réduites.)

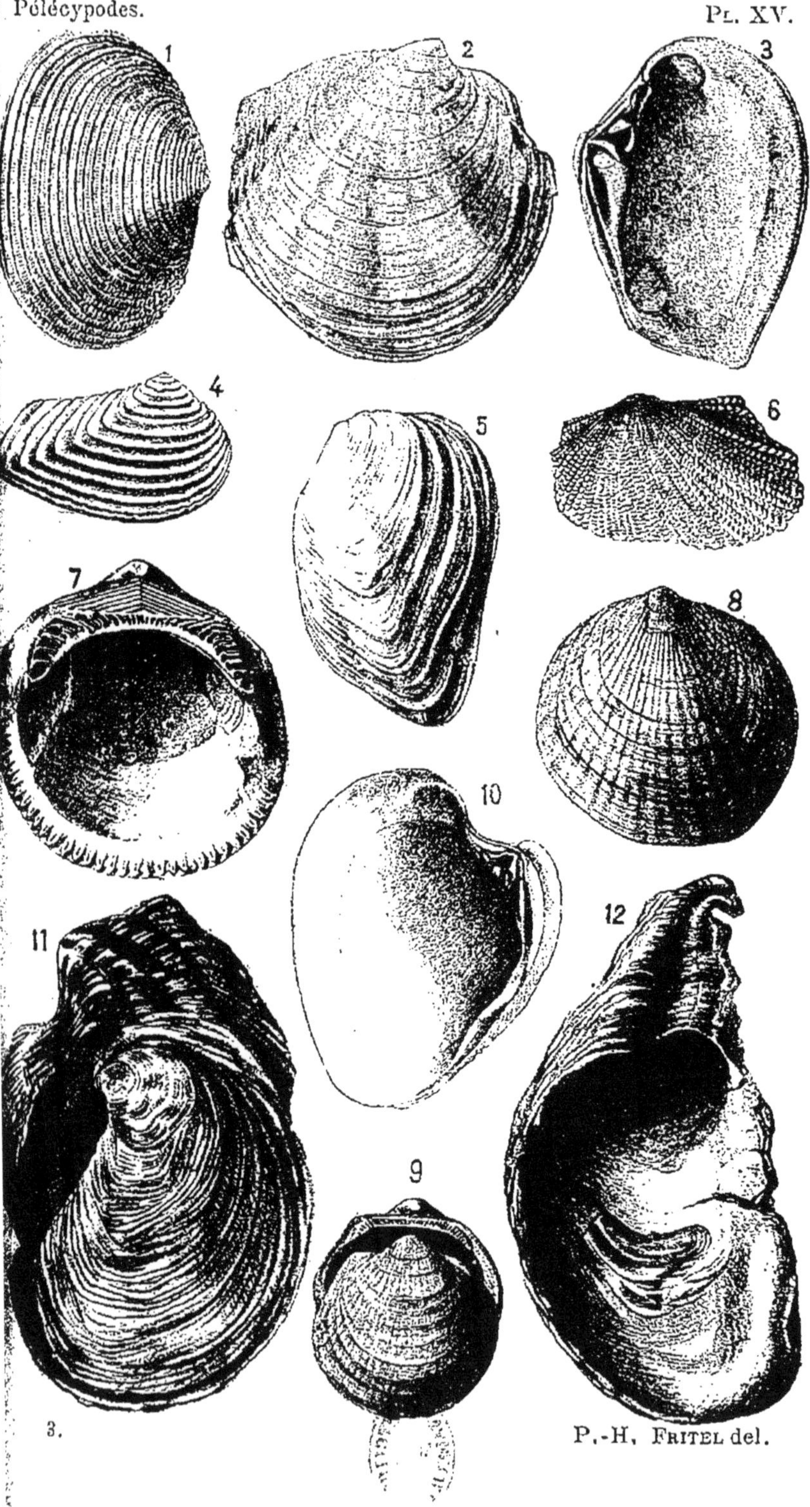

P.-H. FRITEL del.

PLANCHE XVI

	Page.
1. *Hippurites cornuvaccinum*, Goldf.	13
2. *H.* (*Orbignya*) *bioculatus*, Lmk.	13
3. Section transversale du même.	
4. *H.* (*Pironæa*) *organisans*, Montf.	13
5. Section transversale du même.	

(Figures de grandeur naturelle.)

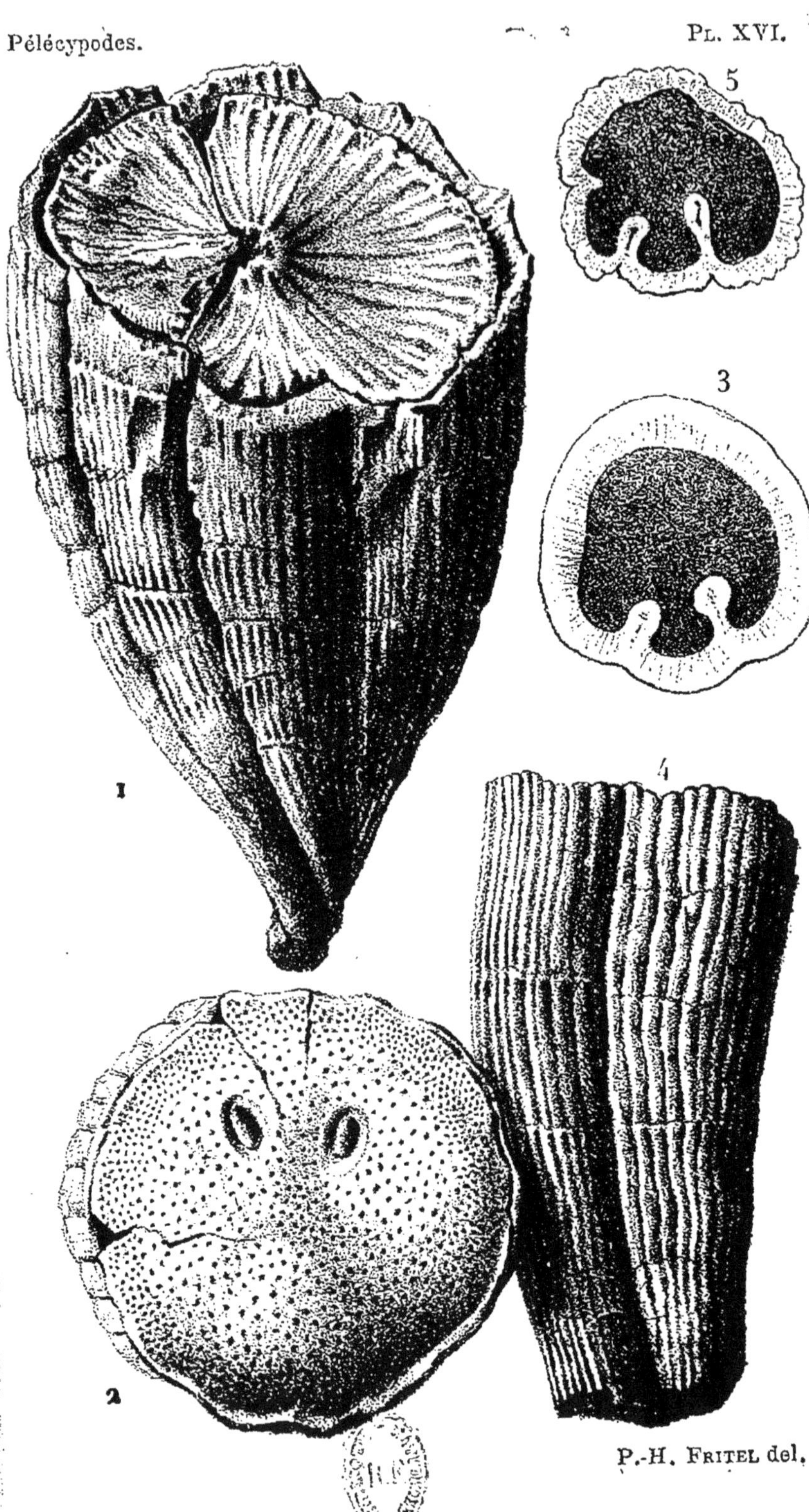

P.-H. FRITEL del.

PLANCHE XVII

(Figures de grandeur naturelle.)

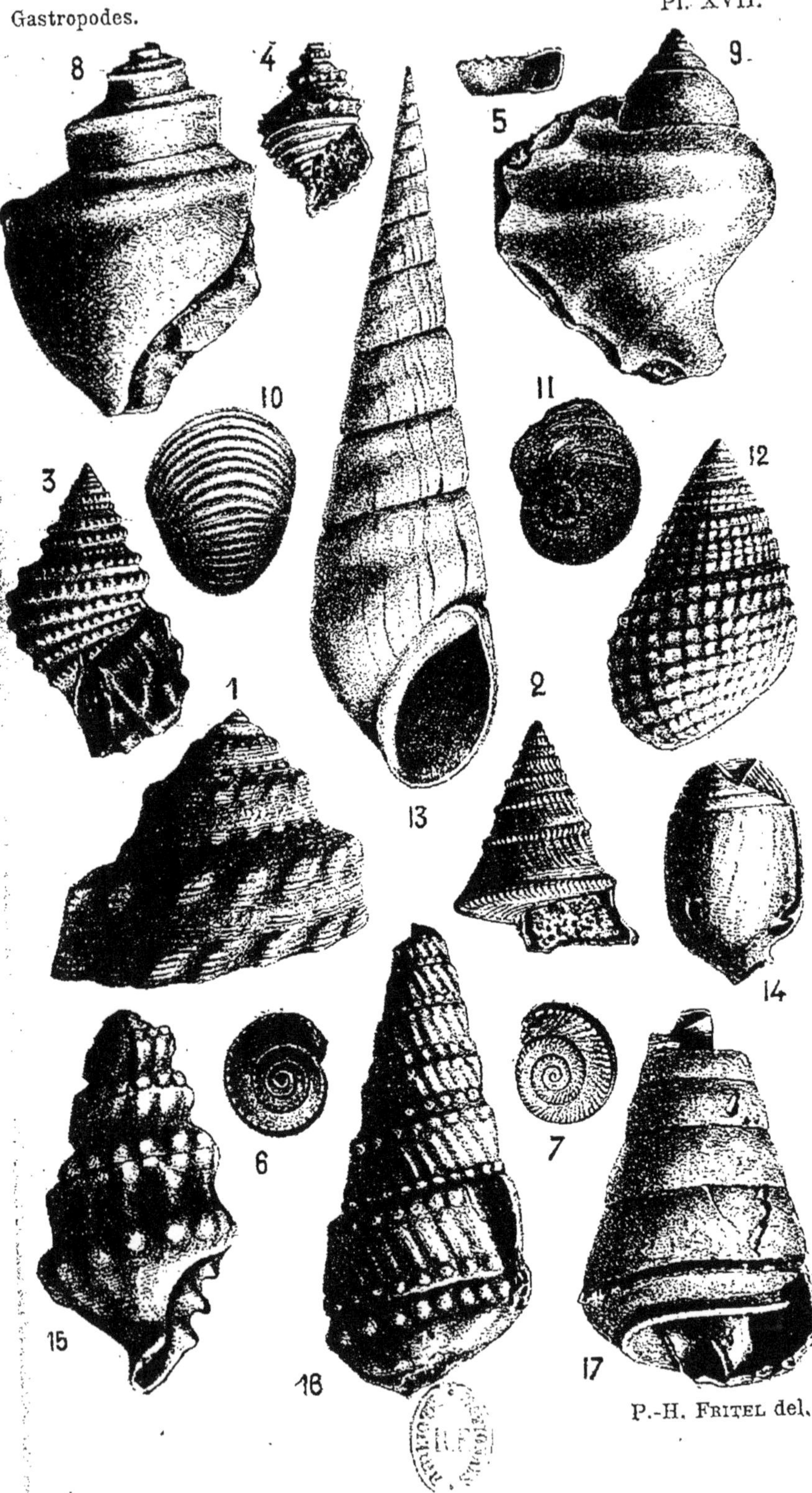

P.-H. Fritel del.

PLANCHE XVIII

		Pages.
1.	*Deshayesia parisiensis*, Raul.	170
2.	*Natica angustata*, Grat.	169
3.	— *crassatina*, Lmk.	169
4.	— *epiglottina*, Lmk.	166
5.	— *parisiensis*, d'Orb.	168
6.	*Limnæus pachygaster*, Thom.	225
7.	*Helix Ramondi*, Brong.	231
8.	*Fusus polygonus*, Lmk.	202
9.	— *longævus*, Lmk.	200
10.	— *Noæ*, Lmk.	200
11.	— *bulbiformis*, Lmk.	201
12.	— *subcarinatus*, Lmk.	201
13.	*Pyrula minax*, Soland sp.	204
14.	*Voluta spinosa*, Linn.	212
15.	*Cerithium Charpentieri*, Bast.	180
16.	— *serratum*, Brug.	186

(Figures de grandeur naturelle.)

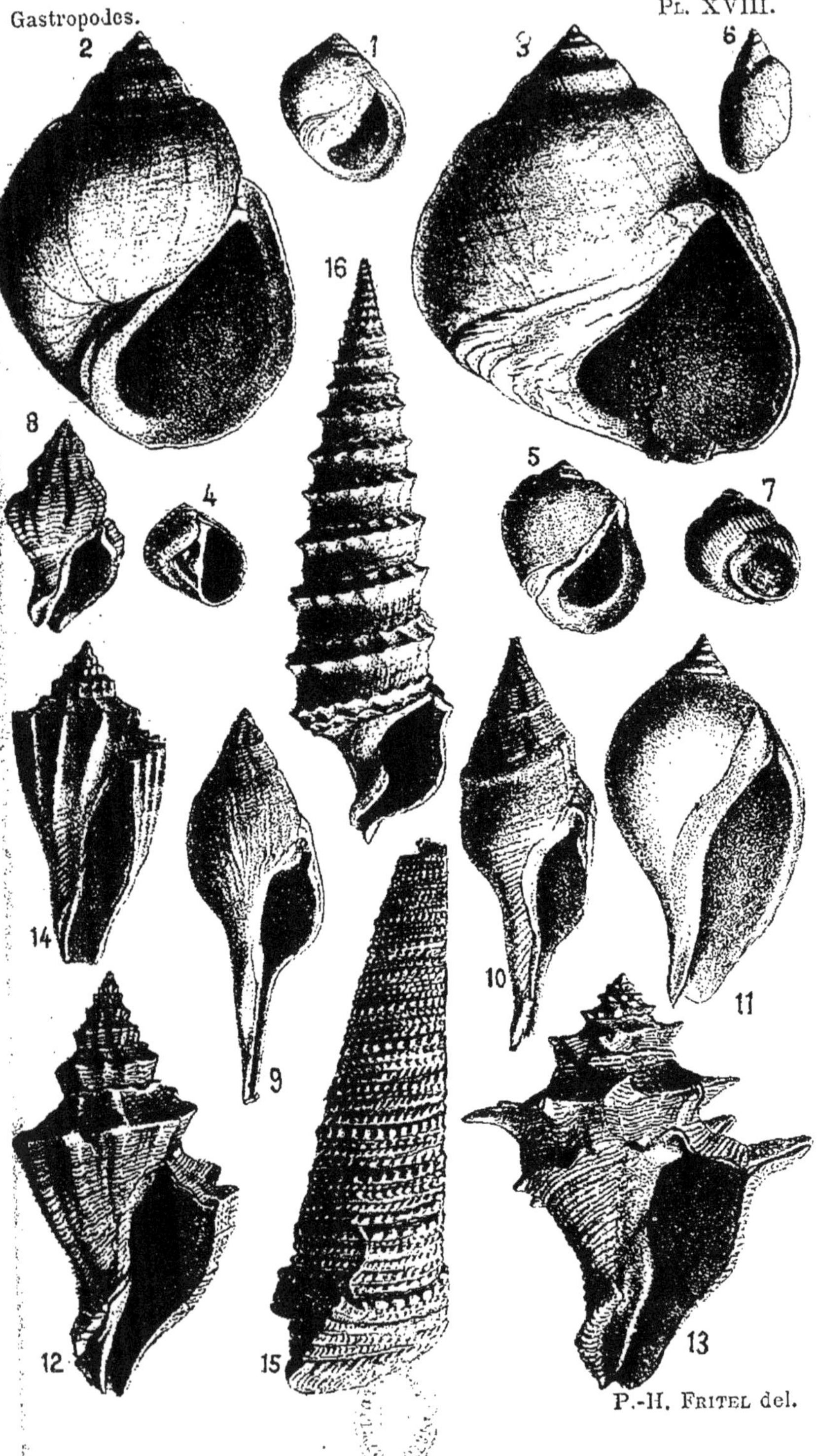

P.-H. Fritel del.

PLANCHE XIX

(Figures de grandeur naturelle.)

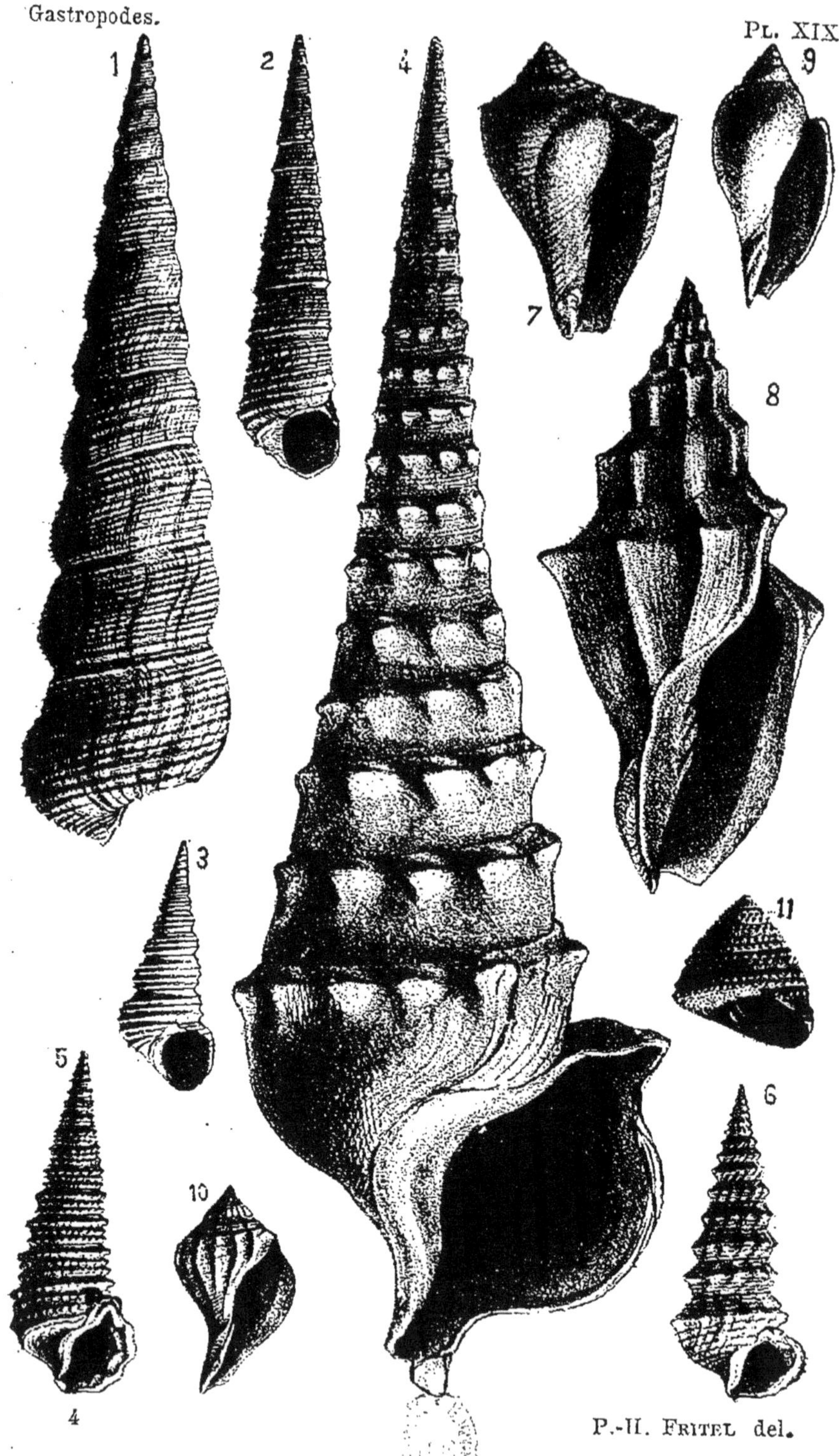

P.-H. Fritel del.

PLANCHE XX

		Pages
1.	*Megateuthis paxillosus*, Auct.	279
2.	*Pachyteuthis excentralis*, Youn et Bird	278
3.	*Megatheuthis giganteus*, Schloth	279
4.	*Hibolites hastatus*, Blain	282
5.	*Belemnopsis sulcatus*, Mill	280
6.	*Megateuthis umbilicatus*, Blainv	279
7.	*Belemnites clavatus*, Blainv	281
8.	*Pachyteutis brevis*, Blainv	278
9.	*Belemnites semicanaliculatus*, Blainv	280

(Figures de grandeur naturelle.)

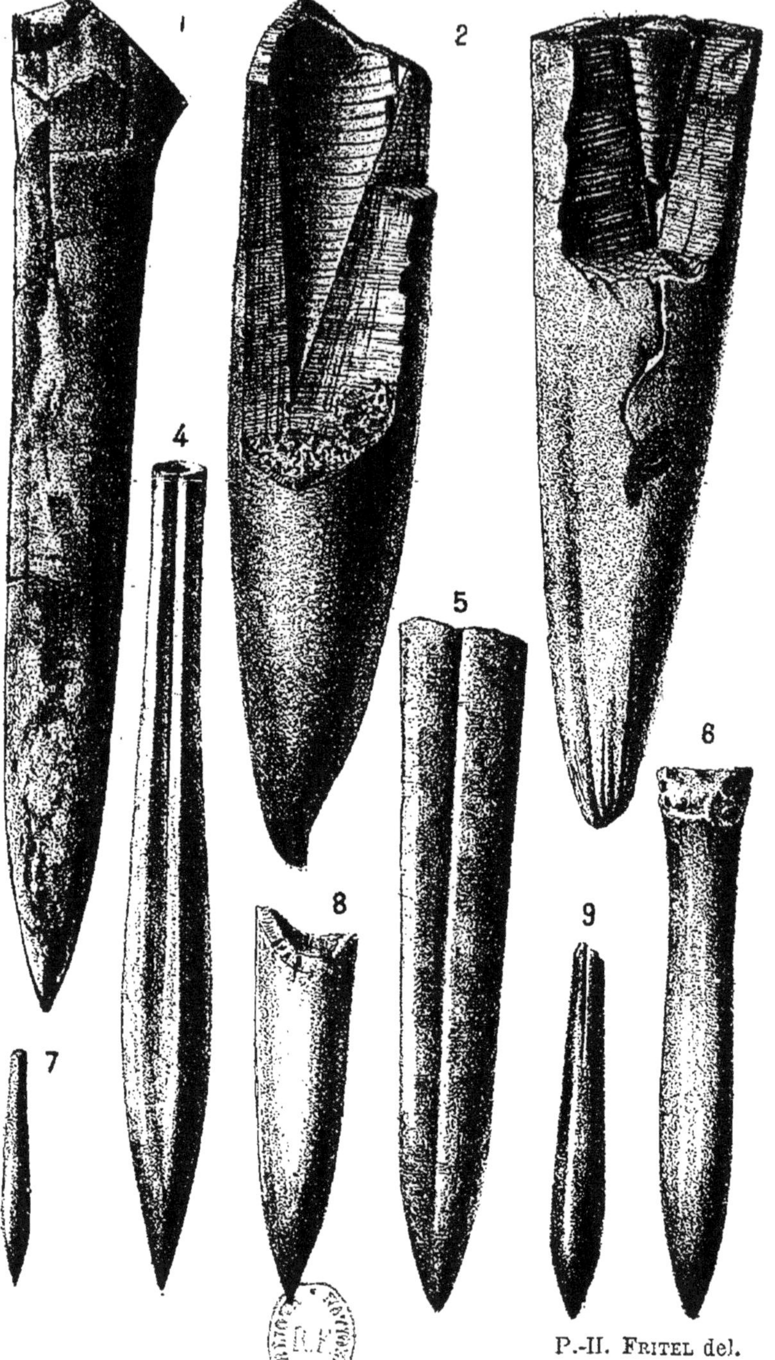

P.-H. FRITEL del.

PLANCHE XXI

	Pages.
2. *Belemnites (Duvalia) dilatatus*, Blainv..................	283
4. *Belemnites (Duvalia) latus*, Blain......................	283
Actinocamax plenus, Blainv............................	283
7. *Belemnitella mucronata*, d'Orb........................	284
— *quadrata*, d'Orb.........................	284

(Figures de grandeur naturelle.)

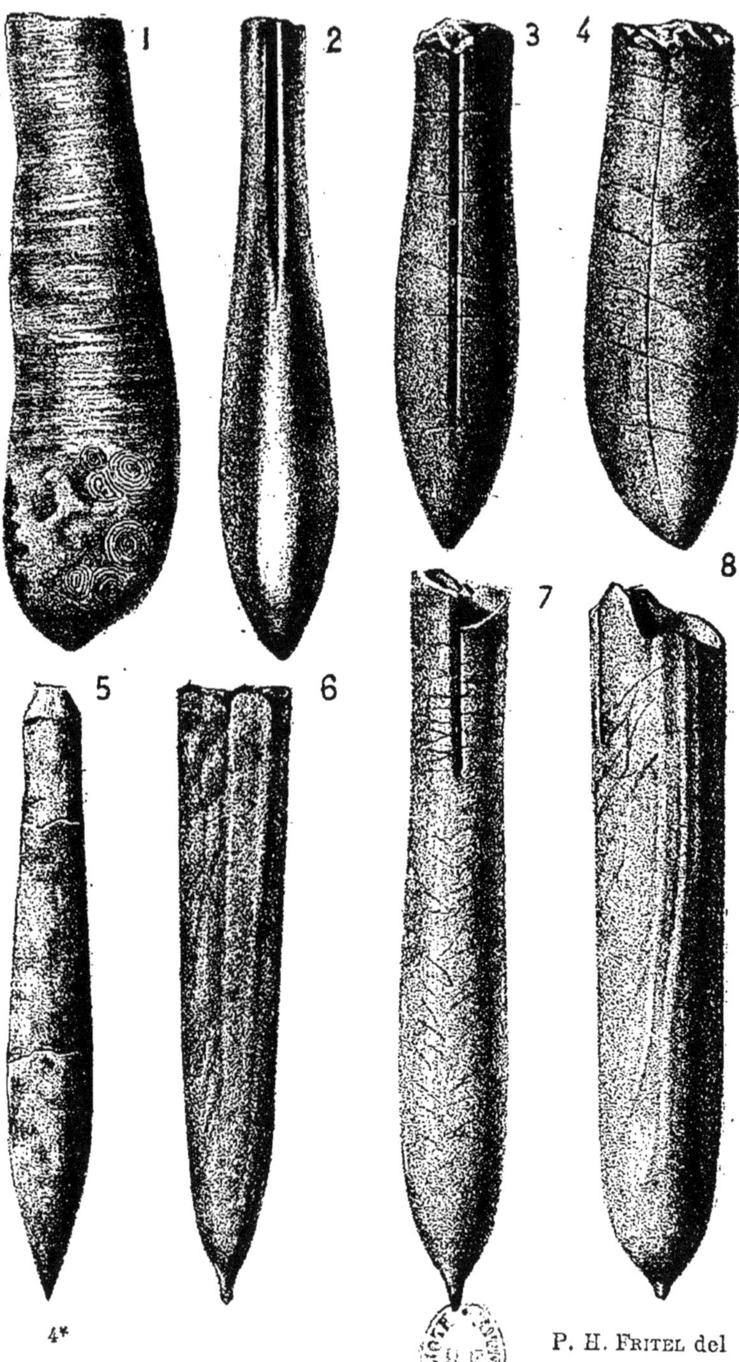

4*

P. H. FRITEL del

PLANCHE XXII

(Figures de grandeur naturelle.)

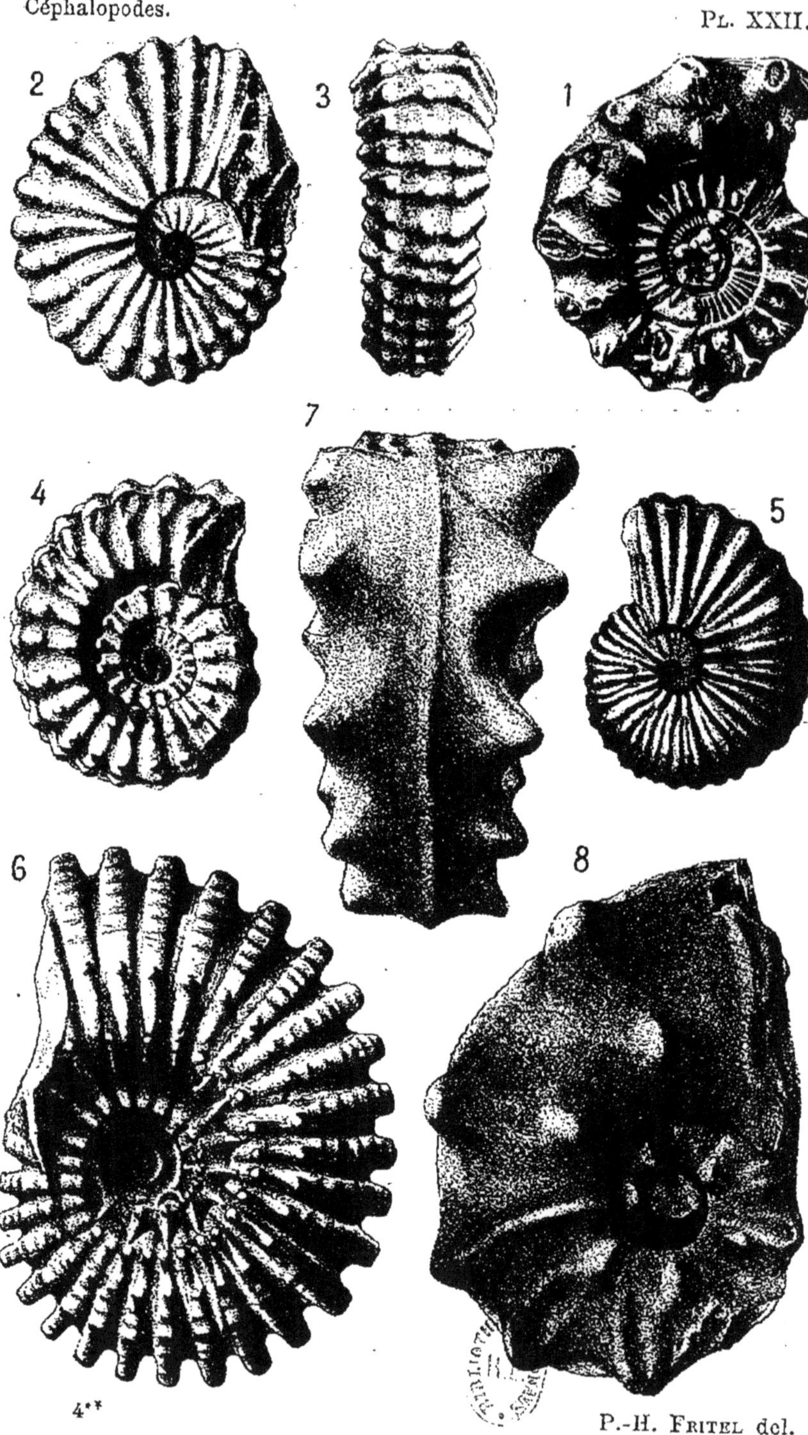

P.-H. Fritel del.

PLANCHE XXIII

Pages.

1. *Perisphinctes arbustigerus*, d'Orb. 262
2. *Stephanoceras Humphriesi*, Sow. 260
3. *Parkinsonia Parkinsoni*, Sow. 267
4. *Reineckia anceps*. Rein. 264
5. *Hoplites radiatus*, Brug. 268
6. — *lautus*, Park. 270
7. *Holcostephanus portlandicus*, de Lor. 263
8. — *Astieri*, d'Orb. 263

(Figures un peu réduites.)

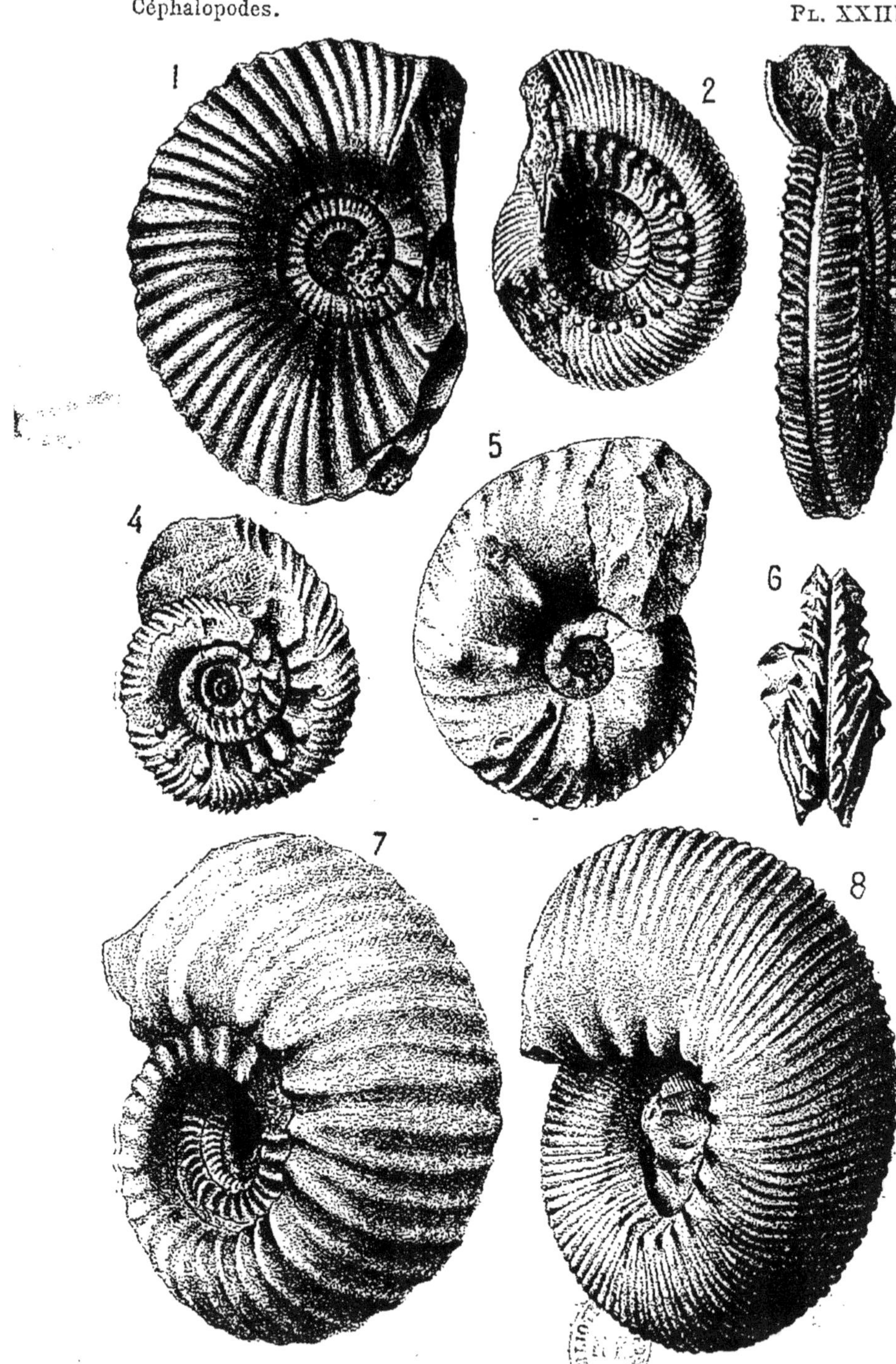

P.-H. FRITEL del.

PLANCHE XXIV

(Figures un peu réduites.)

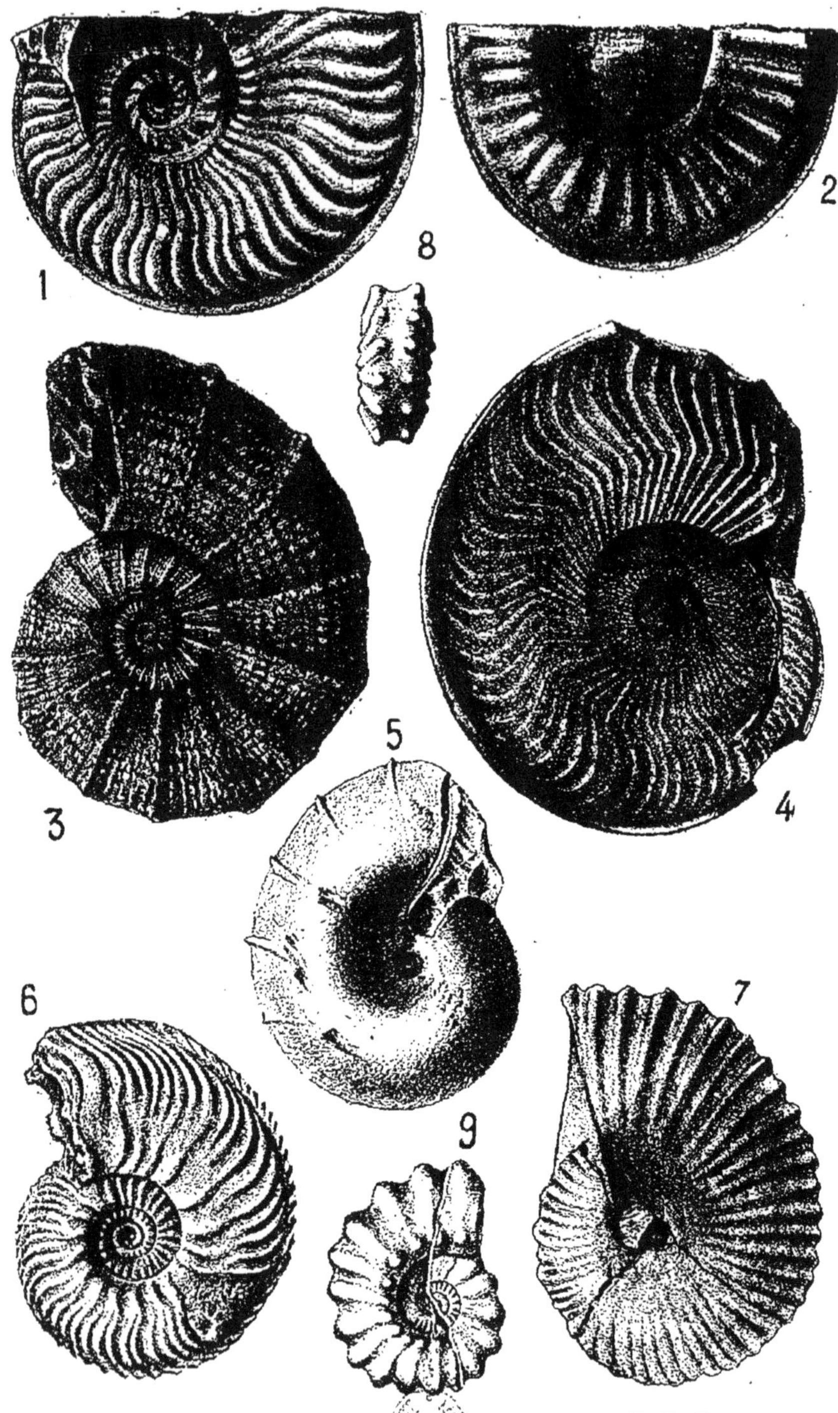

P.-H. FRITEL del.

PLANCHE XXV

(Figures un peu réduites.)

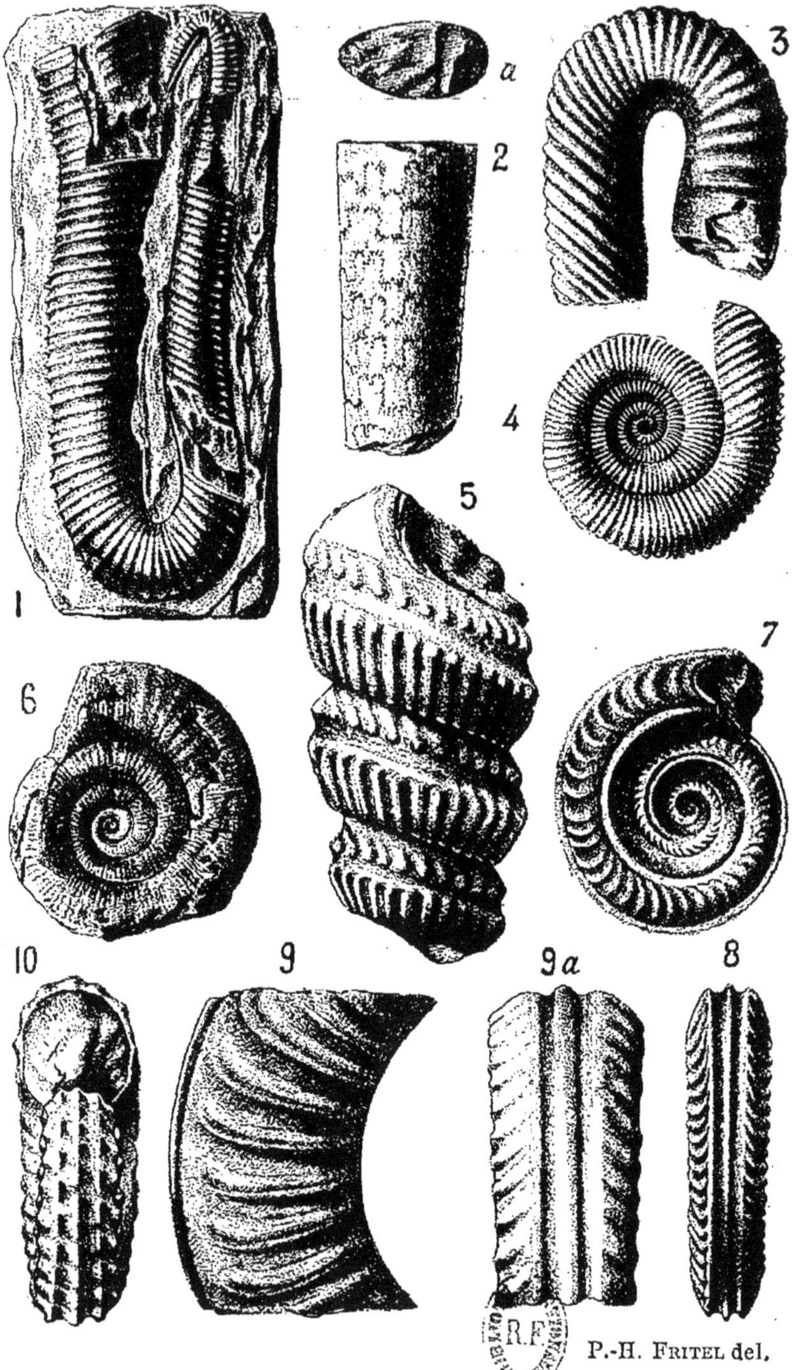

P.-H. Fritel del.

PLANCHE XXVI

(Figures de grandeur naturelle.)

Trilobites. Pl. XXVI.

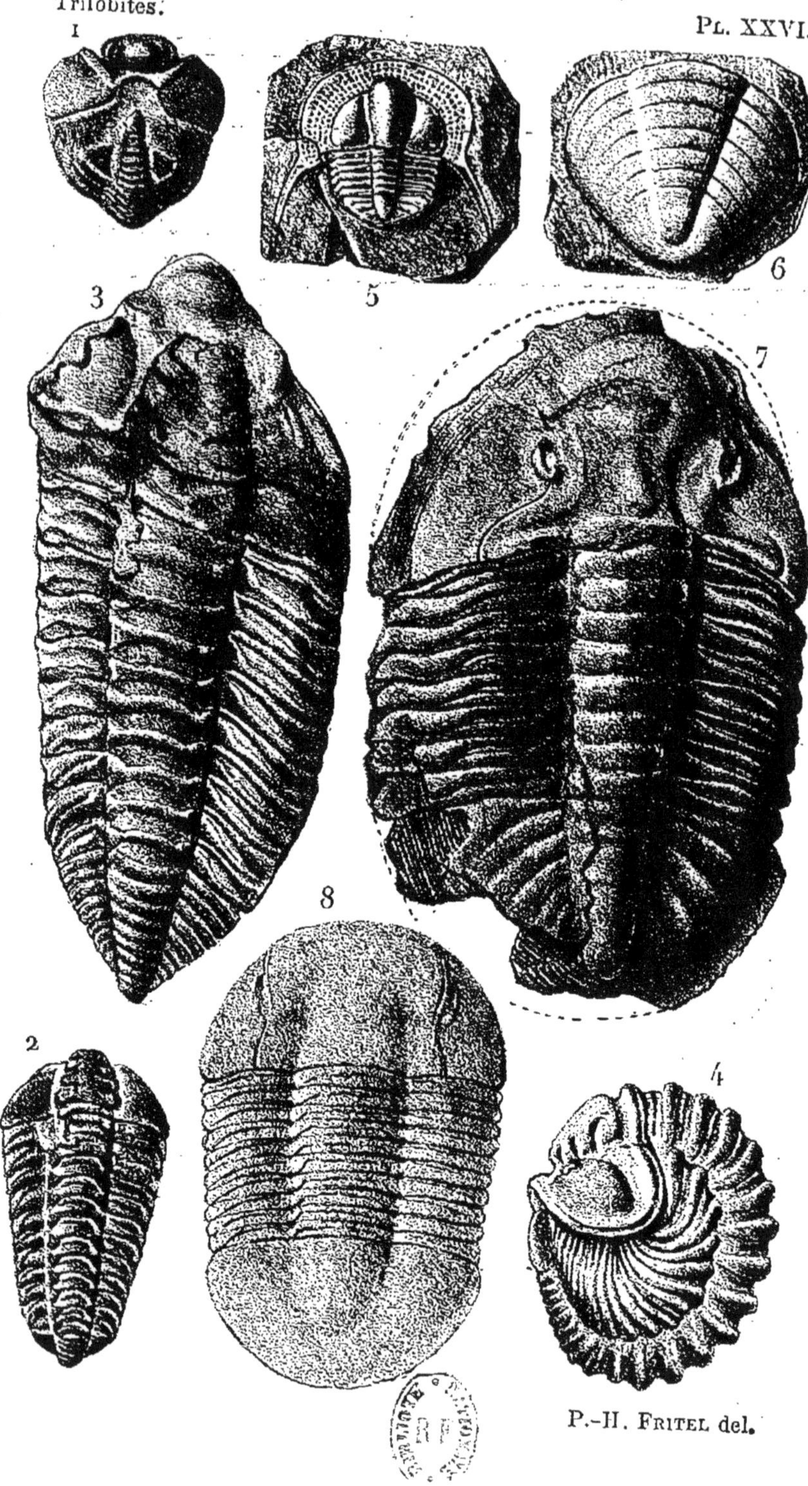

P.-H. Fritel del.

PLANCHE XXVII

(Figures très réduites.)

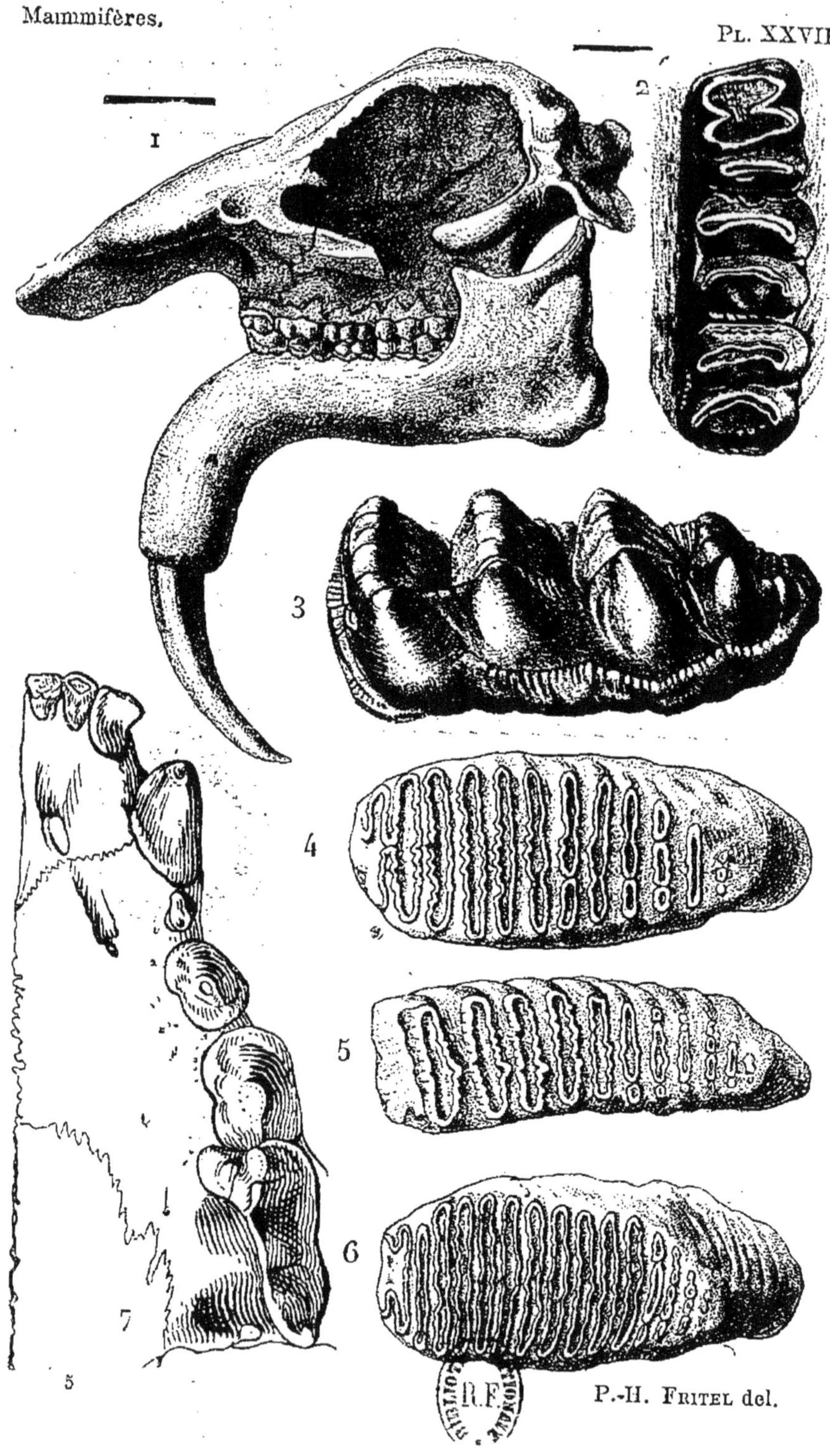

P.-H. Fritel del.

5

www.ingramcontent.com/pod-product-compliance
Ingram Content Group UK Ltd.
Pitfield, Milton Keynes, MK11 3LW, UK
UKHW020314200726
13857UKWH00001B/176

9 782012 92691